清华电脑学堂

计算机网络组建与管理标准教程

实战微课版

梁树军　周开来◎编著

清華大学出版社
北　京

内 容 简 介

在物联网及大数据广泛应用的时代背景下，计算机网络在人们日常生产生活中的应用越来越多。本书介绍计算机网络的历史、作用、组成、搭建、维护等内容。

全书共11章，包括计算机网络基础知识；按照TCP/IP参考模型的分层结构，介绍物理层、数据链路层、网络层、传输层、应用层的作用及各种协议；无线网络技术；小型局域网的组建；大中型企业局域网的组建；常用网络服务的搭建；计算机网络安全与管理等。每章内容除了必备的理论知识外，还穿插了“知识点拨”“动手练”等板块，以让读者拓展知识结构，完善知识体系。每章的结尾处安排了“新手答疑”板块，解答读者学习时可能遇到的难题，解决实际问题。

本书结构紧凑，覆盖面广，逻辑性强，目标明确，即学即用，适合作为计算机网络入门人士、网络爱好者、运维人员的参考书，也可作为各大中专院校非计算机专业或计算机培训机构的教学用书。

图书在版编目（CIP）数据

计算机网络组建与管理标准教程：实战微课版 / 梁树军，周开来编著. —北京：清华大学出版社，2021.6（2024.7重印）

（清华电脑学堂）

ISBN 978-7-302-58116-1

Ⅰ.①计…　Ⅱ.①梁…　②周…　Ⅲ.①计算机网络－教材　Ⅳ.①TP393

中国版本图书馆CIP数据核字（2021）第084386号

责任编辑：袁金敏
封面设计：杨玉兰
责任校对：徐俊伟
责任印制：宋　林

出版发行：清华大学出版社
网　　址：https://www.tup.com.cn，https://www.wqxuetang.com
地　　址：北京清华大学学研大厦A座　　**邮　　编**：100084
社 总 机：010-83470000　　**邮　　购**：010-62786544
投稿与读者服务：010-62776969，c-service@tup.tsinghua.edu.cn
质 量 反 馈：010-62772015，zhiliang@tup.tsinghua.edu.cn
印 装 者：三河市铭诚印务有限公司
经　　销：全国新华书店
开　　本：185mm×260mm　　**印　　张**：15.5　　**字　　数**：348千字
版　　次：2021年6月第1版　　**印　　次**：2024年7月第2次印刷
定　　价：59.80元

产品编号：088931-02

前 言

首先，感谢您选择并阅读本书。

计算机网络从出现至今不到百年，已经让人们的生产、生活发生了翻天覆地的变化，网络已经融入到社会的各个层面。计算机网络在物联网、大数据、人工智能、虚拟现实及增强现实技术、云计算、云存储领域扮演着重要的角色，并在未来继续成为推动社会生产力更快发展的主要动力。

本书通过对网络基础、网络技术应用、网络的组建和维护等知识的系统介绍，让读者在短时间内掌握计算机网络体系，并可用于解决工作和生活中的实际问题。而理论知识与实际应用相结合的形式，则全面展示了计算机网络的功能，并重点培养读者分析问题、解决问题的能力，为读者在计算机网络领域的学习与发展打下坚实的基础。

本书特色

- **打好基础**。本书系统完整、逻辑严谨、覆盖面广，从网络分层结构开始讲解，力求从基础层面将网络知识介绍完整，为读者以后的深入学习打下良好的基础。
- **联系实际**。将与理论知识密切相关的实际应用融入于知识点，如各类域网的组建、服务器的搭建等，生动灵活、即学即用。
- **重在操作**。本书每章穿插"动手练"，通过实际案例，让读者通过动手操作，更好地掌握知识点并能实际应用。本书也会为读者提供一个交流平台，与一些网络工程师等专业人士一同讨论与交流。

内容概述

全书共分11章，各章内容安排如下。

章	内容导读	难点指数
第1章	介绍计算机网络发展史，计算机网络的功能和应用，局域网的组成，局域网拓扑结构和常见技术，OSI参考模型，TCP/IP参考模型等	★★☆
第2章	介绍物理层基础知识，同轴电缆，双绞线，光纤，信道复用技术，宽带接入技术，光纤上网的方式等	★★☆
第3章	介绍数据链路层的作用，PPP协议，CSMA/CD协议，MAC帧，网卡，集线器，网桥，交换机等	★★★
第4章	介绍网络层的作用，网络层数据的封装、解封、路由、转发、拥塞控制，虚链路服务，IP协议，IP地址，子网掩码，IP数据报，路由表，网络层主要协议，路由器的作用，三层交换，防火墙等	★★★
第5章	介绍传输层的作用，UDP协议，TCP协议，可靠传输及流量控制等	★★★

（续表）

章	内容导读	难点指数
第6章	介绍应用层的作用，HTTP、DNS、FTP、SMTP、POP3、IMAP、DHCP、SNMP、Telnet等应用层主要协议	★★☆
第7章	介绍无线网络基础，无线局域网，无线路由器，无线AP，无线AC，无线网桥，无线网卡等	★★☆
第8章	介绍小型局域网的需求分析，总体规划，设备选型，项目实施要点，设备的连接及设置等	★★☆
第9章	介绍大中型局域网规划设计的原则、要点，案例分析，设备选型，VLAN的配置，链路聚合的配置，生成树的配置，静态及默认路由的配置，RIP的配置，OSPF的配置等	★★★
第10章	介绍服务器的知识，服务器操作系统，Web服务器、FTP服务器、DHCP服务器、DNS服务器、VPN及NAT服务器的搭建等	★★☆
第11章	介绍网络安全现状，网络主要威胁，网络安全体系，局域网常见故障及排除思路，局域网维护和管理的内容，维护工具，常用检测命令，故障实例分析等	★☆☆

附赠资源

- **案例素材及源文件**。附赠常用计算机工具视频25个，可扫描图书封底二维码下载,方便读者学习实践。
- **扫码观看教学视频**。本书涉及的疑难操作均配有高清视频讲解，共19段、40分钟，读者可以边看边学。
- **作者在线答疑**。作者团队具有丰富的实战经验，在学习过程中如有任何疑问，可加QQ群（群号在本书下载资源包中）与作者联系交流。

本书由梁树军、周开来编著，在此对郑州轻工业大学教务处的大力支持表示感谢，在本书的编写过程中，笔者力求严谨细致，但由于水平有限，疏漏之处在所难免，望广大读者批评指正。

编　者

目录

计算机网络基础

物理层

数据链路层

网络层

第5章 传输层

第6章 应用层

第7章 无线网络技术

小型局域网的组建

大中型企业局域网的组建

常用网络服务的搭建

计算机网络安全与管理

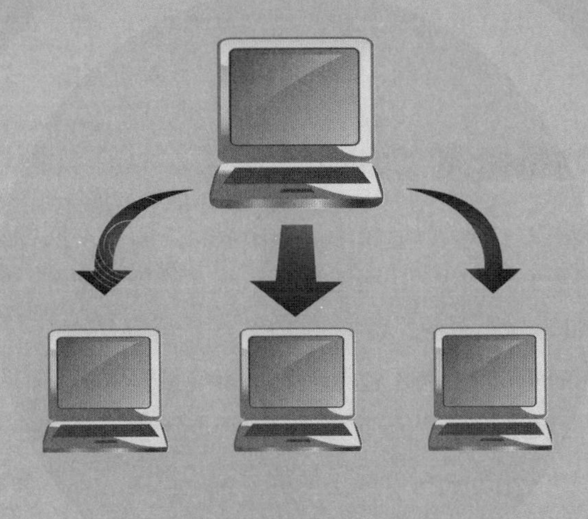

第1章 计算机网络基础

计算机网络随着计算机技术的发展而产生，在“互联网+”战略以及“提速降费”的影响下，我国的互联网产业进入一个高速发展的时期。互联网从传统的计算机网络向物联网转变，各种智能终端，如手机、视频监控、智能家电等，组成了新时代的互联网络。随着网络设备的升级换代，网络覆盖率和速度都在成倍提升，普通用户也实实在在地感受着互联网带来的各种便利、高效，以及由此产生的新的互联网生活方式。本章将着重介绍互联网的相关基础知识。

1.1 计算机网络简介

计算机网络离我们并不远。虽然计算机只是网络终端的一种，但因为网络技术产生于计算机技术，而且目前仍是主要的应用终端，所以延用了“计算机网络”这个称呼。

1.1.1 计算机网络概述

计算机网络指利用线缆、无线通信技术、网络设备等，将不同位置的计算机连接起来，这些计算机和设备通过共同遵守的协议、网络操作系统和管理系统等，实现硬件、软件等资源的共享、信息的传递的一整套功能完备的系统。

除了计算机外，现在的网络终端还包括一切可以连接到网络上，并可以被控制的设备，比如家庭中常见的手机、智能电视、智能门禁系统、智能冰箱、网络打印机、网络摄像机以及各种智能穿戴设备等。图1-1所示为一些智能家居的分布示意图，这些智能设备都可以通过有线或无线与网络相连，用户可以在任意位置获取设备的状态并控制它们。所以，计算机网络的应用前景非常广阔。随着云计算、云存储、云主机的发展，以后可能没有分散的计算模式，而是直接依托于网络的云主机+客户端模式，用户可以从任意平台连接到云主机并使用其完成各种复杂的工作和游戏娱乐，如图1-2所示，这也是未来的一种趋势。

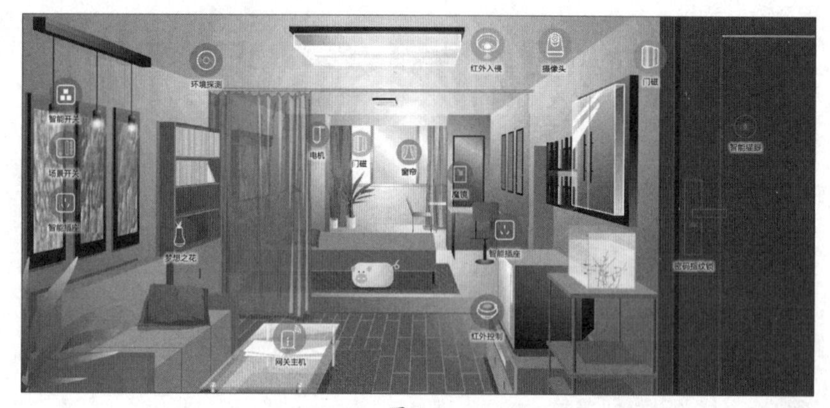

图 1-1

图 1-2

按照常见的说法，计算机网络的发展大致经历了4个阶段：

（1）终端远程联机阶段。

在20世纪50年代中后期，出现了由一台大型主机作为数据信息存储和处理中心，通过通信线路将多个地点的终端连接起来构成的远程联机系统，也就是第一代计算机网络。它是以批处理和分时系统为基础所构成的最简单的网络体系。其中，终端分时访问大型主机的资源，而大型主机将处理结果返回终端，终端没有数据的存储和处理能力。该网络的拓扑结构如图1-3所示。从某种角度上来说，随着现在计算机网络的发展，这种客户端+服务器的模式又再次重现，而且可能是未来发展的趋势。当然，网络内部的结构要比这种原始网络复杂、稳定、高效得多。该结构其实就是云计算、云存储的雏形。

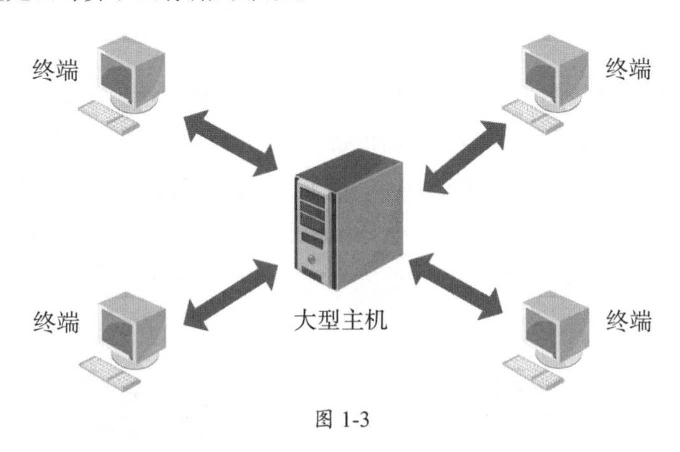

图 1-3

第一代计算机网络的缺点是对大型主机的要求高。如果大型主机负载过重，会使整个网络的速度下降，如果大型主机发生故障，整个网络系统就会瘫痪。而且该网络中，只提供终端与主机之间的通信，而无法做到终端间的通信。但是，当初的设计目的即实现远程信息处理，达到资源共享的目标已经基本实现。

（2）计算机互联阶段。

计算机互联阶段的网络（图1-4），已经摆脱了大型主机的束缚，多台独立的计算机通过通信线路互联，任意两台主机间通过约定好的“协议”传输信息。这时的网络也称为分组交换网络。计算机互联阶段的网络多以电话线路以及少量的专用线路为基础，是以能够相互共享资源为目的，互联起来的具有独立功能的计算机的集合体。

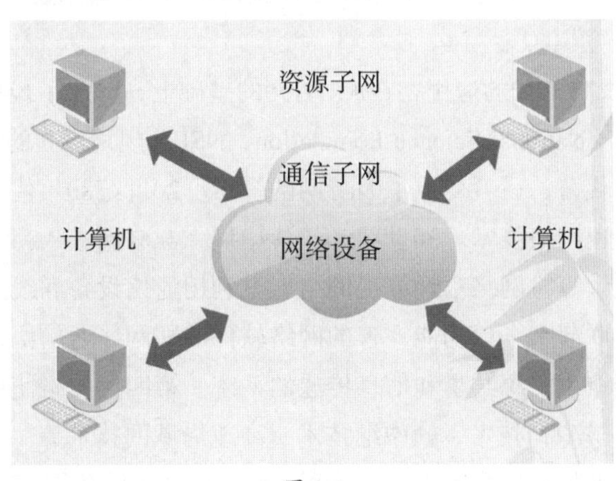

图 1-4

阿帕网（ARPAnet）

20世纪60年代，美国国防部高级研究计划局（ARPA）为了防止一旦发生战争，中心型网络的核心计算机被摧毁，造成指挥中心全部瘫痪，提出一种分散型的指挥系统，指挥中心间互相独立且地位相同。20世纪60年代末，ARPA资助并建立了ARPA网，将位于洛杉矶的加利福尼亚大学、位于圣巴巴拉的加利福尼亚大学分校、斯坦福研究院，以及位于盐湖城的犹他州州立大学的计算机主机连接起来。该阶段，计算机通过专门的通信交换机和线路进行连接，采用分组交换技术，从而形成了因特网的雏形。

（3）计算机网络标准化阶段。

随着计算机价格降低，越来越多的用户加入到了网络中，网络的规模变得越来越大，通信协议也越来越复杂。各个计算机厂商和通信设备生产厂商各自为政，采用自家的通信协议，所以在网络互访方面给用户造成了很大的困扰。基于此原因，20世纪80年代，由国际标准化组织（ISO）制定了一种统一的网络分层结构——OSI参考模型，将网络分为七层结构。在OSI七层模型中，规定了设备之间必须在对应层之间能够沟通，这就解决了异构网络之间的边接问题，如图1-5所示。

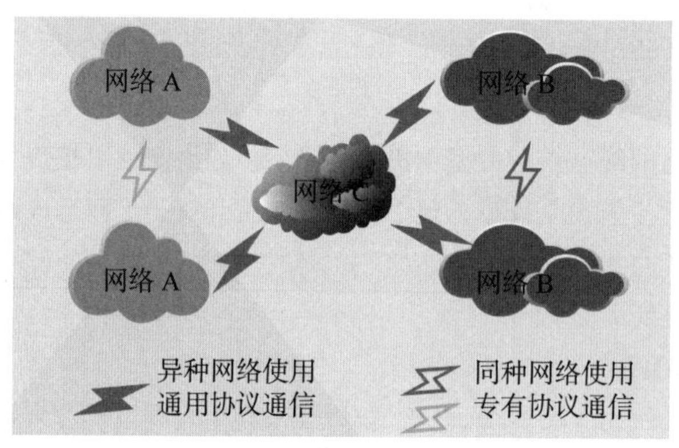

图 1-5

但现在世界上几乎没有一个网络是完全按照OSI参考模型组建的，因其效率低、比较复杂。但是，网络标准化的思路，大大简化了网络通信，让异构网络互联成为可能。

（4）信息高速公路建设阶段。

由于OSI参考模型及TCP/IP的应用，在ARPA网的基础上，形成了最早的因特网雏形，而后被美国国家科学基金会（National Science Foundation，NSF）规划建立的13个超级计算机中心及美国国家科学基金网所代替，后者变成了因特网的骨干。20世纪80年代末，局域网技术发展成熟，并出现了光纤及高速网络技术。20世纪90年代中期，互联网进入高速发展阶段，发展出以因特网为代表的第四代计算机网络。计算机网络就是利用通信设备和线路将地理位置分散、功能独立的多个计算机互联起来，以功能完善的网络软件（即网络通信协议、信息交换方式和网络操作系统等）实现网络中资源共享和信息传递的系统。第四代网络使用了很多技术，包括宽带综合业务数字网技术、ATM技术、帧中继技术、高速局域网技术等。在高速网络的带动下，产生了很多网络应用，如电视电话会议（图1-6）和网上购物系统（图1-7）。

图 1-6

图 1-7

1.1.2 计算机网络的功能和应用

计算机网络都有哪些功能和实际应用呢?

1. 数据传递

数据传递也可以称为数据通信或数据交换，是互联网的基本功能。各种网络设备以数据传递为基本任务。数据传递指按照设计好的通信协议和预设的目的地址，利用网络在多个设备终端之间或者与服务器间，进行数据的传输，将数据安全、准确、迅速地传递到指定终端，它也是衡量一个网络好坏的基本参数。现在使用的电子邮件、即时通信软件、各种App等，只要是需要联网使用的，都必须进行数据传递，如图1-8所示。

图 1-8

2. 资源共享

网络建立的初衷就是为了共享资源。在资源共享中，包括对硬件的共享，比如打印机、专业设备和超级计算机（图1-9）等；软件的共享，比如各种大型、专业级别的用于处理与分析的软件；还有最重要的数据共享，如各种数据库、文件、文档，如图1-10所示。通常软硬件以及数据不可能为每个用户都配备，需要专业的机构进行管理。而资源共享可以做到为所有有需要的用户使用，提高利用率，平摊成本，减少重复浪费，便于维护和开发等。尤其是现在这个大数据年代，数据的共享和综合利用可以使用户获取到更加专业、准确的信息，成为支持决策的重要技术手段。

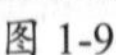
图 1-9

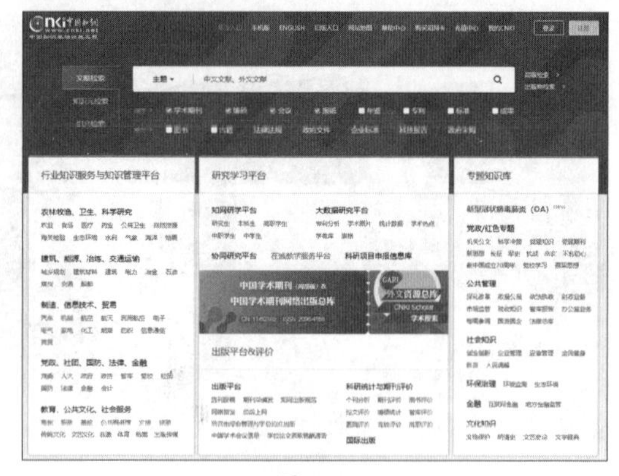
图 1-10

3. 提高系统的可靠性和有效性

个人计算机系统可以预先进行备份，出现问题后，用备份还原即可，如果是服务器出现故障，客户端连不上服务就会造成巨大的损失。而如果是关键部门，如银行金融业、售票系统、大型门户网站，带来的更不仅仅是经济上的损失。

依靠强大的互联网，企业在不同的地方建立起许多备用服务器，平时这些备用服务器进行数据的同步工作，一旦主服务器出现故障，备用服务器会立即接手；或者某区域网络出现瘫痪，则可利用其他区域的服务器继续服务。

随着网络技术的发展，网络主干的承载能力也变得越来越大，某些特定区域的访问量非常大，而另一些区域访问量则非常少。这时，可以将量大的访问按照某种策略进行分流，让某个区域访问指定的中心服务器。如此一来，既可做到服务器的负载均衡，又达到了服务器的最大利用率，保证了访问质量。

目前服务器的负载均衡和冗余备份可以同时实现，如图1-11所示。

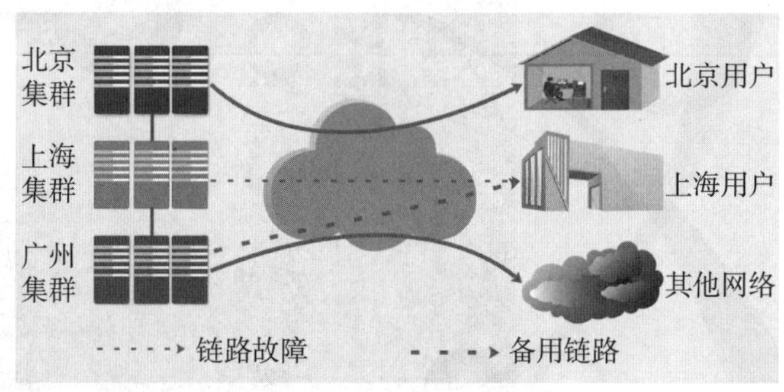

图 1-11

知识点拨

CDN

在访问某些网页时，用户访问的不一定是主服务器，而可能是CDN中的某台服务器。那么什么是CDN，它又有什么作用呢?

CDN的全称是Content Delivery Network，即内容分发网络。CDN是构建在现有网络基础之上的智能虚拟网络，依靠部署在各地的边缘服务器，通过中心平台的负载均衡、内容分发、调度等功能模块，使用户就近获取所需内容，降低网络拥塞，提高用户访问响应速度和命中率。CDN的关键技术主要有内容存储和分发技术。

也就是说，用户访问的不是直接的服务器，而是通过网络技术手段，访问到网络分配的最优的缓存服务器。整个访问过程如图1-12所示。图中1是用户单击网址链接后，交给DNS解析；2是DNS最终将域名的解析权交给CDN专用DNS服务器；3是CDN的DNS服务器将CDN的全局负载均衡设备IP地址返回用户；4是用户向CDN的全局负载均衡设备发起内容URL访问请求；5是CDN全局负载均衡设备根据用户的IP地址，以及用户请求的内容URL，选择一台用户所属区域的区域负载均衡设备，告诉用户向这台设备发起请求；6是用户向该设备发送请求；7是区域负载均衡设备会为用户选择一台合适的缓存服务器提供服务，并告知用户。8是用户向缓存服务器发送请求。9是缓存服务器响应用户的请求，将用户所需内容传送到用户终端。如果这台缓存服务器上并没有用户想要的内容，而区域均衡设备依然将它分配给了用户，那么这台服务器就要向它的上一级缓存服务器请求内容，直至追溯到网站的源服务器后将内容取到本地。所以CDN提供了一套完整的方案，目的就是让用户更加快速地访问网站的各种资源。现在大部分门户网站应用的都是这种技术。

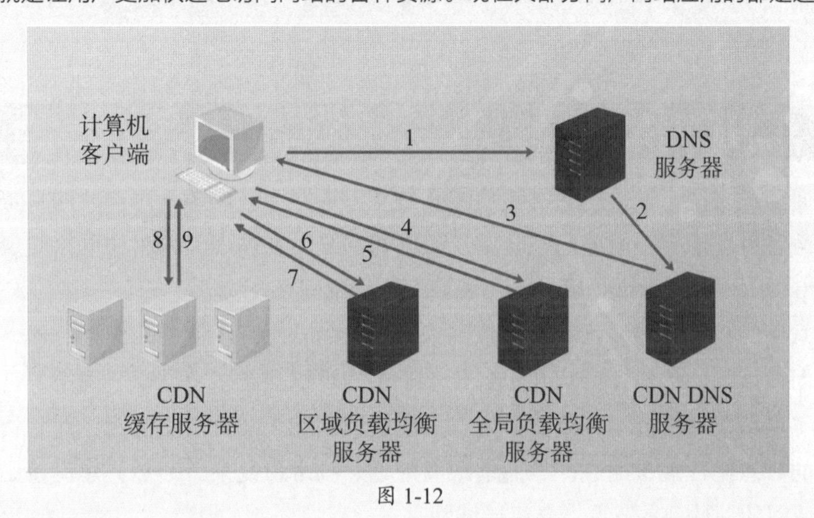

图 1-12

4. 分布式处理及存储

有些大型或者超大型的任务，单台计算机无法完成，需要借助网络，或者说，通过网络中的多台计算机，使用一定的算法来共同完成，以提高效率并降低成本。而且通过网络进行存储，可以确保数据的安全性。分布式处理及存储最经典的案例就是区块链技术，如图1-13所示。

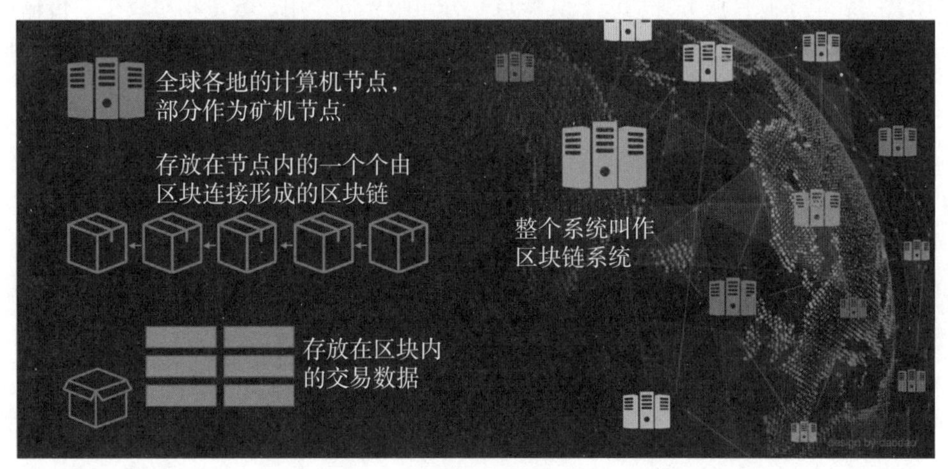

图 1-13

5. 综合信息服务

在网络广泛应用的基础上，依托于网络的应用日趋多元化，包括多媒体的应用，以及如网上交易、远程监控、视频会议、网络直播、微信、各种小程序等新兴应用。

知识点拨

互联网、因特网、万维网的区别

常说的互联网、因特网、万维网从技术角度来说，是不一样的。

互联网，简单来说，就是用TCP/IP将不同设备连接起来进行通信。互联网的规模可大可小，小到两台设备间的通信也可叫互联网；大到世界范围级别的，就叫作因特网，它是最大的互联网。而在互联网中，有一类协议叫作HTTP。通俗来讲就是网页或者网站服务器，用户使用浏览器进行访问。在该协议及服务的基础上，组成一种逻辑上的网络，叫作万维网。

1.2 局域网基础

对于普通用户来说，最常用的网络功能就是从万维网上获取各种需要的网页资讯，或者从因特网中下载各种资源等。前面已经介绍了，因特网是由各种大大小小的网络组成，而这些大大小小的网络，也就是通常说的局域网、城域网及广域网。

城域网采用的技术和局域网类似，范围为10～100km，可以覆盖几栋办公楼，也可以覆盖一座城市。而广域网的传输距离从几十到几千千米，可以连接多个城市、国家，甚至跨洲。广域网的通信子网可以利用公用分组交换网、卫星通信网和无线分组交换网，达到资源共享的目的。广域网的特点是覆盖范围最广、通信距离最远、技术最复杂，当然，建设费用也最高。因特网就是广域网的一种。本节重点介绍局域网。

1.2.1 局域网概述

局域网（Local Area Network，LAN）指在小范围内（一般不超过10km），将各种计算机终端及网络终端设备，通过有线或者无线的传输方式组合成的网络，用来实现文件共享、远程控制、打印共享、电子邮件服务等功能。其特点是分布距离近、用户数量相对较少、传输速度快。目前大部分传输速度为100Mb/s，并且在向1000Mb/s过渡。局域网经典结构组成如图1-14所示。

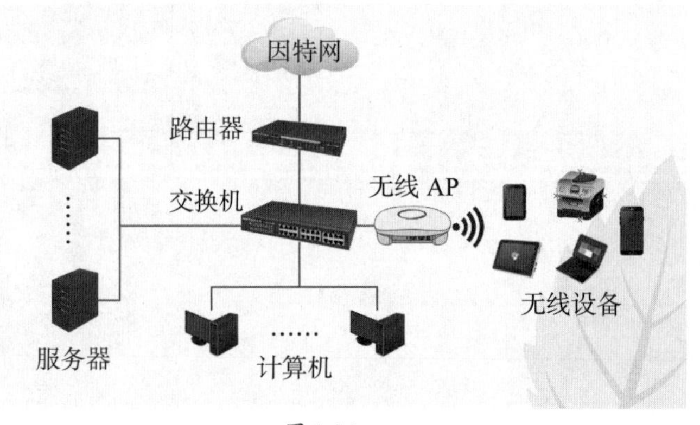

图 1-14

1.2.2 局域网的组成

从图1-14可以看出，局域网主要由以下几部分组成。

1. 通信设备

通信设备也就是通常说的网络设备，包括路由器、交换机、集线器、网卡、无线设备、调制解调器等，传输介质一般有同轴电缆、双绞线、光纤、无线电波等。根据局域网的大小、用途和目的，所采用的设备有所不同。

2. 服务器

在公司、企业的局域网中，一般还需要一种特殊的、专门用来提供服务的主机，通常叫作服务器，如图1-15所示。服务器按功能可分为Web服务器、FTP服务器、目录服务器、OA服务器、DNS域名服务器、邮件服务器等。这些服务器专门用来处理局域网中特定的请求，满足局域网所需的功能。将服务器发布到公网上，就是互联网服务器了。

图 1-15

3. 网络终端设备

网络终端设备包括计算机、手机、笔记本电脑、网络打印机、智能设备等，是用于访问网络、使用网络各种资源完成特定工作的设备。

随着网络的普及和人们生活的需求，网络设备也层出不穷。在两者的相辅相成下，用户的工作、生活、娱乐变得更加便捷。

4. 软件及通信协议

上面提到的设备都是网络中的硬件，但如果没有软件，这些设备都无法运行。局域网中的设备通常使用Windows、Linux发行版、Mac OS作为计算机的操作系统；使用iOS、安卓作为移动终端的操作系统；使用Windows Server（图1-16）、Linux Server系统作为服务器的操作系统；使用其他专业的系统作为网络设备的系统。

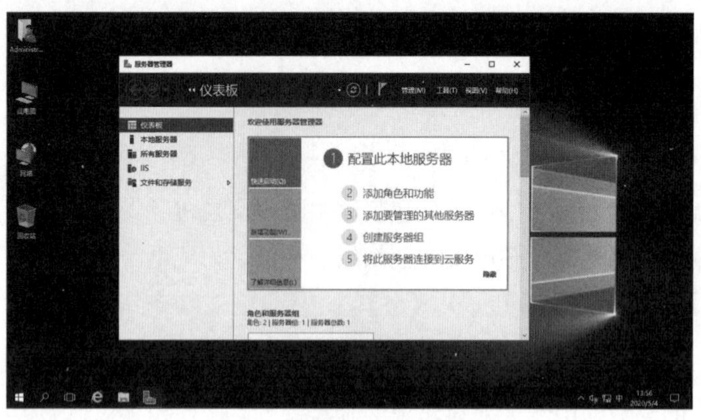

图 1-16

不同的系统之间在底层上使用TCP/IP及其他协议进行通信。

1.2.3 局域网的拓扑结构

局域网按照拓扑结构，可以分为星状拓扑、总线拓扑、环状拓扑、树状拓扑。总线拓扑和环状拓扑结构现在不是特别常见。

知识点拨

网络拓扑图

网络拓扑图指不考虑距离远近、线缆长度、设备大小等物理问题，通过简单的示意图形，绘制出整个网络所使用的设备、连接方式以及结构。通过这种拓扑图来对网络进行规划、设计、分析，方便交流以及排错。学习及研究网络，必须要能看懂并且也能画出网络拓扑图。

1. 星状拓扑结构

星状拓扑结构是最简单的一种网络结构，以网络设备为中心，其他节点设备通过中心设备传递信号，中心设备执行集中式通信控制，如图1-17所示。常见的中心设备是集线器或者比较常见的交换机。

星状拓扑结构的主要优点是：结构简单，可使用网线直接连接；添加、删除节点方便，扩充节点时只需用网线连接中心设备，而删除设备只需拔掉网线；容易维护，一个节点坏掉，不影响其他节点的使用；升级方便，只需对中心设备进行更新，一般来说不需要更换网线。

星状拓扑结构的主要缺点是：中心依赖度高。由于对中心设备的要求较高，如果中心节点发生故障，整个网络将会瘫痪。

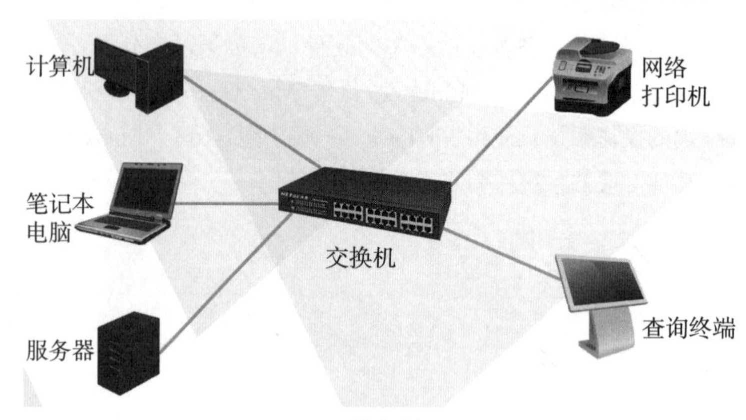

图 1-17

星状拓扑结构的应用

有些读者可能要问，家庭使用的是无线路由器、手机等终端设备以无线方式上网，这应该属于什么拓扑结构呢？其实这种方式也属于星状拓扑结构。它与有线上网区别就在于网络中心设备换成了无线路由器，而同无线终端的传输方式由有线换成了无线。从逻辑上来说，中心设备实现的仍然是提供数据的汇聚以及数据转发的功能。

2. 总线拓扑结构

总线拓扑结构现在很少见到了。总线拓扑使用单根传输线作为传输介质，所有的节点都直接连接到传输介质上，这根线叫作总线，而这种拓扑就叫作总线拓扑，如图1-18所示。

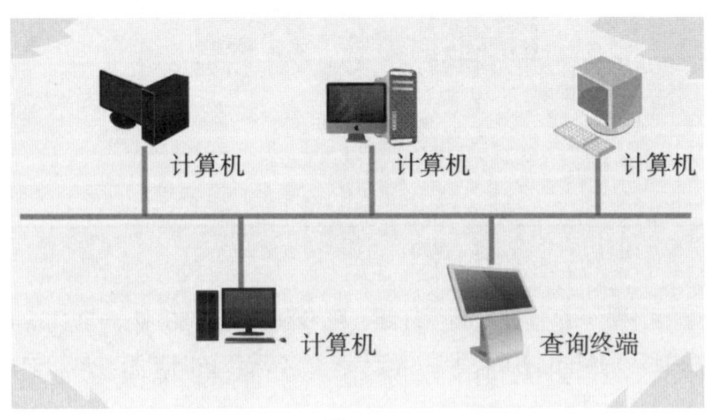

图 1-18

总线拓扑结构的工作原理是采用广播的方式传输数据。一个节点设备开始传输数据时，会向总线上所有的设备发送数据包，其他设备接收后，效验包的目的地址是否和自己的地址一致，如果相同则保留，如果不一致则丢弃。带宽共享时，每台设备只能获取到1/*n*的带宽。

总线拓扑结构的优点是：网络成本低。仅需要铺设一条线路，不需要专门的网络设备。

总线拓扑结构的缺点是：随着设备的增多，每台设备分配的带宽逐渐降低，线路故障排查困难。

知识点拨

总线拓扑的应用

目前，在某些特殊场合，比如现在流行的电力猫采用的就是总线网络拓扑结构，如图1–19所示。当然，电力猫主要是为了解决宽带线路未提前布置好，为方面美观，作为一种扩展或者补充来使用，对网速要求不是特别高的家庭网络中，可以采用该技术。

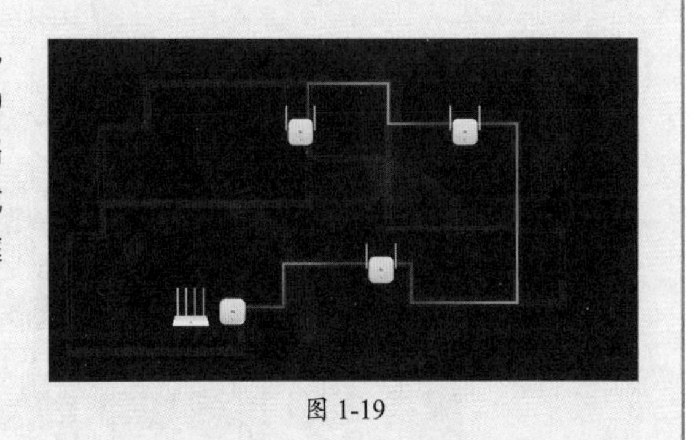

图 1-19

3. 环状拓扑结构

如果把总线拓扑的网络首尾相连，就是一种环状拓扑结构了，如图1-20所示。其典型代表就是令牌环网（Token-ring Network）。在通信过程中，同一时间只有拥有“令牌”的设备可以发送数据，发送后将令牌交给下一个节点设备，从而开始新一轮的令牌传输。

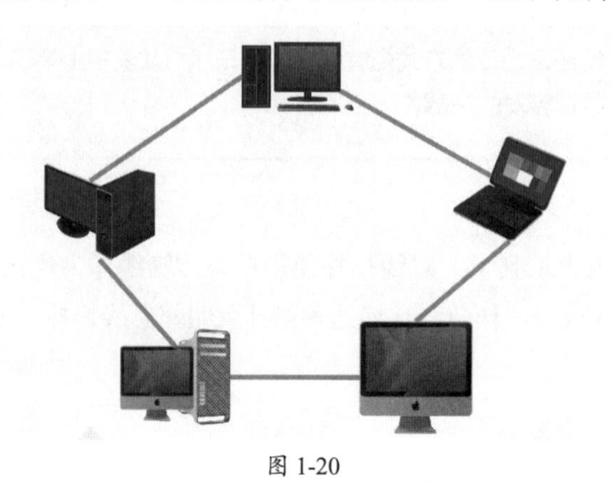

图 1-20

知识点拨

令牌环的回收

如果线路过长，且不是一个物理的闭合环路，那令牌如何回收呢？一般情况下，环的两端通过一个阻抗匹配器来实现环的封闭。在实际组网过程中因地理位置的限制，真的很难做到环的两端物理连接。

环状拓扑结构的优点和总线拓扑的类似，不需要特别的网络设备，实现简单，投资小。

环状拓扑结构的缺点是：某一个节点坏掉了，网络就无法通信，且排查起来非常困难。如果要扩充节点，必须中断网络。

4. 树状拓扑结构

树状拓扑结构属于分级集中控制，在大中型企业中比较常见。将星状拓扑按照一定标准组合起来，就变成了树状拓扑结构，如图1-21所示。该结构按照层次方式排列而成，非常适合有主次、分等级层次的管理系统。

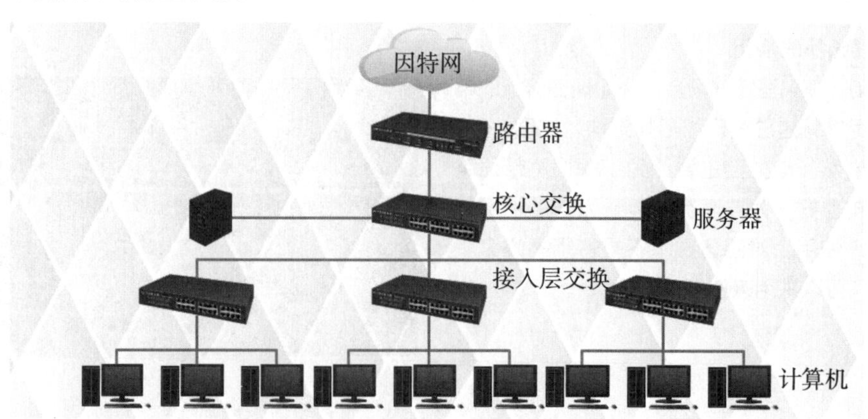

图 1-21

树状拓扑结构的优点是：与星状网络拓扑相比，它的通信线路总长度较短，成本较低，节点易于扩充，寻找路径比较方便。网络中任意两个节点之间不会产生回路，每个链路都支持双向传输。

树状拓扑结构的缺点是：网络中某网络设备如果发生故障，该网络设备连接的终端将不能联网。

这种网络拓扑一般应用于大中型公司或企业，设备本身有一定保障，另外，网络中也采取了一些冗余备份技术，出现故障后，可以人工快速排查处理。而且设备本身也支持负载均衡和冗余备份，出现问题后可以自动启动应急机制，网络安全和稳定性比较高。

1.2.4 局域网常见的技术标准

目前，局域网中使用最多的技术是以太网技术，此外还有令牌环网、FDDI网、ATM网、无线网等。

1. 以太网

以太网（Ethernet）是当前使用最多的局域网技术，IEEE 802.3规定了以太网的技术标准，包括物理层的连线、电子信号和介质访问层协议的内容。以太网逐渐取代了其他局域网技术，如令牌环、FDDI和ARCNET。

知识点拨

CSMA/CD

提到以太网，不得不提到以太网的访问控制机制，就是CSMA/CD（载波侦听多点接入/碰撞检测）。前面介绍的总线局域网，如果采用以太网技术，就必须用到CSMA/CD。其实总线型局域网就是经典以太网的原始形式。

CSMA/CD的工作原理是发送数据前先侦听信道是否空闲，若空闲，则立即发送数据，若信道忙碌，则等待一段时间至信道中的信息传输结束后再发送数据。若在上一段信息发送结束后，同时有两个或两个以上的节点提出发送请求，则判定为冲突。若侦听到冲突，则立即停止发送数据，等待一段随机时间，再重新尝试。其原理可以总结为“先听后发，边发边听，冲突停发，随机延迟后重发”。

以太网已经分成了两类，一类是经典以太网，另一类是交换式以太网。交换式以太网使用了交换机。但从逻辑上讲，以太网仍然使用了总线拓扑和CSMA/CD的总线技术。

2. 令牌环网

令牌环网是IBM公司于20世纪70年代发展起来的，现在这种网络比较少见。在老式的令牌环网中，数据传输速度为4Mb/s或16Mb/s，新型的快速令牌环网速度可达100Mb/s。令牌环网的传输方法在物理上采用了星型拓扑，但逻辑上仍是环型拓扑结构。由于令牌网存在固有缺点，在整个计算机局域网应用中已不多见。

3. FDDI 网

光纤分布数据接口（Fiber Distributed Data Interface，FDDI）标准是由美国国家标准协会建立的一套标准，它使用基本令牌的环型体系结构，以光纤为传输介质，传输速率可达100Mb/s，主要用于高速网络主干，能够满足高频宽信息的传输需求。

FDDI网的特点是：传输介质采用光纤，抗干扰性和保密性好；为备份和容错，一般采用双环结构，可靠性高；环的最大长度为100km，适用场合广；具有大型的包规模和较低的差错率，能够满足宽带应用的要求；但造价太高，主要应用于大型网络的主干网中。

4. ATM网

异步传输模式（Asynchronous Transfer Mode，ATM）采用高速分组交换技术，其基本数据传输单元是信元。在ATM交换方式中，文本、语音、视频等所有数据被分解成长度固定的信元，信元由一个5字节的元头和一个48字节的用户数据组成，长度为53字节。

ATM网的特点是：网络用户可以独享全部频宽，即使网络中增加计算机的数量，传输速率也不会降低；ATM数据被分成等长的信元，能够比传统的数据包交换更容易达到较高的传输速率；能够同时满足数据及语音、影像等多媒体数据的传输需求；可以同时应用于广域网和局域网中，无须选择路由，从而大大提高了广域网的传输速率。

5. 无线网

无线局域网是目前最新，也是最为热门的一种局域网。无线局域网与传统的局域网主要不同之处是传输介质。传统局域网是通过有形的传输介质连接的，如同轴电缆、双绞线和光纤等，而无线局域网则采用无线电波作为传输介质。由于无线局域网摆脱了有形传输介质的束缚，所以它的最大特点就是连接自由，只要在网络的覆盖范围内，无线终端可以在任何一个地方与服务器及其他工作站连接，而不需要重新铺设电缆。这一特点非常适合移动办公一族，在机场、宾馆、酒店等铺设有无线网络的场合，都可以随时连接上网。

1.3 计算机网络体系结构

常言说“没有规矩不成方圆”。这句话在计算机网络中也同样适合。如果没有一个统一的标准，不同网络间是不能互相通信的。

1.3.1 计算机网络体系结构概述

计算机网络体系结构是指计算机网络层次结构模型，它是各层的协议以及层次之间的端口的集合。在计算机网络中实现通信必须依靠网络通信协议。

世界上第一个网络体系结构是美国IBM公司于1974年提出的系统网络体系结构（System Network Architecture，SNA）。凡是遵循SNA的设备都可以很方便地进行互连。

20世纪70年代，计算机网络开始发展，每个计算机厂商都有一套自己的网络体系结构，且互相不兼容，用户在购买时需要考虑的问题很多。此时国际标准化组织开始进行标准的制定，以便于设备间的通信。但由于研发时间过长，在此期间很多网络产品开始使用一种互通协议，这就是TCP/IP。

上面多次提到“网络协议”这个概念，网络协议指的是计算机网络中互相通信的对等实体之间交换信息时所必须遵守的规则的集合。

这就像大家都可以通过普通话交流，而使用方言就不一定可以了。除了信息交流，网络协议规定了如线缆粗细、长度等物理特性及电气特性；双方通信的开始、结束、控制、出现问题如何解决等一系列问题。通过规范的网络协议，才能让网络正常而稳定地工作。

1.3.2 OSI参考模型

本节主要介绍OSI参考模型（Basic Reference Model for Open Systems Interconnection）的内容和层次划分等。OSI参考模型如图1-22所示。图中DH为数据链路层报头、DT为数据链路层报尾、NH为网络层报头、TH为传输层报头、SH为会话层报头、PH为表示层报头、AH为应用层报头，其中只有数据链路层有报尾，这是每层的特定结构所决定的。

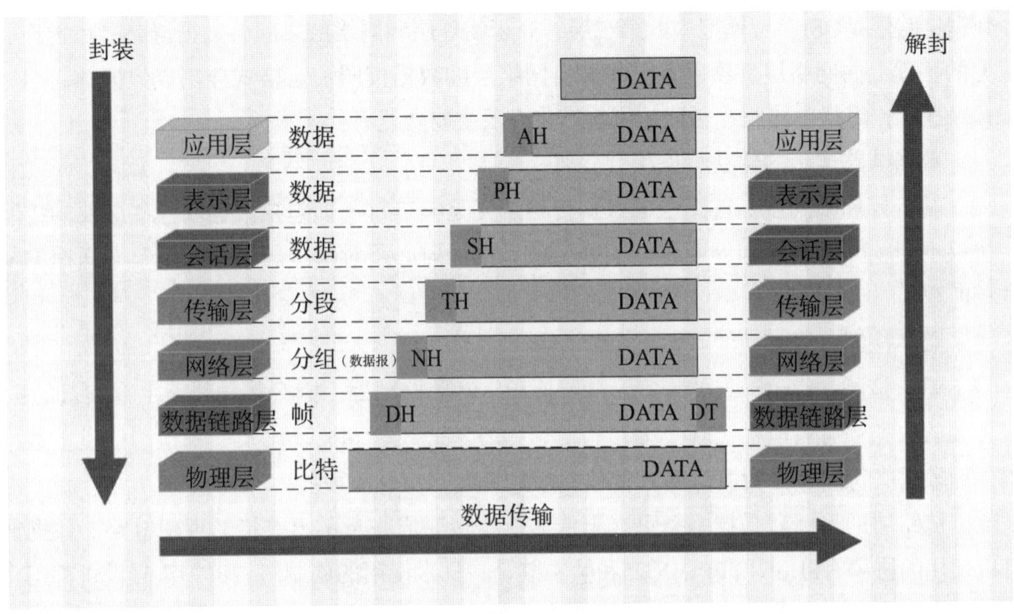

图 1-22

从图1-22可以看出，OSI参考模型包括物理层、数据链路层、网络层、传输层、会话层、表示层和应用层。数据在发送时，在对应层加上对应的协议规定的内容，最后经过物理链路进行传递；到达对方后，会从物理层向上，逐一去掉各层的标识，最后得到正常的、可以使用的数据。

1. 物理层

按照由下向上的顺序，物理层是OSI参考模型的第一层，它的任务是为上层（数据链路层）提供物理连接，实现比特流的透明传输。物理层定义了通信设备与传输线路接口的电气特性、机械特性、应具备的功能等，如产生“1”“0”的电压大小、变化间隔，电缆与网卡的连接，数据的传输等。物理层负责在数据终端设备、数据通信和交换设备之间完成数据链路的建立、保持和拆除操作。这一层关注的问题大都是机械接口、电气接口、过程接口以及物理层以下的物理传输介质等。

关于比特流

计算机底层存储、运算、控制所使用的都是0、1信号。其实物理层就是解决如何产生0、1这种比特流，以及如何发送并可以被对方稳定地接收到的问题。电路可以通过通断电产生0、1信号；光源可以通过发光、不发光产生；甚至人也可以通过拍巴掌、眨眼睛来形成0、1这两种信号。只要对方明白你的意思，那么你们之间就形成了协议，并且双方都可以翻译或读懂对方的意思。当然这种协议只能算私有协议，而OSI规定的是所有设备都可以读懂的标准信号。

2. 数据链路层

数据链路层是OSI参考模型中的第二层，介于物理层和网络层之间。数据链路层在物理层提供服务的基础上向网络层提供服务，将源自网络层的数据按照一定格式分割成数据帧，然后将帧按顺序送出，等待由接收端送回的应答帧。该层主要功能有：

（1）数据链路连接的建立、拆除、分离。

（2）帧定界和帧同步。链路层的数据传输单元是帧。每一帧包括数据和一些必要的控制信息。协议不同，帧的长短和界面也有差别，但无论如何必须对帧进行定界，调节发送速率与接收方相匹配。

（3）顺序控制，指对帧的收发顺序的控制。

（4）差错检测、传输错误的恢复、链路标识、流量控制等。因为传输线路上有大量的噪声，所以传输的数据帧有可能被破坏。差错检测多用方阵码校验和循环码校验来检测信道上数据的误码，而帧丢失等用序号检测。各种传输错误的恢复靠反馈重发技术来完成。

数据链路层的目标就是把一条可能出错的链路转变成一条不出差错的理想链路。数据链路层可以使用的协议有SLIP、PPP、X.25和帧中继等。日常使用的调制解调器等拨号设备都工作在该层。工作在该层上的交换机称为“二层交换机”，是按照存储的MAC地址表进行数据传输的。

3. 网络层

网络层负责管理网络地址、定位设备、决定路由，如人们熟知的IP地址和路由器就工作在这一层。传输层的数据段在这一层被分割，封装后叫作包（Packet）。包有两种，一种叫作数据包（Data Packets），是传输层传下来的用户数据；另一种叫路由更新包（Route Update Packets），是直接由路由器发出的，用来和其他路由器进行路由信息的交换。网络层负责对子网间的数据包进行路由选择。网络层的主要作用有：

（1）数据包的封装与解封。

（2）异构网络互联。用于连接不同类型的网络，使终端能够通信。

（3）路由与转发。指按照复杂的分布式算法，根据从各相邻路由器得到的关于整个网络拓扑的变化情况，动态地改变所选择的路由，并根据转发表将用户的IP数据包从合适的端口转发出去。

（4）拥塞控制。获取网络中发生拥塞的信息，更改路由线路，避免由于拥塞而出现分组的丢失以及严重拥塞而产生网络死锁的现象。

4. 传输层

传输层是一个端到端，即主机到主机层次的传输。传输层负责将上层数据分段并提供端到端的、可靠的（TCP）或不可靠的（UDP）传输。此外，传输层还要处理端到端的差错控制和流量控制问题。传输层的任务是提供建立、维护和取消传输连接的功能，负责端到端的可靠数据传输。在这一层，信息传送的协议数据单元称为段或报文。通常说的TCP“三次握手、四次断开”就是在这层完成的。

网络层只是根据网络地址将源节点发出的数据包传送到目的节点，而传输层则负责将数据可靠地传送到相应的端口。常说的服务质量（Quality of Service，QoS）就是这一层的主要服务。

5. 会话层

会话层管理主机之间的会话进程，即负责建立、管理、终止进程之间的会话。会话层还利用在数据中插入校验点来实现数据的同步。

会话层不参与具体的数据传输，利用传输层提供的服务，在本层提供会话服务（如访问验证）、会话管理和会话同步等功能在内的，建立和维护应用程序间通信的机制。例如服务器验证用户登录便是由会话层完成的。另外会话层还提供单工（Simplex）、半双工（Half Duplex）、全双工（Full Duplex）三种通信模式的服务。

6. 表示层

表示层主要处理流经端口的数据代码的表示方式问题。表示层的作用之一是为异种机通信提供一种公共语言，以便能进行互操作。这种类型的服务之所以需要，是因为不同的计算机体系结构使用的数据表示法不同。例如，IBM主机使用EBCDIC编码，而大部分PC机使用的是ASCII码，所以便需要本层完成这种转换。

7. 应用层

应用层是OSI参考模型的最高层，是用户与网络的接口，直接为应用进程提供服务，用于确定通信对象，并确保有足够的资源用于通信。应用层通过支持不同应用协议的程序来解决用户的应用需求，如文件传输（FTP）、远程操作（Telnet）、电子邮件服务（SMTP）和网页服务（HTTP）等。

1.3.3 TCP/IP

TCP/IP（Transmission Control Protocol/Internet Protocol）译为传输控制协议/因特网互联协议，又名网络通信协议，是因特网最基本的协议、因特网的基础，由网络层的IP和传输层的TCP组成。它是最常用的协议，也可以算是网络通信协议的通信标准协议，同时也是最复杂、最为庞大的一组协议。

TCP/IP定义了电子设备如何连入因特网以及数据传输的标准。协议采用了4层结构，分别为应用层、传输层、网络层和网络接口层。每一层都调用它的下一层所提供的网络协议来完成本层的需求。TCP负责发现传输的问题，有问题就发出信号，要求重新传输，直到所有数据安全正确地传输到目的地。而IP地址是给因特网的每一台联网设备规定一个地址，以方便传输。

TCP/IP完全撇开了网络的物理特性，它把任何一个能传输数据分组的通信系统都看做网络。这种网络的对等性大大简化了网络互连技术的实现。

TCP/IP具有相当的灵活性，支持任意规模的网络，几乎可连接所有的服务器和工作站。正因为灵活所以也带来了它的复杂性，它需要针对不同网络进行不同的设置，且每个节点至少需要1个IP地址、1个子网掩码、1个默认网关和1个主机名。但是在局域网中微软为了简化TCP/IP的设置，在Windows NT中配置了一个动态主机配置协议（Dynamic Host Configuration Protocol，DHCP），它可为客户端自动分配一个IP地址，避免了冲突及配置出错。

1.3.4 TCP/IP参考模型与OSI参考模型的关系

OSI参考模型虽然比较全面和详细，但现在几乎没有用到OSI的地方，而用的最多的是TCP/IP参考模型。TCP/IP的历史在前面已经讲过了。OSI参考模型和TCP/IP参考模型的对应关系如图1-23所示。OSI参考模型是在协议开发前设计的，具有通用性，TCP/IP参考模型是先有协议集然后建立模型，不适用于非TCP/IP网络。

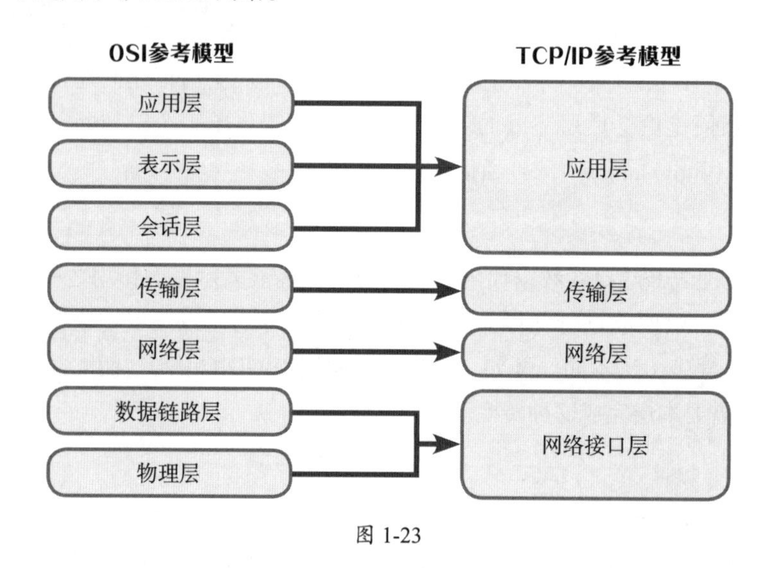

图 1-23

从图1-23可以看出，将OSI参考模型的物理层和数据链路层合并，对应TCP/IP参考模型的网络接口层；将应用层、表示层、会话层合并对应TCP/IP参考模型的应用层。通过合并，简化了OSI参考模型，突出了TCP/IP参考模型的功能要点。

TCP/IP网络接口层中主要有SLIP、CSLIP、PPP、ARP、RARP、MTU等协议；网络层中主要有ICMP、IP、RIP、OSPF、BGP、IGMP等协议；传输层中主要有TCP、UDP协议；应用层中主要有FTP、TFTP、SNMP、Telnet、HTTP、SMTP、NFS、DHCP、SSH、DNS等协议。

1. 网络接口层

网络接口层对应OSI参考模型中的数据链路层和物理层。TCP/IP参考模型的网络接口层实际上并没有真正的定义，只是一些概念性的描述；而OSI参考模型这一部分不仅分为两层，而且每一层的功能都很详尽，甚至在数据链路层又分出一个介质访问子层，专门解决局域网的共享介质问题。

TCP/IP完全撇开了网络的物理特性，它把任何一个能传输数据分组的通信系统都看做网络。这种网络的对等性大大简化了网络互连技术的实现。TCP/IP支持所有标准和专用的协议，网络可以是局域网、城域网或广域网。

知识点拨

TCP/IP五层模型

结合TCP/IP关于网络接口层表述的问题，还有一种分法是将TCP/IP的网络接口层，按照物理层和数据链路层进行分层，这样在理解、学习和表述等方面更趋于完整。在这种分法下，TCP/IP也可以理解成五层结构，也就是TCP/IP五层模型。

2. 网络层

TCP/IP参考模型的网络层和OSI参考模型的网络层在功能上非常相似。其功能主要包含三个方面：

（1）处理来自传输层的分组发送请求。收到请求后，将分组装入IP数据报，填充报头，选择去往目的的路径，然后将数据报发往适当的网络接口。

（2）处理输入数据报。首先检查其合法性，然后寻找路径：假如该数据报已到达目的主机，则去掉报头，将剩下部分交给相关的传输协议；假如该数据报尚未到达目的主机，则转发该数据报。

（3）处理路径、流控、拥塞等问题。

3. 传输层

OSI参考模型与TCP/IP参考模型的传输层功能基本相似，都是负责为用户提供真正的端对端的通信服务，也对高层屏蔽了底层网络的实现细节。所不同的是TCP/IP参考模型的传输层是建立在网络互连层基础之上的，而网络互连层只提供无连接的网络服务，所以面向连接的功能完全在TCP协议中实现，当然TCP/IP的传输层还提供无连接的服务，如UDP；相反，OSI参考模型的传输层是建立在网络层基础之上的，网络层既提供面向连接的服务，又提供无连接的服务，但传输层只提供面向连接的服务。

4. 应用层

TCP/IP的应用层对应OSI参考模型的应用层、表示层和会话层。用户使用的都是应用程序，均工作于应用层。互联网是开放的，每个用户都可以开发自己的应用程序，数据资源多种多样。所以必须规定好数据的组织形式，而应用层功能就是规定应用程序的数据在传输时，在应用层要遵循的数据格式要求。

知识点拨

OSI参考模型与TCP/IP参考模型的应用

OSI参考模型没有考虑任何一组特定的协议，所以更具有通用性。而TCP/IP参考模型与TCP/IP协议集吻合得非常好，使得其不适用于其他任何协议栈。正因为如此，在实际应用中，没有考虑协议的OSI模型应用范围较窄，人们更愿意使用TCP/IP参考模型去分析并解决实际问题。这就是理论与实际的差别。

新手答疑

1. Q：按照以太网的传输速度，所使用的介质有哪些，都遵循什么标准？

A：以太网按照网络传输速度分为：

（1）标准以太网。

标准以太网的网速为10Mb/s，最常见的4种类型为10Base5、10Base2、10Base-T、10Base-F，传输介质为粗缆、细缆、双绞线和光纤。这种以太网设备已基本淘汰了。

（2）快速以太网。

快速以太网的网速为100Mb/s，采用IEEE 802.3u标准。现在看到仅支持该标准的网络设备，就不要买了。

（3）千兆以太网。

千兆以太网的网速为1000Mb/s，采用IEEE 802.3ab的双绞线标准以及IEEE 802.3z的光纤标准。现在购买网络设备建议选择支持IEEE 802.3ab标准的，用户可以到网上查询设备的具体参数。

（4）万兆以太网。

万兆以太网的网速为10Gb/s，采用IEEE 802.3ae标准。

在2.2.2节中将着重介绍双绞线的相关知识。

2. Q：无线局域网的标准有哪些？怎么选择无线产品呢？

A：无线局域网所采用的是IEEE 802.11系列标准，它也是由IEEE 802标准委员会制定的。目前这一系列的主要标准有：802.11b（ISM 2.4GHz，11Mb/s）、802.11a （5GHz，54Mb/s）、802.11g（ISM 2.4GHz，54Mb/s）、802.11n（2.4/5GHz，600Mb/s）、802.11ac（2.4GHz和5GHz，2.3Gb/s）、802.11ax（2.4GHz和5GHz，10Gb/s）。802.11ax俗称WiFi 6，普通用户选择产品时，选择主流的支持802.11ac标准的即可，喜欢尝试且有一定基础的用户，可以考虑配备WiFi 6的路由器和终端设备。

3. Q：OSI 七层模型与 TCP/IP 如何产生？不常用的 OSI 七层模型，为什么还要学习？

A：20世纪70年代初期，美国国防部高级研究计划局（ARPA）为了实现异种网之间的互联与互通，大力资助网络技术的研究开发工作。ARPA网开始时使用的是网络控制协议（Network Control Protocol，NCP）。随着ARPA网的发展，NCP已无法满足，需要更为复杂的协议。1973年，引进了传输控制协议（TCP），随后，在1981年引入了网际协议（IP）。1982年，TCP和IP被标准化成为TCP/IP协议集，1983年取代了ARPA网上的NCP，并最终形成较为完善的TCP/IP体系结构和协议规范。而厂商们在等待国际标准化组织制定OSI标准的时候，发现TCP/IP也挺好，所以就都采用了该协议。随着协议的完善及对大批量产品的需求，TCP/IP迅速占领了市场，一直到现在。

所以，当OSI参考模型研发出来后，国际标准化组织想呼吁厂商们改用OSI标准，已经晚了。但是这并不是说OSI参考模型没有用了，它采用分层的设计思想，将整个庞大而复杂的问题划分为若干个容易处理的小问题。这就是分层的体系结构办法。在OSI中，采用了三级抽象，既体系结构、服务定义、协议规格说明。在学习网络时，了解OSI参考模型的内容和定义更便于理解网络。

第2章 物理层

物理层是OSI七层模型的第一层，也是TCP/IP的网络接口层的一部分。因为TCP/IP五层模型应用得非常广泛，接下来的5章将以TCP/IP五层模型为基础，介绍每层的相关知识。本章首先介绍物理层的相关知识。

2.1 物理层概述

物理层的主要功能是完成相邻节点之间比特流的传输。对物理层的研究主要是设备的机械特性、电气特性、功能特性和过程特性。

- **机械特性：** 定义物理接口的形状和尺寸；引脚的数量、作用；如何排列；固定装置是怎么样的；线材的具体型号和制作标准；综合布线的标准等。比如常见的网线接口引脚定义如图2-1所示，要使网线可以传输数据，必须按照这一标准确定引脚的功能。

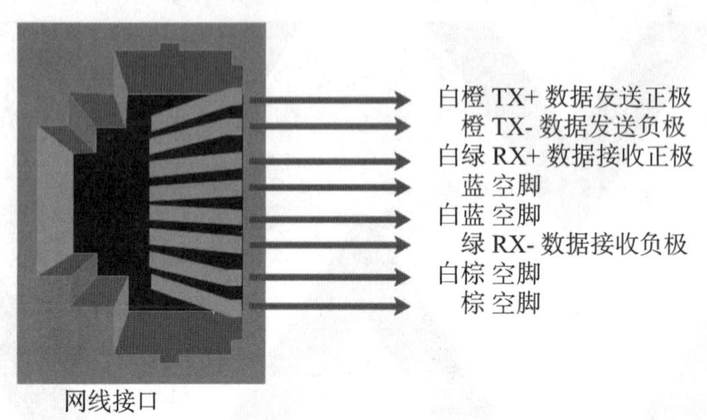

图 2-1

- **电气特性：** 定义使用的电压范围；信号间隔和持续时间；信号强度控制等。
- **功能特性：** 定义某一电压代表什么含义，使用什么样的物理信号来传输“0”“1”两种信号（或称状态）；如何建立及终止发送过程；信号能否实现双向传输等。
- **过程特性：** 定义不同功能的各种可能事件的出现顺序。

知识点拨

信号传输的三种工作模式

- **单工（单向通信）：** 信号只能沿介质向一个方向传播，无法接收返回信号，比如广播、老式的电视信号等。
- **半工（半双工通信）：** 通信的双方都可以发送和接收信号，但同一时间只能有一个方向的数据传输，比如过独木桥或者打电话。虽然打电话也可以说是全双工，前提是双方同时说话且能听清。
- **全工（全双工通信）：** 双方可以同时发送和接收信号，是效率最高的一种模式。

前两种模式在计算机网络中的应用越来越少了，现在大部分是全双工模式。

2.2 物理层常见传输介质

物理层常见的传输介质有同轴电缆、双绞线、光纤等。

2.2.1 同轴电缆

同轴电缆最早用于总线局域网中。同轴电缆由中间的铜制导线，也叫作内导体，外层的导线，也叫作外导体，以及两层导线之间的绝缘层和最外面的保护套组成。有些外导体制成螺旋缠绕式，如图2-2所示，叫作漏泄同轴电缆；有些制成网状结构，且在外导体和绝缘层之间使用铝箔进行了隔离，如图2-3所示，也就是常见的射频同轴电缆。

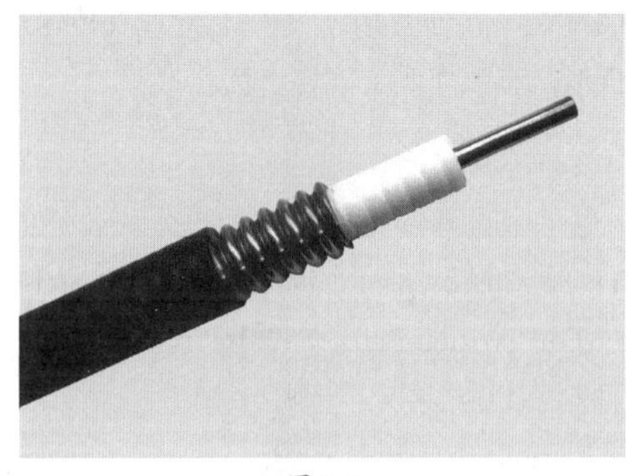

图 2-2

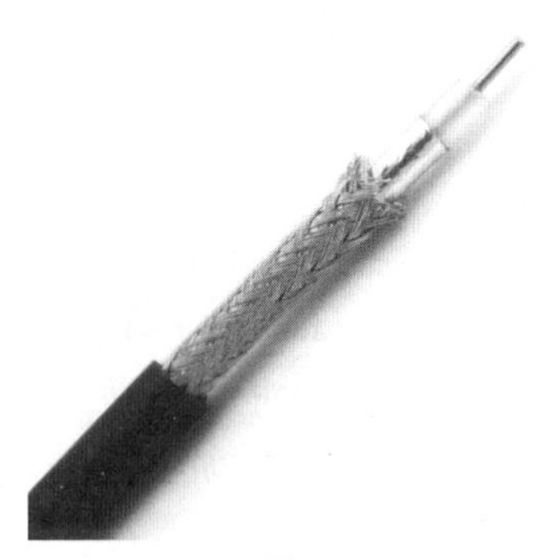

图 2-3

同轴电缆分为基带同轴电缆和宽带同轴电缆。75Ω宽带同轴电缆主要用于高带宽的数据通信，支持多路复用，一般用于有线电视的数据传输。50Ω基带同轴电缆通常用于局域网，速度基本能达到10Mb/s。

同轴电缆可以传递数字及模拟信号。在2000年前后，同轴电缆在网络组建中的地位达到了历史最高峰，但后期由于总线网络的固有缺点以及成本因素，同轴电缆逐渐淡出了局域网领域。现在，随着无线通信产业的发展，以及各行各业对于移动信号的要求不断提高，移动通信信号覆盖面逐渐扩大，在基站的扩增中，同轴电缆起到了关键作用。尤其是漏泄同轴电缆，兼具射频传输线及天线收发双重功能，主要应用于无线传输受限的地铁、铁路隧道的覆盖以及大型建筑的室内覆盖等。另外，在监控领域，同轴电缆可以作为音、视频传输载体，应用也非常广泛。例如，作为有线电视线，如图2-4所示，仍然是其重大应用领域；有些音频线也使用了同轴电缆，叫作同轴音频线，如图2-5所示。

图 2-4

图 2-5

2.2.2 双绞线

有些读者在家中自己组建局域网共享上网时，会发现明明办理的是200Mb/s或者以上的带宽，为什么下载速度却只有100Mb/s或者更少？其实问题可能出在用户这边，例如在自己的网络中应该选用千兆的设备，包括单端口光端机（光调制解调器，俗称“光猫”）、千兆网卡、千兆路由器以及交换机。那么这样就够了吗？不够，因为忽视了网线。那么一根细细的网线还能有什么门道呢？

1. 双绞线概述

双绞线是网络中最常使用的传输介质。拆开双绞线可以看到，双绞线是由8根具有不同颜色绝缘保护层的铜导线组成，它们根据颜色两两缠绕，共分为4组。每一根导线在传输过程中所产生的电磁波，会被另一根上发出的电磁波所抵消，有效降低了信号干扰。

2. 屏蔽双绞线

屏蔽层可减少辐射，防止信息被窃听，也可阻止外部电磁干扰的进入。普通的双绞线指非屏蔽双绞线（Unshielded Twisted Pair，UTP），如图2-6所示。屏蔽双绞线（Shielded Twisted Pair，STP）分两种，一种叫作单屏蔽双绞线（Foil Twisted-Pair，FTP），其内部双绞线与外层绝缘层之间有一层金属屏蔽层，如图2-7所示。

图 2-6

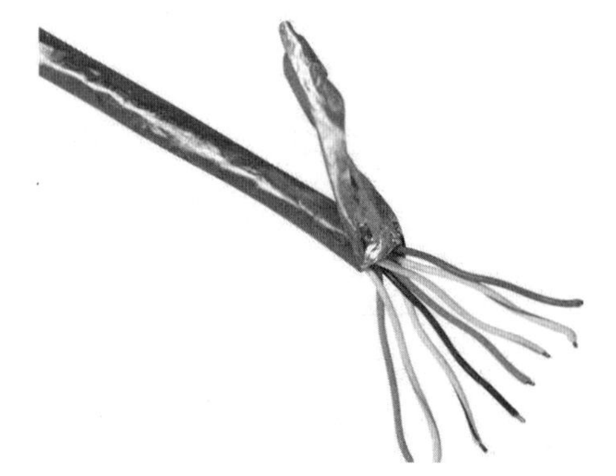

图 2-7

还有一种屏蔽双绞线称为双屏蔽双绞线（Shielded Foil Twisted-Pair，SFTP），除了外层的金属屏蔽层外，每两条线都有各自的屏蔽层，如图2-8所示。

屏蔽双绞线比同类的非屏蔽双绞线具有更高的传输速率和更低的误码率，但屏蔽双绞线的价格较贵，安装也比非屏蔽双绞线困难，通常用于电磁干扰严重或对传输质量和速度要求较高的场合。

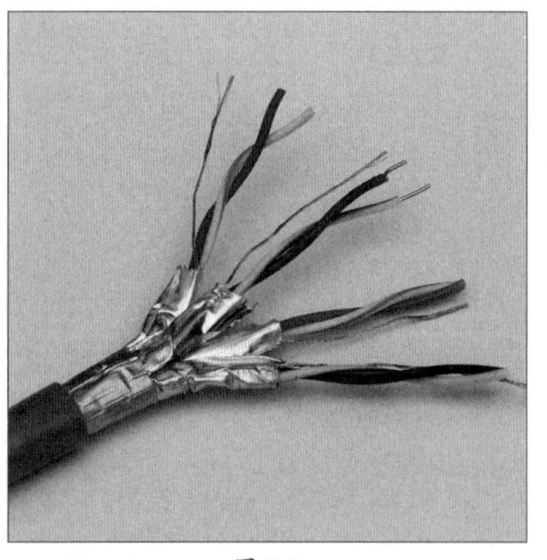

图 2-8

知识点拨

使用屏蔽双绞线的注意事项

需要注意的是，屏蔽只在整个电缆均有屏蔽装置，并且收发数据的两端设备都正确接地的情况下才起作用。所以，要求整个系统全部采用屏蔽器件，包括电缆、插座、水晶头和配线架等。同时，建筑物需要有良好的地线系统，如图2-9所示。网卡、水晶头、模块、交换机、路由器如果全部带屏蔽的话，只要有一个地方接地了，整个系统就都是接地的了。但在实际施工时，很难达到全部完美接地，从而使屏蔽层本身成为最大的干扰源，导致性能甚至远不如非屏蔽双绞线。所以，除非有特殊需要，通常在综合布线系统中只采用非屏蔽双绞线。

图 2-9

3. 双绞线的分类

按照频率和信噪比，双绞线可以分成多个类别，最早的1～4类双绞线已经被淘汰了，现在常见的双绞线类型、特性及其应用领域如下。

（1）5类网线。

5类网线，带宽为100MHz，最高速度为100Mb/s，主要用于采用100BASE-T和1000BASE-T技术的网络，最大传输距离为100m。线材及接口比较好的话，可以略微超过此距离，如果再远，则因为低电压的关系，造成信号减弱，数据无法识别或者丢失，带宽也会骤减，或者没有信号。这个问题其他类型的双绞线也有。但因为传输的是数字信号，可以在90m左右，增加单独的中继器，或者使用交换机连接，将信号传递下去。

知识点拨

放大器与中继器

放大器放大的主要是模拟信号，将高频已调波信号的功率放大，以满足发送功率的要求，然后经过天线将其辐射到空间，保证一定区域内的接收机可以接收到满意的信号电平，并且不干扰相邻信道的通信。常见的放大器有功放、广播、雷达、有线电视盒、手机信号放大器（图2-10）等。中继器的作用是放大数字信号，也可以说是连接网络，主要功能是通过对数据信号的重新发送或者转发，来扩大网络传输的距离。中继器是对信号进行再生和还原的网络设备，主要应用在物理层，负责在两个节点的物理层上按位传递信息，完成信号的复制、调整和放大功能，以此来延长网络的长度，解决由于信号衰减、失真带来的接收错误问题。常见的中继器可以是单独的设备，如图2-11所示。网络设备本身，如交换机、路由器，也可以起到信号中继的作用。

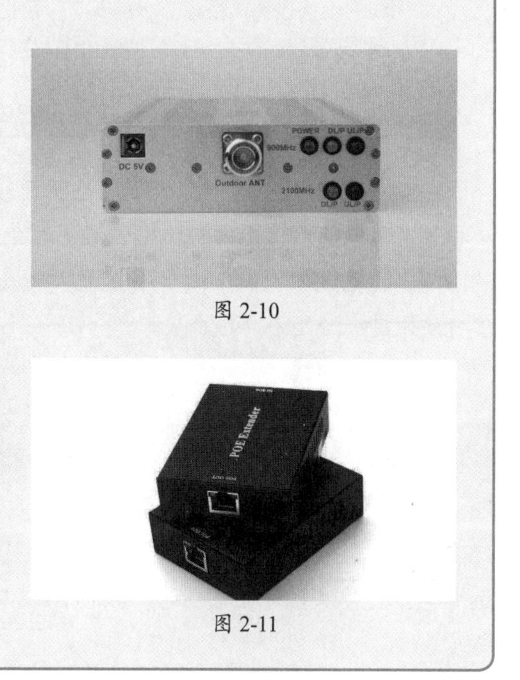

图 2-10

图 2-11

5类网线分为5类屏蔽双绞线和5类非屏蔽双绞线，只使用其中的1、2、3、6号线进行传输，所以最大只能达到百兆网速。在5类网线表皮会印有“CAT.5”字样，网线铜芯在0.45mm以下。5类网线现在应用得比较少了，一般都是超5类网线起步。

（2）超5类网线。

超5类网线的铜芯直径为0.45～0.51mm，在网线表皮印有“CAT5e”字样，传输频率为100MHz，带宽最大可达1000Mb/s。与5类网线相比较，其衰减小、串扰（又称串话）少，并且具有更高的衰减串话比（Attenuation-to Crosstalk Ratio，ACR）和信噪比（Signal-to-Noise Ratio，SNR）、更小的时延误差，性能得到很大提高。超5类网线也分为屏蔽以及非屏蔽类型，常见的非屏蔽超5类网线如图2-12所示，使用的水晶头如图2-13所示。

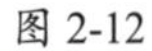

图 2-12

图 2-13

知识点拨

水晶头与RJ-45

网线的连接接头，俗称“水晶头”，专业术语为RJ-45连接器。按照标准，将网线中的八根线全部正确接入水晶头中，网线才能使用，是网线的标准连接部件。还有一些常见的网线接头，如电话线使用的双芯水晶头，叫作RJ-11。

超5类网线应用得比较广，因为性价比较高，一般应用在短距离的终端连接上，如家庭或中小型企业等网速要求不高的环境。但是现在超5类网线已经处在一个过渡期，因为其他更高标准的网线，传输速率更高，而费用在逐步降低，更能适应现在的大文件传输、高速带宽需求及有多种应用的局域网中。

（3）6类网线。

6类网线从外观上看更加结实，并且比超5类网线要粗很多。6类网线使用的是0.56～0.58mm直径的铜芯，且在内部增加了十字骨架，将四对双绞线进行了分隔，很大程度上解决了串扰问题。十字骨架随着线缆长度而旋转角度。6类网线的表皮一般印有“CAT.6”字样，传输频率为250MHz，最适合传输速率高于1Gb/s的应用，主要用于千兆位以太网。一般千兆网络布线建议选用6类及6类以上的网线。6类非屏蔽网线如图2-14所示，6类网线专用的分体式水晶头如图2-15所示。

图 2-14

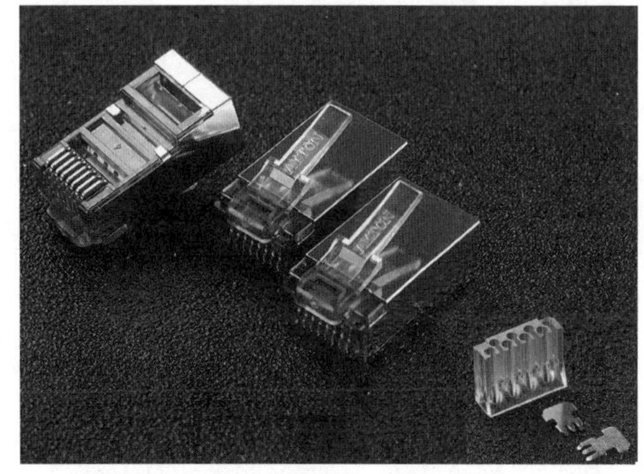

图 2-15

仔细观察可以发现，6类网线的水晶头，其中的线孔并不像5类及超5类的那样，八根线孔是一排的，而是四高四低，如图2-16所示。这是由于RJ-45的尺寸规格是一定的，而6类网线比5类网线要粗一些，加上绝缘层也有一定的厚度，如果还是按照一排进行设计，那么接线时要么穿不进水晶头对应的线孔，要么极容易穿错。除了四高四低这种设计，也有二高六低的。为了方便穿线，还可使用分线器这样的小工具，按照对应的标准套入网线，如图2-17所示，然后放入水晶头中，使用专用的压线钳压制即可。分线器除了这种分体式的，还有一体式的。

图 2-16

图 2-17

知识点拨

RJ-45水晶头能不能通用？

原则上，不同类型的网线最好使用与之对应的水晶头和对应的分线器，一方面是由于不同网线的线径不同，无法混用；另一方面，不同的网线有不同的电气及物理特性，不按标准来，有可能达不到预期的效果。

比如，标准的超5类水晶头，线孔孔径是1.0～1.1mm，而6类的水晶头，线孔孔径是1.3～1.5mm，如果用户购买的6类网线略细，是可以使用超5类的水晶头的，但如果是超6类网线则无法使用。反过来，超5类的网线使用6类网线的水晶头是可以的，只是成本有点高。

（4）超6类网线。

超6类网线是6类网线的改进版，同样是ANSI/EIA/TIA-568 B.2和ISO 6类/E级标准中规定的一种非屏蔽双绞线电缆，在串扰、衰减和信噪比等方面有较大改善，传输频率是500MHz，最大传输速度可达10 000Mb/s，也就是10Gb/s，可以应用在万兆网中，标识为“CAT6A”。超6类网线和6类网线一样，也分为屏蔽与非屏蔽，主要应用于大型企业等需要高速应用的场所，和6类网线一起将成为未来布线的主要线材。

其实6类网线也可以达到万兆带宽，但网线长度最多为37～55m。

超六类网线的水晶头制作和6类网线基本一致，这里不作赘述。

（5）7类网线。

从7类网线开始，只有屏蔽类的双绞线，没有非屏蔽类的双绞线了。7类网线的传输频率为1000MHz，传输速率为10Gb/s，最远为100m，主要应用在数据中心、高速和带宽密集型应用中。其水晶头使用了金属材质，便于屏蔽层接地，而且水晶头带有固定屏蔽层的燕尾夹，因此也叫燕尾夹水晶头，如图2-18所示。

图 2-18

（6）8类网线。

8类网线是最新的一种网线，频率可达2000MHz，传输速率有25Gb/s和40Gb/s两种，最大传输距离只有30m，应用并不广泛，主要是在部分数据中心中使用。8类成品跳线如图2-19所示。建议购买7类和8类网线成品跳线或者购买免打水晶头，否则对于新手来说，制作网线浪费十几个水晶头是常有的事。

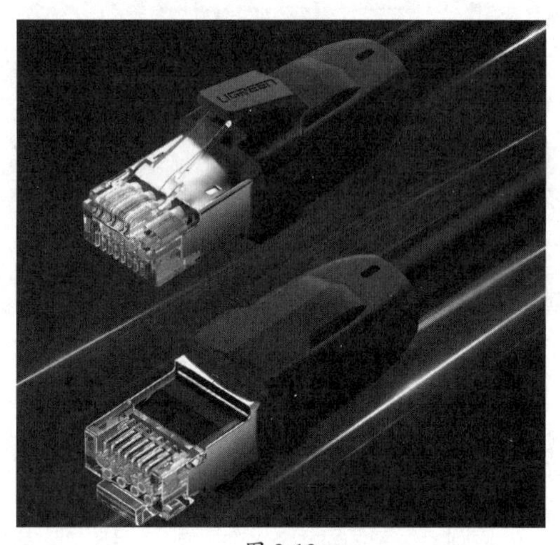

图 2-19

知识点拨

免打水晶头及穿孔式水晶头

免打水晶头也叫免压水晶头，如图2-20所示，接线时不需压线钳，只要按照标签排好线序，插入模块，剪去多余网线，然后放入卡槽，盖上盖子就可以使用，如果有必要，可以使用扎带进行固定。免打水晶头可以重复使用，虽然比普通水晶头略长，但确实非常漂亮，如图2-21所示。

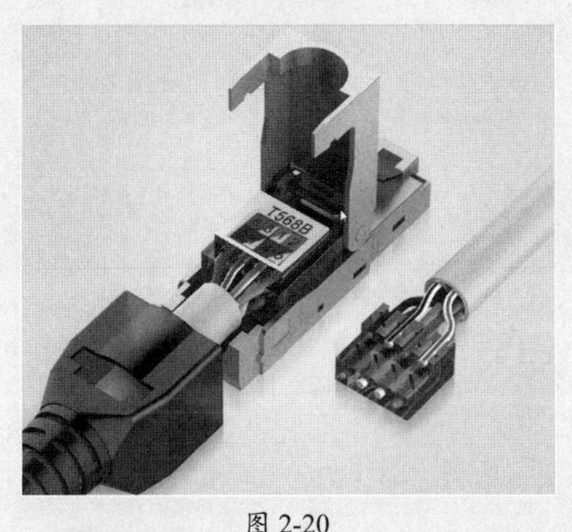

图 2-20

图 2-21

免打水晶头一般用在超6类及以上网线的接头制作中，因为从6类网线开始，线芯比较粗，穿线、定位、裁剪、压制都需要特殊的工具，用户也要有一定的经验，否则很有可能做出废品。总之就是对新手很不友好。建议普通用户在需要使用超6类及以上的网线时，使用免打水晶头，或者直接购买成品线。

除了免打水晶头外，还有穿孔式水晶头，如图2-22所示。穿孔式水晶头主要用在超5类和6类网线中，主要是为了防止新手制作接头时发生接触不良、线序排错、线芯插不到底的情况。但是需要配备专用的打线钳，用来在打线时，切除多出来的网线，如图2-23所示。因为超5类网线的水晶头线孔是排成一排，而且线径较细，比较好穿，而6类网线水晶头线孔是上下穿孔设计，所以在穿线时稍有难度，用户需要有耐心，多穿几次即可掌握规律。

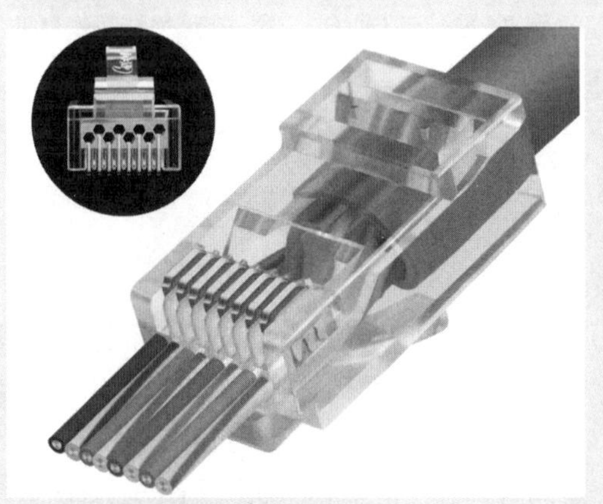
图 2-22

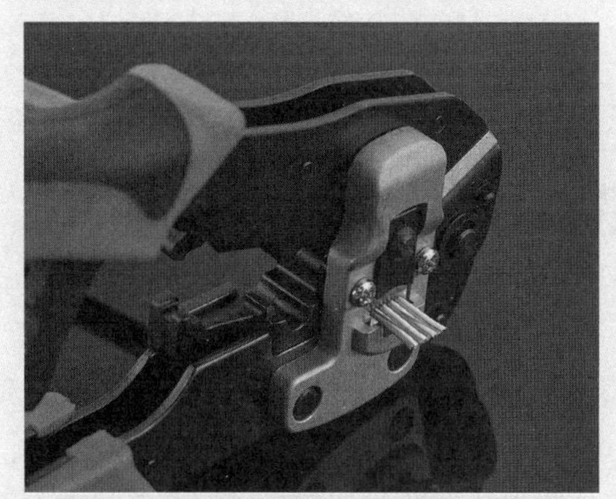
图 2-23

4. 双绞线的线序

由于TIA和ISO这两个组织经常进行标准制定方面的协调，所以TIA和ISO颁布的标准的差别不是很大。在北美乃至全世界，双绞线标准中应用最广的是ANSI/EIA/TIA-568 A和ANSI/EIA/TIA-568 B（实际上应为ANSI/EIA/TIA-568 B.1，一般简称为T568 B），其中规定了双绞线的线序。虽然网络系统中的网线线序一至即可实现通信，但在工业应用等复杂环境下，如果任意接线产生了问题，排查起来将是一项巨大的工程。所以制定一个规范，大家一起来遵守，这样在需要排查故障时，也会方便很多。

上述两个标准规定的线序如图2-24所示。最常用的是T568B标准，规定的线序为：橙白-橙-绿白-蓝-蓝白-绿-棕白-棕。T568A标准不太常用，一般在制作交叉线时使用，其规定的线序为：绿白-绿-橙白-蓝-蓝白-橙-棕白-棕。

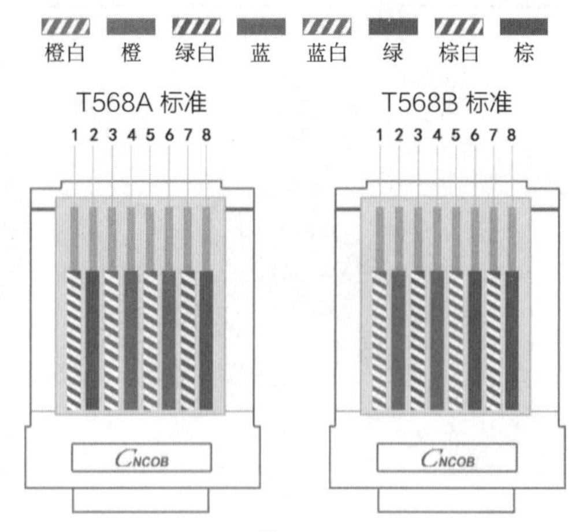

图 2-24

知识点拨

直通线与交叉线

直通线是指两边的线序一样，一般采用T568B标准，用于不同种设备间，如计算机到交换机、交换机到路由器等。交叉线是指两边的线序不一样，其一端使用T568B标准，另一端使用T568A标准，主要用于同种设备之间，如交换机之间、路由器之间。

现在的设备都支持自动翻转、自动协商、自动适应、自动更改发送和接收的线序了，所以交叉线很少使用了，但是在遇到老设备或者一些特殊情况下，我们需要知道什么是直通线，什么是交叉线。线序非常好记，首先记住T568B标准的线序，然后将1号线与3号线、2号线与6号线互换就变成了T568A标准的线序。

动手练 双绞线接头的制作

下面以最常见的6类非屏蔽网线为例，向读者介绍双绞线接头的制作方法。

Step 01 使用压线钳的剥线口将网线外皮剥开，露出8根网线，并将中间的十字骨架齐根剪掉，完成后，如图2-25所示。如果是屏蔽线，会有屏蔽层，这时需要将屏蔽层金属网和金属铝箔也剪掉。

Step 02 将4对网线解开，按照T568B标准的线序整理好，套入分线器，如图2-26所示。在此过程中，注意分线器的方向，并尽量让线平直。套入网线后，检查线序是否正确。

图 2-25

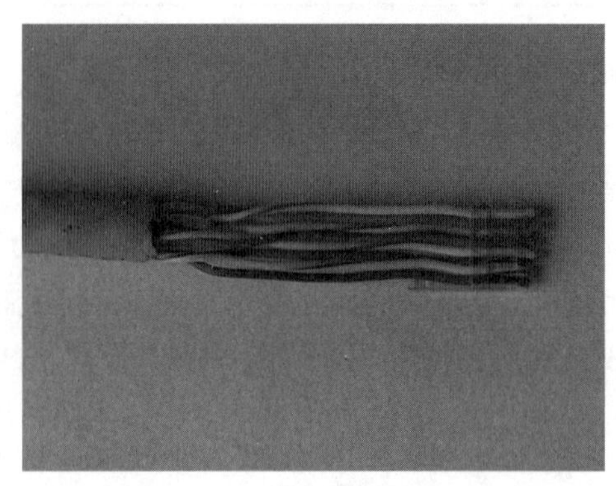

图 2-26

Step 03 将分线器尽量向下拉，并根据水晶头大小确定好留下的网线长度，然后将多余的露出部分用斜口钳剪掉，如图2-27所示。

Step 04 将网线连同分线器插入水晶头外壳中，注意方向，如图2-28所示。

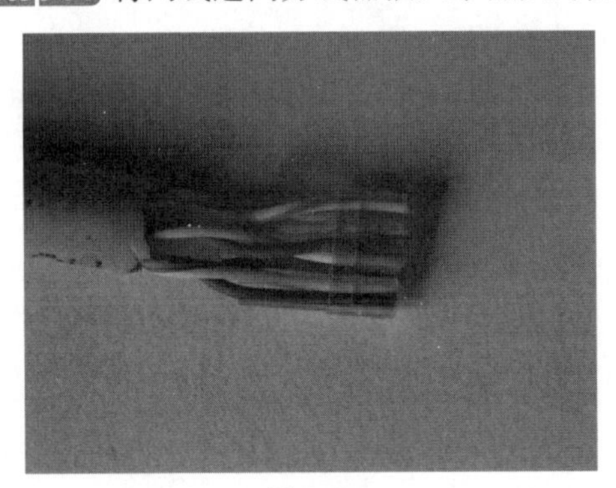

图 2-27

图 2-28

Step 05 将水晶头放入压线钳中，用力压紧即可，如图2-29所示。

Step 06 使用测线仪检测8根网线是否全部连通，如图2-30所示。

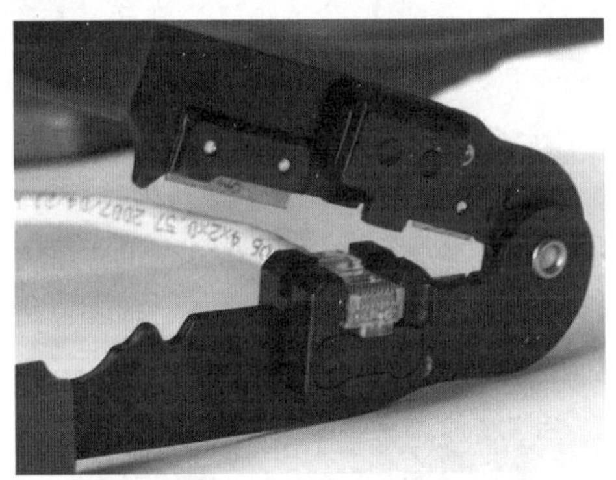

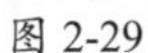

图 2-29

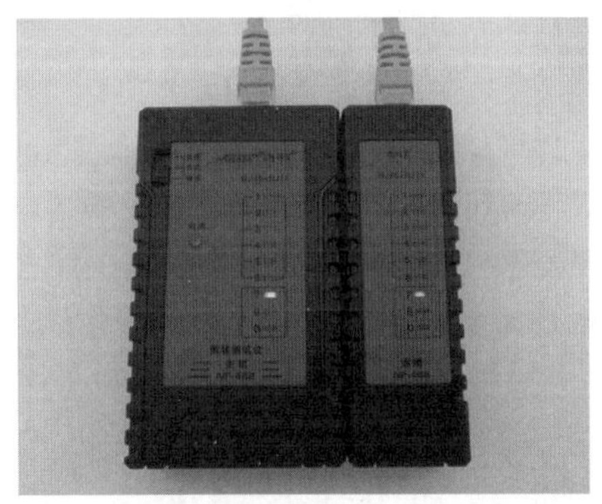

图 2-30

如果制作超5类网线的接头，则在剥开外皮后，按线序排列好网线。然后将线在合适距离用压线钳切整齐后，插入超5类网线的水晶头，最后用压线钳压入水晶头金属簧片即可。

2.2.3 光纤

光纤是另一种最常见的传输介质，如图2-31所示，早期主要用于主干线路中。随着网络的发展及运营商设备的升级换代，光纤也经历了光纤到路边、光纤到大楼、光纤到户，甚至光纤到桌面的过程。现在，普通用户也可以享受光纤带来的高速度。

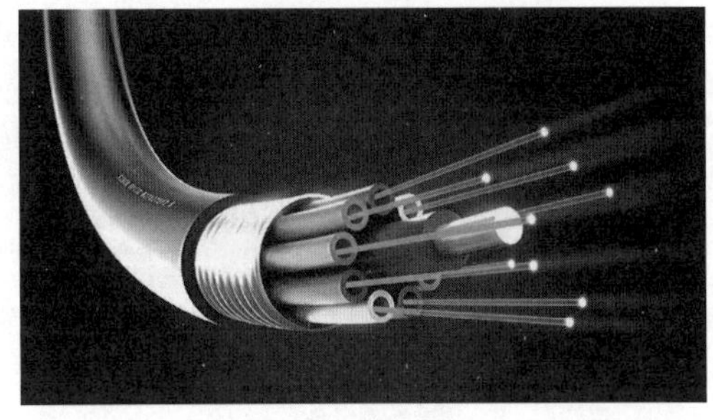

图 2-31

1. 光纤概述

光纤也叫作光导纤维，如图2-32所示，是一种由玻璃制成的纤维，可作为光传导的介质。其传输的原理是“光的全反射”，当光线射到纤芯和包层界面的角度大于产生全反射的临界角时，光线透不过界面，全部反射，从而实现光线的最大距离传输。普通的光纤主要结构有：

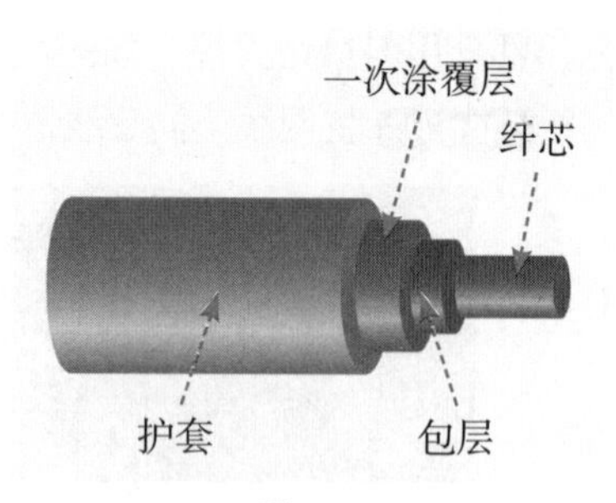

图 2-32

- **纤芯：**为折射率较高的玻璃材质，直径为5～75μm。
- **包层：**为折射率较低的玻璃材质，直径为0.1～0.2mm，是实现光线全反射的主要结构层。
- **一次涂覆层：**主要用来保护裸纤而在其表面上涂的一种材质，厚度一般为30～150μm。主要用来保护光纤表面不接触潮湿气体或为外力擦伤，赋予光纤抗微弯性能，降低光纤的微弯附加损耗。
- **护套：**用于保护光纤。

纤芯、包层和一次涂覆层构成了裸纤。在一次涂覆层上，再加入缓冲层及二次涂覆。二次涂覆可提高光纤抗纵向和径向应力的能力，方便光纤加工，一般分为松套涂覆和紧套涂覆两大类。紧套涂覆所制作的紧包光纤，按外径分为0.6mm和0.9mm两种，是制造各种室内光缆的基本元件，也可单独使用，如制作尾纤、各种跳线、用于各类有光源或无光源器件的连接以及仪表和终端设备的连接等，如图2-33所示。

如果要进行长距离的室内室外传输就需要用到光缆了。常见的室内光缆如图2-34所示。

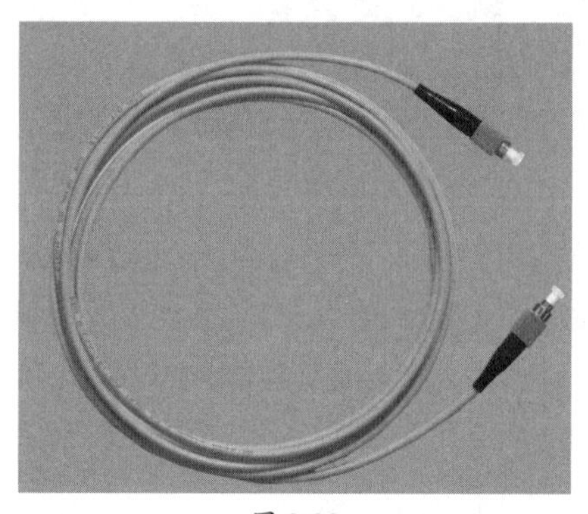

图 2-33

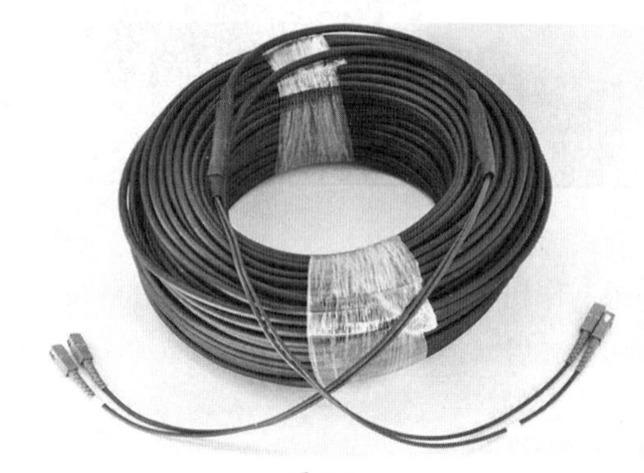

图 2-34

知识点拨

光缆及铠装光缆

光缆是一定数量的光纤按照一定防护标准组成缆芯，外面包有护套，有的还包覆外护层，用以实现光信号远距离传输的一种通信线路。除了超长距离的传输所使用的光缆，短距离和室内使用的，一般都叫作光缆跳线。在此基础上再次进行加固所生产的光缆就叫作铠装光缆。

铠装光缆在电信光纤长途线路、一二级干线传输中有着重要的应用。网管通常接触到的铠装光缆，大多用于在机房、楼宇内部连接两台光纤网络设备。这样的铠装光缆长度相对较短，通常称为铠装跳线。铠装跳线内部可以有一根或者多根光纤，常见的中心束管式铠装光缆及其结构如图2-35、图2-36所示。

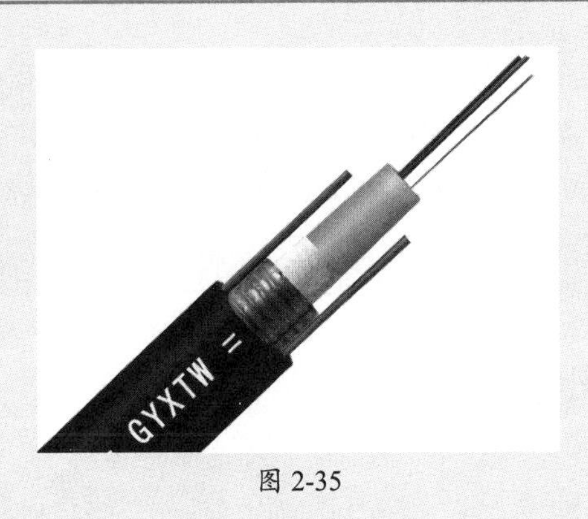

图 2-35

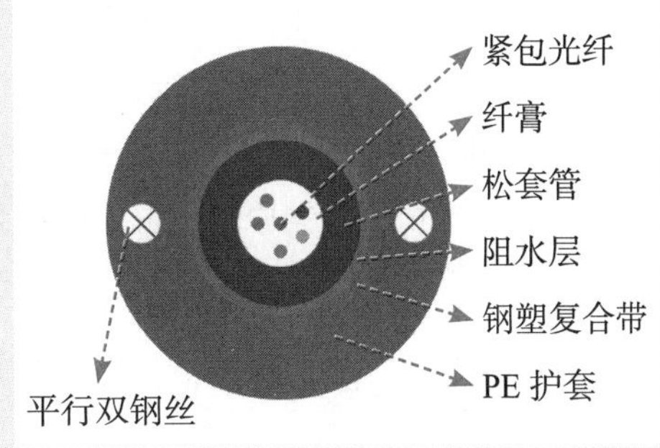

图 2-36

宽带的入户光纤，就是铠装光缆，因为基本上是单芯的，也可以叫铠装光纤，或者通俗的叫法——皮线。读者可以思考一下，为什么入户要用铠装光纤，而不直接和机房一样，使用普通光纤跳线？

2. 光纤的优势

光纤的主要优势有以下几点。

（1）容量大。

光纤使用的工作频率比电缆使用的工作频率高出8、9个数量级。多模光纤的频带约几百兆赫，好的单模光纤可达10GHz以上。

（2）损耗低。

在同轴电缆组成的系统中，最好的电缆在传输800MHz的信号时，每千米的损耗在40dB以上。相比之下，光纤的功率损耗要小一个数量级以上，能传输的距离要远得多。而且其损耗几乎不随温度而变，不用担心因环境温度变化造成干线电平的波动。

（3）重量轻。

因为光纤非常细，单模光纤（本节稍后将有介绍）芯线直径一般为4～10μm，外径也只有125μm，加上阻水层、加强筋、护套等，用4～48根光纤组成的光缆直径还不到13mm，比标准同轴电缆的直径47mm要小得多，加上光纤是玻璃纤维，重量轻，安装十分方便。

（4）抗干扰能力强。

因为光纤的基本成分是石英，只传光，不导电，不受强电、电气信号、雷电等干扰，而且在其中传输的光信号不受电磁场的影响，故光纤传输对电磁干扰、工业干扰有很强的抵御能力。也正因为如此，在光纤中传输的信号不易被窃听，因而利于保密。

（5）环保节能。

一般通信电缆要耗用大量的铜、铅或铝等有色金属。光纤本身是非金属，光纤通信的发展将为国家节约大量有色金属。

（6）工作性能可靠。

因为光纤系统包含的设备数量少，可靠性自然也就高，加上光纤设备的寿命都很长，无故障工作时间达50万～75万小时，其中寿命最短的光发射机中的激光器，最低寿命也在10万小时以上。

（7）成本不断下降。

目前，有人提出了新摩尔定律，也叫作光学定律（Optical Law）。该定律指出，光纤传输信息的带宽，每6个月增加一倍，而价格降低一倍。光通信技术的发展，为因特网宽带技术的发展奠定了非常好的基础。由于制作光纤的材料（石英）来源十分丰富，随着技术的进步，成本还会进一步降低；而电缆所需的铜原料有限，价格会越来越高。

3. 光纤的接头

下面从基础的光纤知识开始讲解，首先介绍光纤的接口。

（1）SC型接头。

SC型接头就是通常说的大方头接口，如图2-37所示，其外壳呈矩形。该接口采用了插拔销闩式的紧固方式，不需要旋转，插拔操作很方便，而且介入损耗波动较小，具有抗压强，安装密度高等优点。这种接口常用在光纤收发器的连接中。

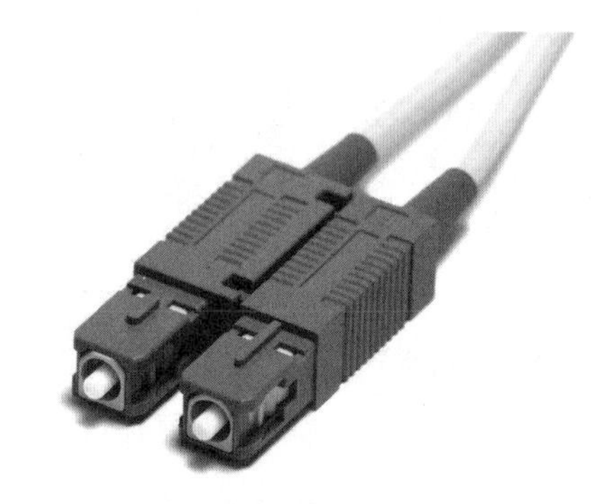

图 2-37

（2）LC型接头。

LC型接头就是通常说的小方头接口，采用模块化插孔（RJ）闩锁的紧固方式，即插即用，是现下最为流行的一种光纤跳线，如图2-38所示。它能有效地减少空间的使用，适合高密度连接，一般用来连接光模块。

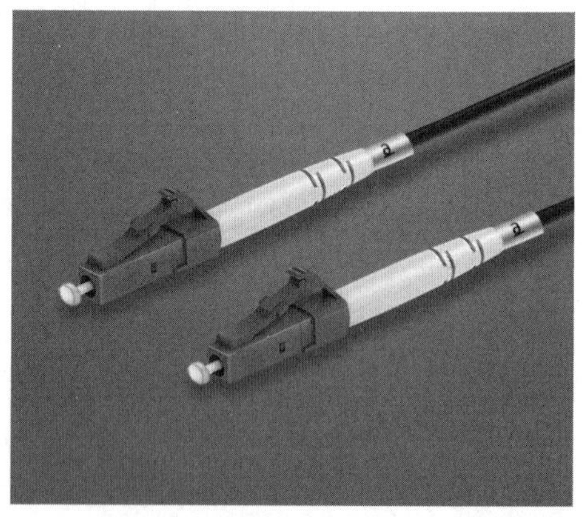

图 2-38

（3）FC型接头。

FC型接头即圆旋头接头，如图2-39所示，它采用了螺丝扣的紧固方式，外部加强方式采用金属套，插入设备后较为牢固，连接时不容易脱落，一般在光纤配线架中使用。

（4）ST型接头。

ST型接头即卡接式圆型接头，如图2-40所示，其外壳呈圆形，紧固方式为螺丝扣。

图 2-39

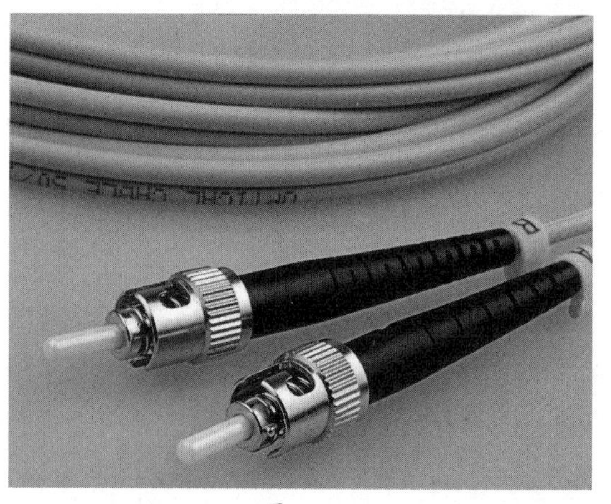

图 2-40

知识点拨

PC、UPC、APC

在制作或者购买光纤跳线或者尾纤时，经常遇到如FC/UPC、SC/APC、FC/PC等文字，它们分别是什么意思呢？其实，“/”前面的是光纤的跳线接口类型，如SC、LC、FC、ST；后面的PC、UPC、APC指的是光纤接头端面的工艺，即研磨工艺，如图2-41所示。

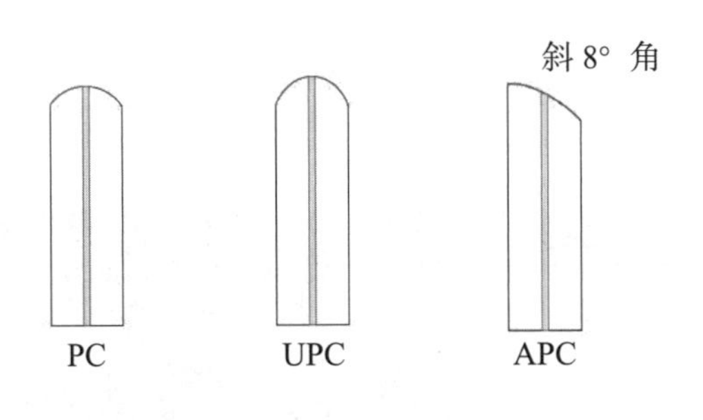

图 2-41

其中，PC型端面是微球面研磨抛光，即端面呈微凸面拱型结构，表明其与对接端面将物理接触。在电信运营商的设备中应用得最为广泛。UPC型端面的信号衰减比PC的要小，一般用于有特殊需求的设备。一些国外厂家ODF架内部跳纤用的就是UPC型，主要是为提高ODF设备自身的性能指标。APC型端面呈斜8° 角并做微球面研磨抛光，是广电和早期的CATV中应用较多的型号。

知识点拨

尾纤及耦合器

光纤尾纤指只有一端有连接头，另一端是光缆纤芯的断头，如图2-42所示，它通过熔接与其他光缆纤芯相连，常出现在光纤终端盒内，用于连接光缆与光纤收发器，之间还会用到耦合器、跳线等。光纤尾纤分类与光纤跳线一样。一根光纤跳线分开成为两根尾纤。

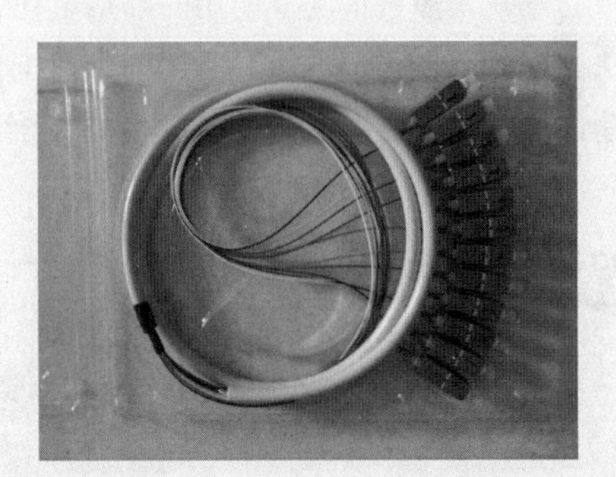

图 2-42

耦合器指光纤与光纤之间进行可拆卸连接的器件，它是把光纤的两个端面精密对接起来，以使发射光纤输出的光能量能最大限度地耦合到接收光纤中去，使其接入光链路时对系统造成的影响减到最小。其实耦合器可以狭义地理解为转接头，如FC-FC、LC-LC、LC-ST、ST-ST等，如图2-43所示，用于将相同接口或者不同接口的光纤跳线或尾纤连接起来。

图 2-43

4. 单模与多模光纤

按照传输模式，光纤可以分为单模光纤与多模光纤。

单模光纤是指在工作波长中，只用一种模式的光信号传输。单模光纤纤芯小于10μm，色散小，带宽很大，一般用于远距离传输（100km以内）。单模光纤通常使用光波长为1310nm或者1550nm的光，传播模式如图2-44所示。单模光纤的外护套一般为黄色，连接头一般为蓝色或绿色。

单根可以同时以多种模式传输光信号的光纤，称为多模光纤。多模光纤纤芯直径为50/62μm，光在其中按照波浪形传播，传输模式可达几百个，如图2-45所示。多模光纤使用的光波长为850nm或1310nm。多模光纤的外护套一般为橙色，万兆的为水蓝色，连接头多为灰白色。

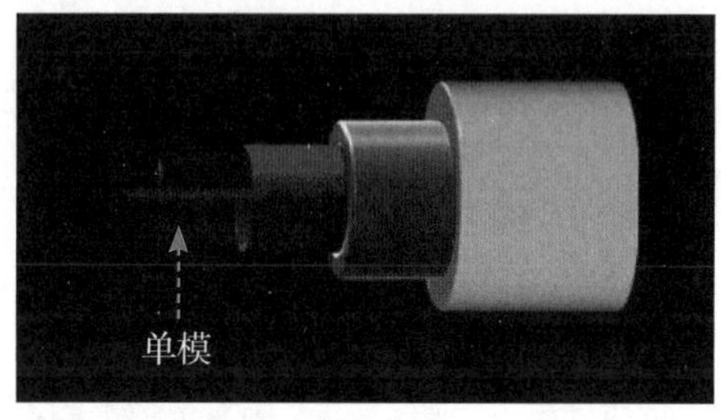

图 2-44

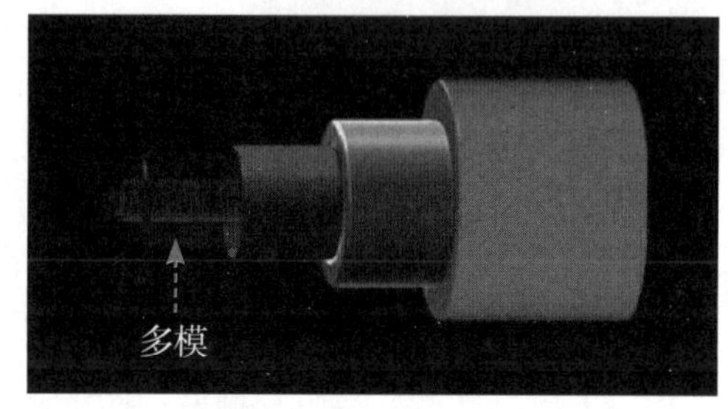

图 2-45

单模光纤用于高速、长距离的数据传输，损耗极小，非常高效，但需要有激光源，成本较高。单模光纤速率在100Mb/s或1Gb/s，传输距离可达几十至上百千米。

多模光纤适合短距离、速率要求较低的数据传输，成本较低。多模光纤聚光性好，但耗散较大。在10Mb/s及100Mb/s的以太网中，多模光纤最长可支持2000m的传输距离，而在1Gb/s的以太网中，多模光纤最长可支持550m的传输距离。

现在大多数情况下使用的都是单模光纤，如果单模光纤使用多模光纤的光纤收发器，是无法工作的。也可以说，短距离内可以工作，但无法保证效果，而且收发器也不允许混用。所以建议用户不要混用不同类型的模块和光纤。

知识点拨

单模光纤的复用

有经验的读者可能要问，为什么光猫用一根单模光纤可以同时收发数据，而光纤收发器却要用两根?

家庭宽带入户光纤一般只有一根，连接到光猫上。在进行数据传输时，光纤采用1310nm的波长进行上行传输，也就是发送信号，而使用1490nm的波长进行下行传输，也就是接收信号，对端就反过来。其实就相当于多模光纤的传输模式了，使用的是波分复用技术。只是因为单模光纤的特性，会产生一定的光衰和信号不稳定。但是，在短距离传输中，是完全可以接受并能够控制的，而且也不会影响传输带宽。

而中小企业经常见到的光纤连接，是在收发器上连有两条光纤，一条负责发送，一条负责接收，这种方案最大程度上保证了带宽、数据的准确性以及传输距离。

由于单模光纤的复用技术已经实现了数据的收发，在距离及要求满足的情况下，出于成本考虑，收发器也多使用单模单纤的。

5. 光纤常见设备

在光纤的组网过程中，会用到很多设备，这些设备有什么用呢？

（1）光纤配线架。

光纤配线架如图2-46所示，主要应用在各种光交箱等需要进行光纤转接及分接的位置。光缆进入机架后，对其外护套和加强芯要进行机械固定。光缆中引出的光纤与尾缆熔接后，应将多余光纤进行盘绕处理，并对熔接接头进行保护；将尾缆上的连接器插接到适配器上，与适配器另一侧的光连接器实现光路对接。适配器与连接器应能够灵活插拔，光路可进行自由调配和测试。另外还提供放置光纤线的空间，使它们能够规则整齐地放置如图2-47所示。

图 2-46

图 2-47

光纤配线架主要有12口光纤配线架、24口光纤配线架、48口光纤配线架、72口光纤配线架、96口光纤配线架、144口光纤配线架。

（2）光缆接头盒。

光缆接头盒如图2-48所示，它将两根或多根光缆连接在一起，并保护部件的接续部分，是光缆线路工程建设中必须采用的非常重要的器材之一。光缆接头盒内部如图2-49所示。光缆接头盒的质量直接影响光缆线路的质量和光缆线路的使用寿命。

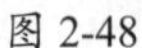

图 2-48

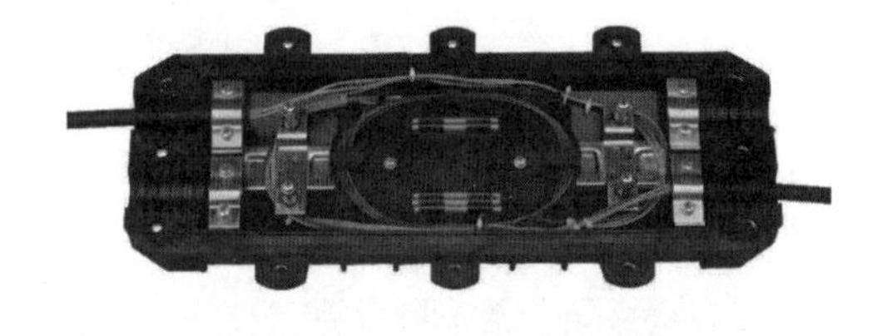

图 2-49

（3）光模块。

光模块如图2-50所示，主要应用在路由器、交换机等网络设备上，用来连接光纤，是进行光电、电光转换的电子器件。光模块的发送端把电信号转换为光信号，接收端把光信号转换为电信号。光模块按照封装形式，分为SFP、SFP+、SFF、GBIC等，一般成对使用。

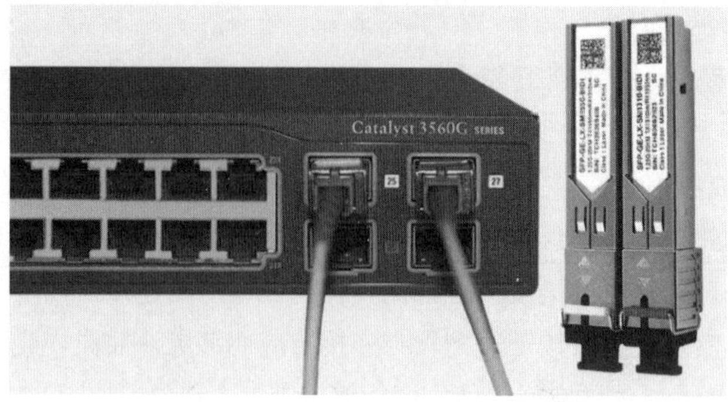

图 2-50

（4）红光笔。

红光笔主要用来检测光纤断点以及寻线，如图2-51所示，还可以起到一定的照明作用。按其最短检测距离分为5km、10km、15km、20km、25km、30km、35km、40km等。

（5）光功率计。

光功率计是测量绝对光功率或通过一段光纤的光功率相对损耗的仪器，如图2-52所示。在光纤系统中，测量光功率是最基本的要求。通过测量发射端机或光网络的绝对功率，一台光功率计就能评价光端设备的性能。

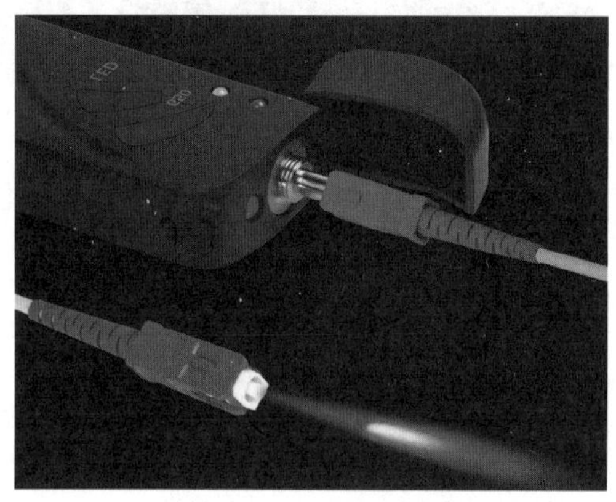

图 2-51

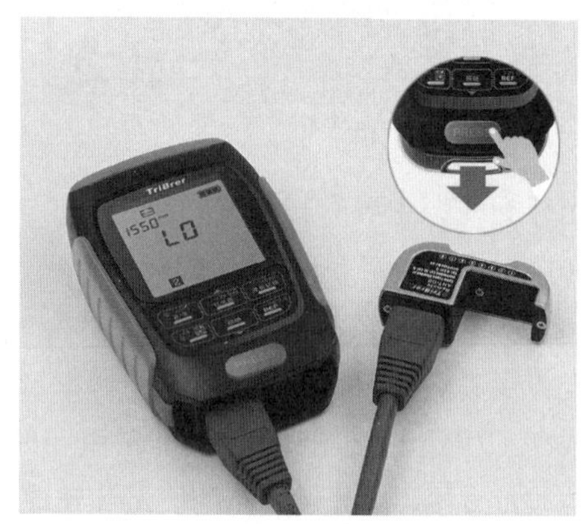

图 2-52

（6）皮线钳、米勒钳。

皮线钳、米勒钳用来去除光纤外皮以及剥离光纤涂层，在连接光纤时使用。皮线钳如图2-53所示，米勒钳如图2-54所示。

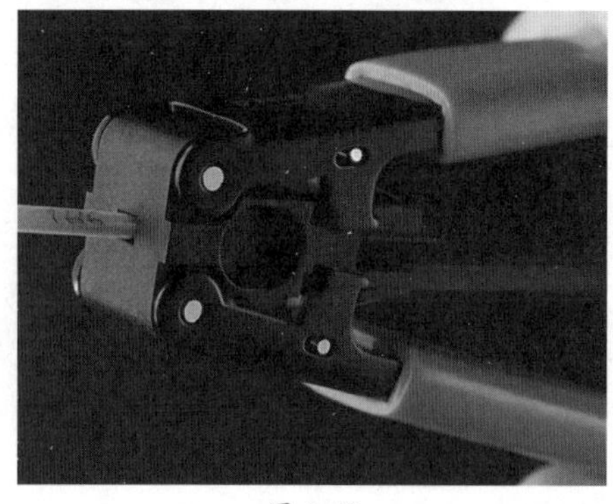

图 2-53

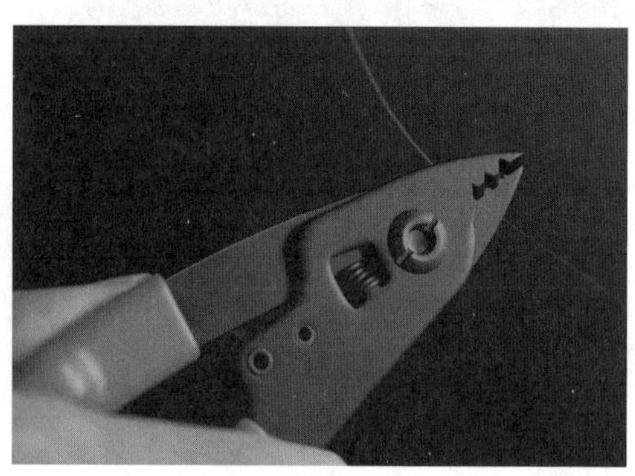

图 2-54

（7）定长器。

定长器在剥除光纤涂覆层、定长度时使用，如图2-55所示。定长器通常和光纤切割刀同时使用，如图2-56所示。

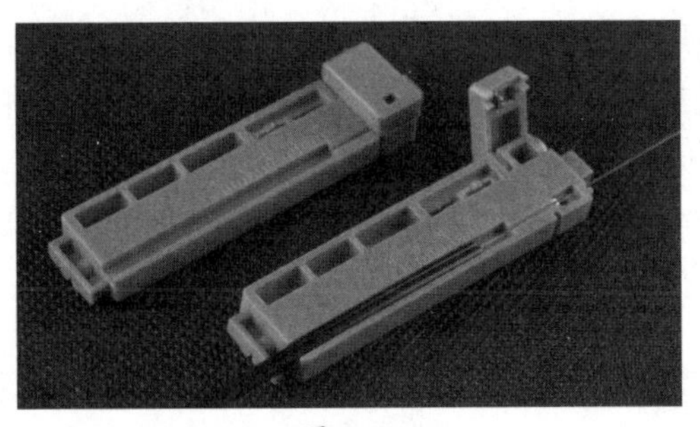

图 2-55

图 2-56

（8）光纤切割刀。

光纤切割刀如图2-57所示，用于切割光纤。切好的光纤端面经数百倍放大后观察仍是平整的，才可以用于器件封装、冷接和放电熔接。

（9）光纤冷接子。

光纤冷接子用于通过冷接法制作光纤接口，如图2-58所示。

图 2-57

图 2-58

（10）光纤熔接机。

光纤熔接机如图2-59所示，其内部如图2-60所示，主要用于光通信中光缆的施工和维护。它的工作原理是利用高压电弧将两根光纤断面熔化，同时用高精度运动机构平缓推进，使两根光纤融合成一根，以实现光纤模场的耦合，也就是常说的熔接光纤。

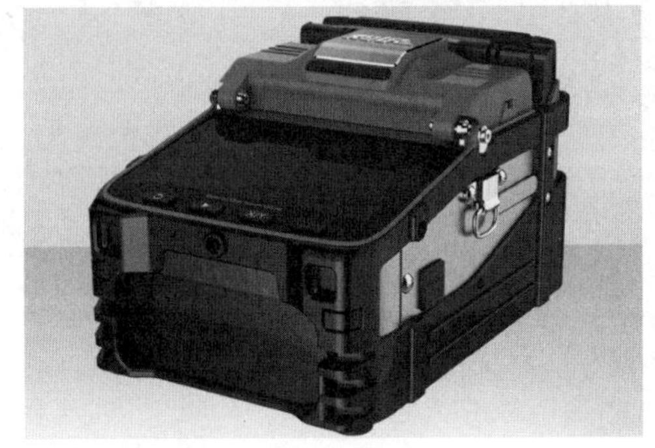

图 2-59

图 2-60

6. 光纤的冷接与热熔

上面提到的光纤的冷接与热熔是什么意思呢？

（1）光纤冷接。

光纤冷接技术用于光纤对接光纤或光纤对接尾纤，由于光纤不需要进行热熔连接，因而操作起来方便快速。用于这种冷接续的器件叫作光纤冷接子。光纤冷接子是两根尾纤对接时使用的。它内部的主要部件是一个精密的V型槽，在两根尾纤拨纤之后利用冷接子来实现两根尾纤的对接。光纤冷接操作起来简单快速，比用熔接机熔接省时间。光纤冷接的特点是：

- 不需要太多设备，有光纤切割刀即可，但每个接点需要一个光纤冷接子。
- 便于操作，适合野外作业。
- 损失偏大，每个接点0.1～0.2dB。

目前国内可以直接生产光纤冷接子的厂家较少，成本较高，在商务和技术服务上没有可供选择的余地，另外冷接子中使用匹配液，因使用少，时间短，老化问题需要时间的考验。

（2）光缆熔接。

光缆熔接是 一项细致的工作，特别在端面制备、熔接、盘纤等环节，要求操作者仔细观察，周密考虑，规范操作。光纤接头处的熔接损耗与光纤本身及现场施工有关。努力降低光纤接头处的熔接损耗，可增大光纤中继放大传输距离和提高光纤链路的衰减裕量。光缆熔接的特点是：

- 需要使用光纤熔接机和光纤切割刀，将两根光纤接起来，不需要其他辅助材料。
- 质量稳定，接续损耗小，每个接点0.03～0.05dB。
- 设备成本过高，设备的储电能力有限，野外作业受限制。

动手练 光纤的冷接

光纤的冷接比较简便，下面介绍具体的操作步骤。

Step 01 取出光纤冷接子尾套，放入皮线中，如图2-61所示。

Step 02 使用皮线钳剥去6cm皮线，如图2-62所示。

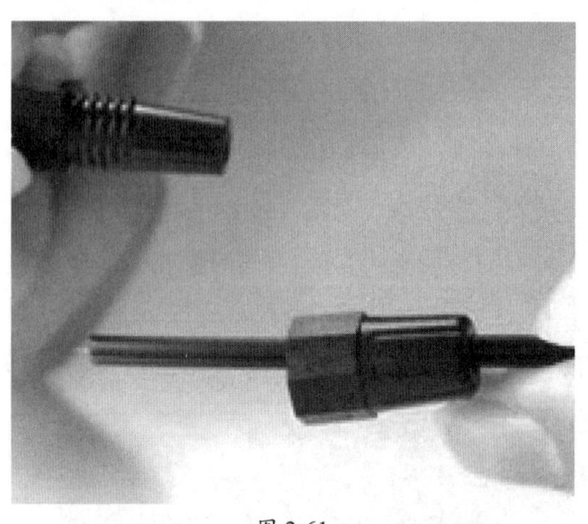

图 2-61

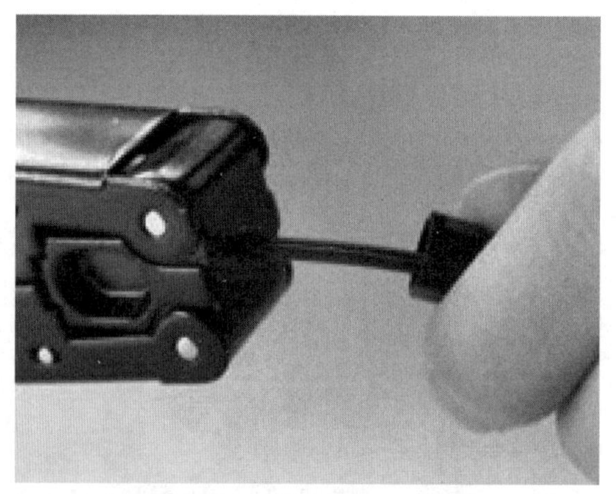

图 2-62

Step 03 用定长器固定后，用米勒钳剥去定长器外光纤的涂覆层，如图2-63所示。

Step 04 用酒精及防尘布擦拭纤芯，如图2-64所示。

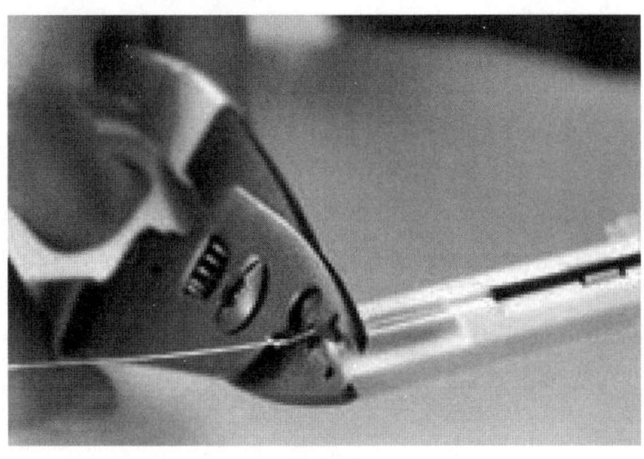

图 2-63

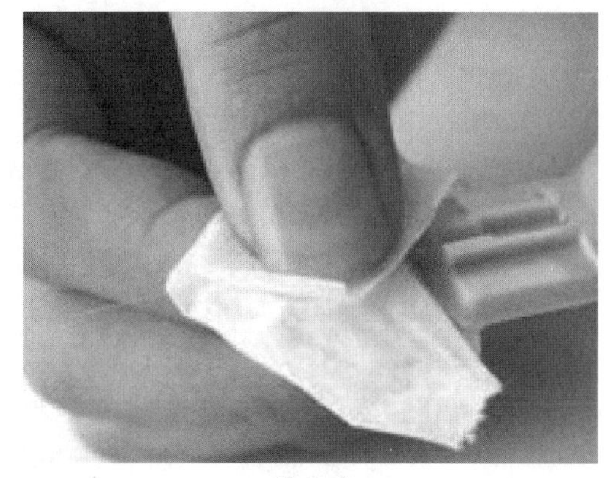

图 2-64

Step 05 用光纤切割刀切平纤芯，完成后，如图2-65所示。

Step 06 将纤芯插入光纤冷接子中，顶住预埋纤芯，如图2-66所示。

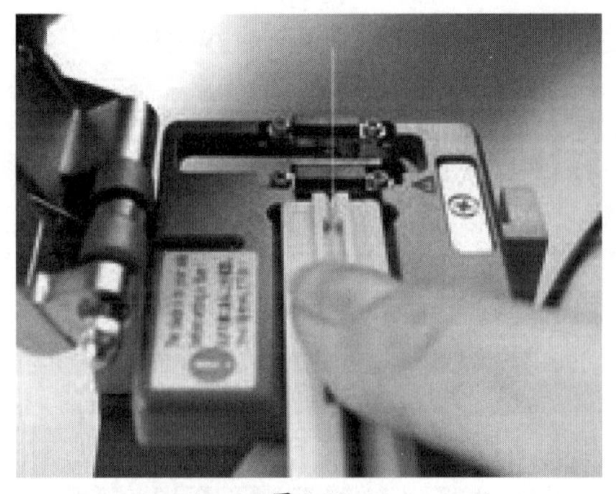

图 2-65

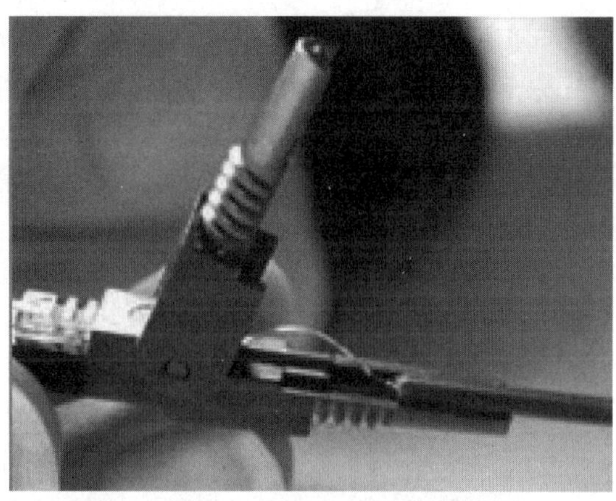

图 2-66

Step 07 用皮线上的尾套卡紧皮线，完成制作，如图2-67所示。

Step 08 除冷接子外，还有光纤对接子，用于两根光纤的对接。方法与制作冷接子的一样，但要做出2个头，然后用对接子对接即可。光纤对接子如图2-68所示。

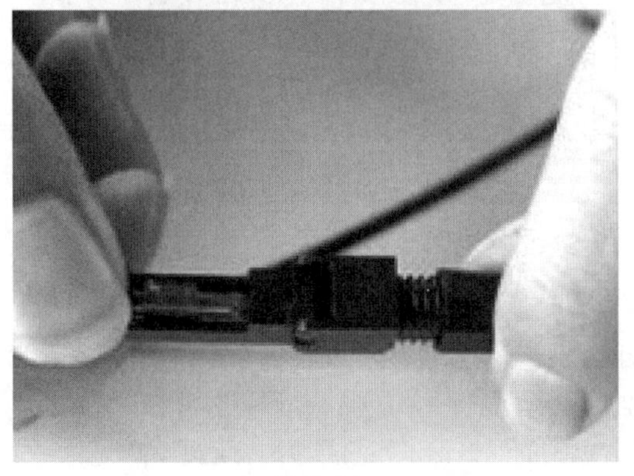

图 2-67

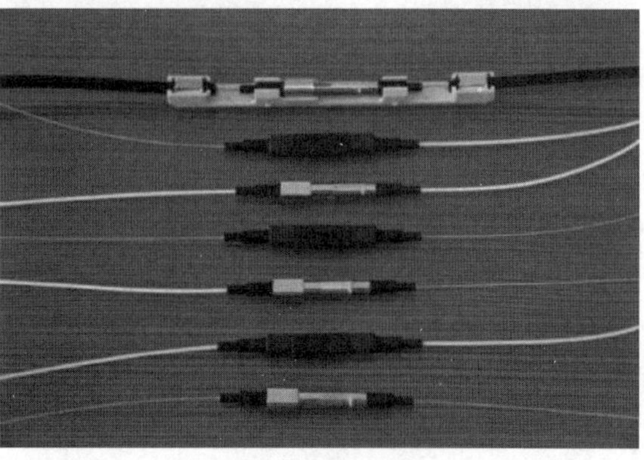

图 2-68

知识点拨

为什么家庭没有普及光纤组网？

现在的宽带入户，一般都是光纤连接到光猫后，接出网线连接用户家中的其他设备。为什么不将光纤直接接到计算机上呢？

（1）无速度优势。

机关或企业可能会需要大规模的局域网传输或者远距离传输，但对于家庭和小型办公用户往往只需共享上网，没有那么大的局域网文件访问量。就共享上网来说，无论选择双绞线网线还是光纤网线都一样，因为外网速度也就100～300Mb/s，两种网线都可以达到。

（2）光纤的固有缺点。

和双绞线网线相比，光纤网线更加脆弱，在布线及使用时都需要小心，尽量不要弯折、不要踩踏，移动和固定都比较麻烦。而双绞线网线在这方面完全没有问题，可随便布线及拖曳，弯折和踩踏只要不是特别猛烈一般没有问题。

（3）历史原因。

新房或许会用光纤线路布置，但是老房子一般已布置了双绞线网线，重新全屋改用光纤的话，会比较麻烦。

（4）技术问题。

虽然光纤布线现在比较常见，但一般都是由运营商派专业人员进行制作和布置，普通人不具备相应的技术和工具，所以一般布线还是使用双胶线网线。

（5）价格较高。

虽然现在光纤及相关设备在逐渐普及，价格也在不断降低，但与已非常成熟的双绞线技术和设备相比，仍然较贵，且需要一些特别的通信设备才能使用光纤，如光纤网卡（图2-69），需几百元。另外，线路中还需要有OLT设备、专用交换机、路由器、光模块、配线架、耦合器、分光器等。在一些大型专业的监控领域可以使用小型的OLT设备，如图2-70所示。

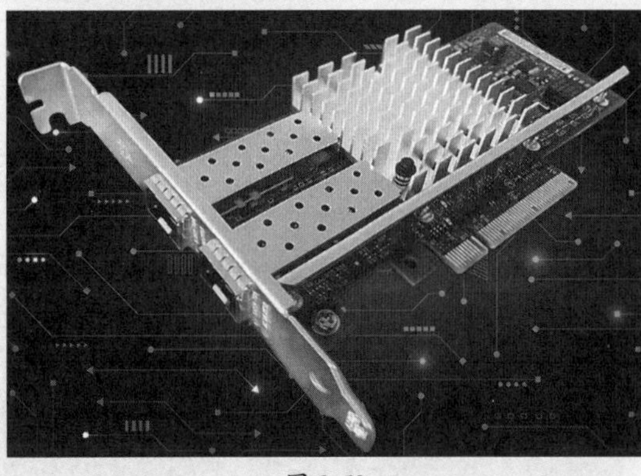

图 2-69

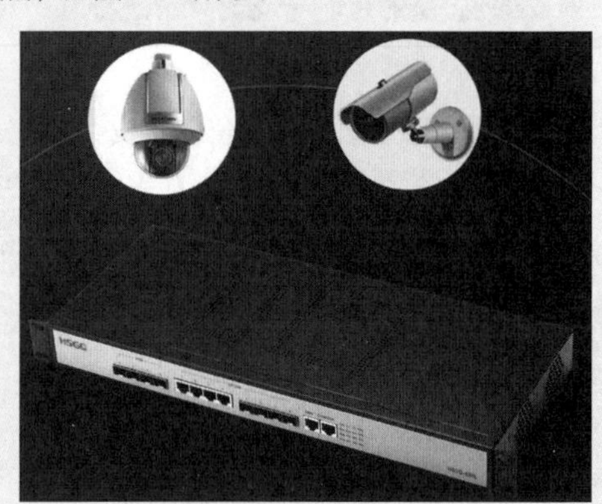

图 2-70

（6）运营商不提供这项业务。

运营商现阶段只提供到户的光纤，而用户端必须使用光猫进行注册才能使用，想要直接光纤到计算机，从技术角度估计还要等一段时间。

总之，光纤组网目前主要还是在大中型企业、部分机关的网络设备和服务器进行远距离传输大规模数据时使用。

2.3 局域网常见的信道复用技术

在了解了物理层常用的传输介质及相应的设备后，接下来介绍局域网常见的信道复用技术。

2.3.1 信道复用技术简介

简单地说，假设两地之间有多条传送带，如果每条传送带每次只传送一件货物，会非常浪费传送带资源，效率非常低，性价比也低，如图2-71所示。那么如果在保证货物不会丢失或者损坏的情况下，让多件货物同时从一条传送带通过，不管是摞在一起，套在一起，并排在一起传送，这样就充分利用了传送带，如图2-72所示。只是放货和拆货的时候，需要校验、叠加、分开、排序的示例。

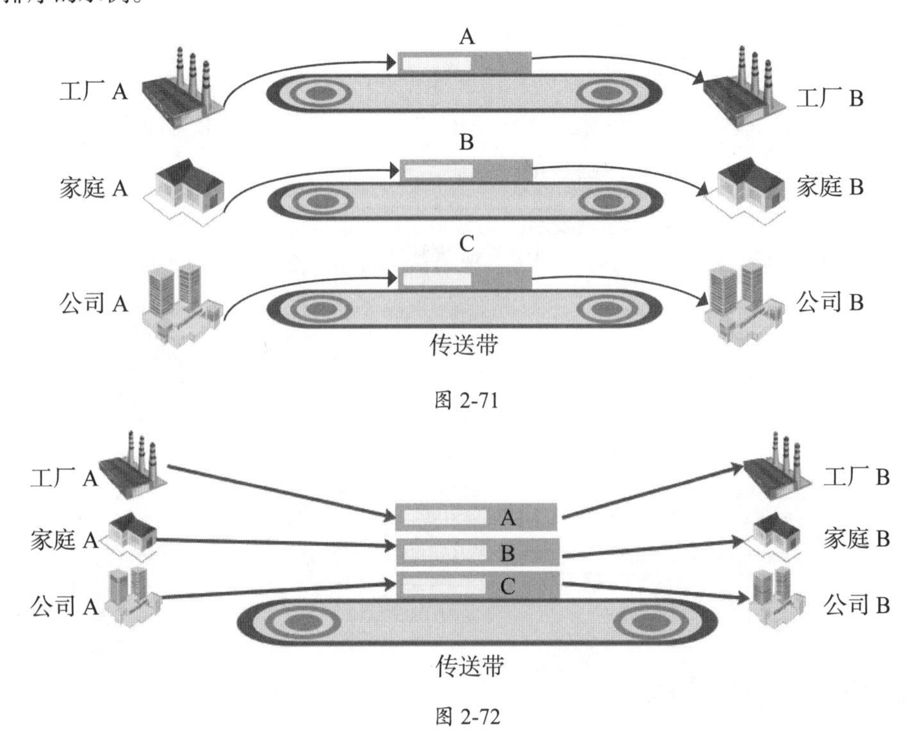

图 2-71

图 2-72

信道复用技术可以分为频分复用、时分复用、波分复用、码分复用、空分复用、统计复用、极化波复用等。下面介绍常用的信道复用技术。

2.3.2 频分复用技术

频分复用（Frequency Division Multiplexing，FDM），就是将用于传输信道的总带宽划分成若干个子信道（或称子频带），每一个子信道固定并始终传输一路信号，如图2-73所示。频分复用要求总频率宽度大于各子信道频率之和，同时，为了保证各子信道中所传输的信号互不干扰，应在各子信道之间设立隔离带。频分复用技术的特点是所有子信道传输的信号以并行的方式工作，每路信号在传输时可不考虑传输时延，因而频分复用技术取得了非常广泛的应用。频分复用技术除传统意义上的频分复用外，还有一种正交频分复用（Orthogonal Frequency Division Multiplexing，OFDM）。

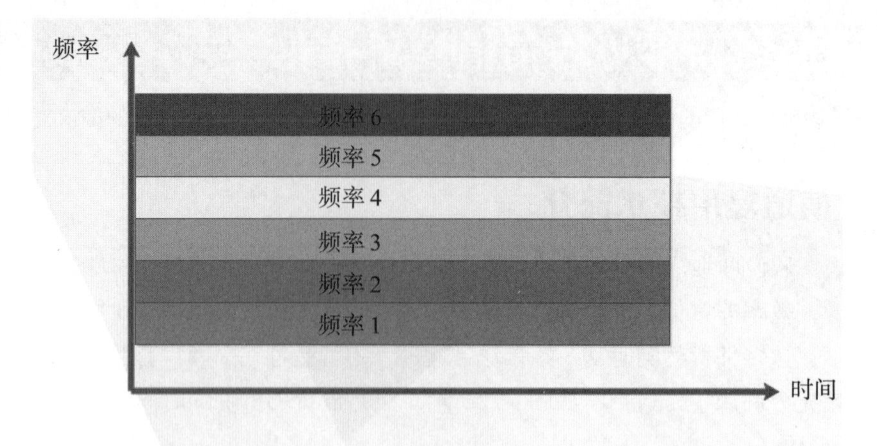

图 2-73

早期电话线上网时代，就使用了频分复用原理，如图2-74所示。频分复用的所有用户在同样的时间占用不同的带宽资源（请注意，这里的“带宽”是指频率带宽而不是数据的发送速率），以牺牲单信道的带宽来获得多路数据的传输。

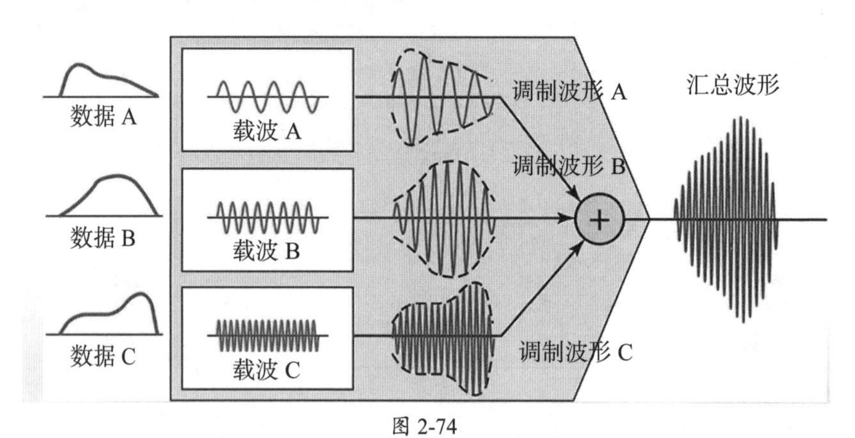

图 2-74

2.3.3 波分复用技术

在光纤传输中使用的波分复用（Wave Division Multiplexing，WDM）技术，其实也就是光的频分复用技术。因为波速=波长×频率，所以，在波速一定的情况下，波长和频率是互相关联和制约的。前面介绍的光猫的复用技术，就是使用单模光纤，在上传和下载时，通过使用不同的波长，从而在一条线路中传输多种不同波长和频率的光，也就是不同的信号，如图2-75所示。

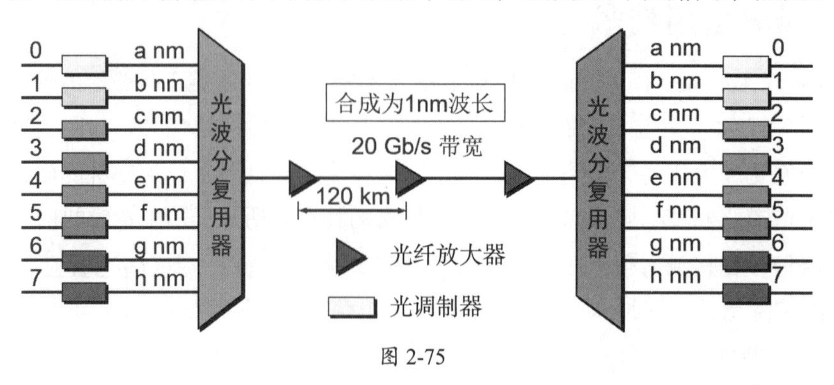

图 2-75

2.3.4 时分复用技术

时分复用（Time Division Multiplexing，TDM）是将时间划分为一段段等长的时分复用帧（TDM帧）。每一个时分复用的用户在每一个TDM帧中占用固定序号的时隙。每一个用户所占用的时隙周期性地出现，其周期就是TDM帧的长度。TDM信号也称为等时（Isochronous）信号。时分复用的所有用户是在不同的时间占用同样的频带宽度。

简单地说，就是大家排排队，每个人说句话，组合起来，就作为一个包，发出去。然后大家再来一遍，再发送下一个包，以此类推。所以每个人在说话时，就占有全部的带宽，但是不能一直占用，当占有一个单位时间后，下个人继续占用，直到最后一个人，这样循环往复，如图2-76所示。从图中可以看出时分复用和频分复用的区别。

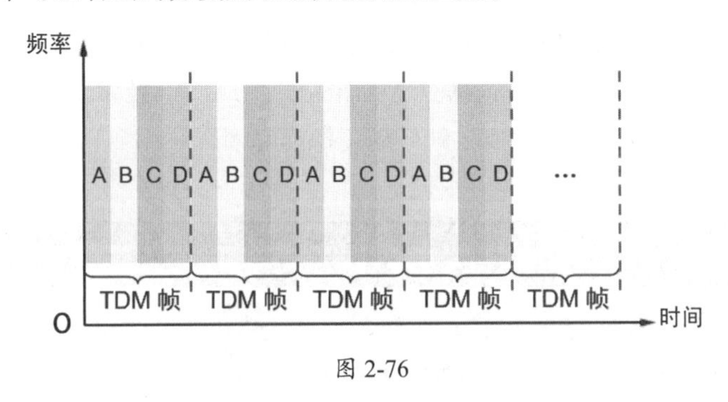

图 2-76

但这有个问题，就是A、B、C、D并不是每个时间都有话说，如果没有话，就会占用一个空的位置，也就间接造成了带宽的浪费，如图2-77所示。

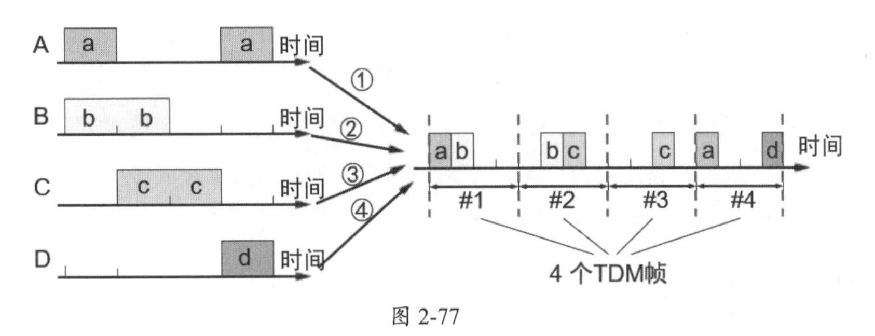

图 2-77

所以又研究出统计时分复用技术（Statistical Time Division Multiplexer，STDM）。核心思想，就是发送前给数据贴上标签，到达规定的TDM帧间隔就发送数据，没有数据的就不发送。数据到达对方后，根据标签组合数据，而不是按照帧中的位置机械式地组合了。这样，虽然浪费了一些时间，但是提高了带宽利用率，提高了性价比，如图2-78所示。

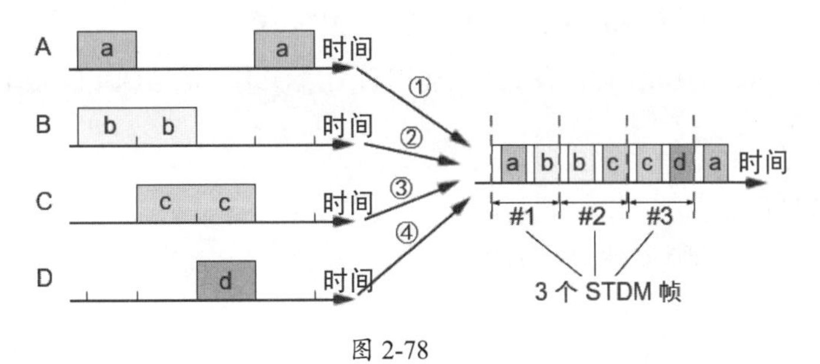

图 2-78

2.3.5 码分复用

码分多路复用（Code Division Multiple，CDM）又称码分多址（Code Division Multiple Access，CDMA），CDM与FDM和TDM不同，它既共享信道的频率，也共享时间，是一种真正的动态复用技术。其原理是每比特时间被分成*m*个更短的时间槽，称为码片（chip），通常情况下每比特有64或128个码片。每个站点（通道）被指定一个唯一的*m*位的代码或码片序列。当发送1时站点就发送码片序列，发送0时就发送码片序列的反码。当两个或多个站点同时发送时，各路数据在信道中被线性相加。为了从信道中分离出各路信号，要求各个站点的码片序列是相互正交的。

码分多路复用技术主要用于无线通信系统，特别是移动通信系统。它不仅可以提高通信的话音质量和数据传输的可靠性以及减少干扰对通信的影响，而且增大了通信系统的容量。笔记本电脑或个人数字助理（Personal Data Assistant，PDA）以及掌上电脑（Handed Personal Computer，HPC）等移动设备的联网通信就使用了这项技术。

2.4 常见的宽带接入技术

用户一般接触到的主要网络设备是运营商接入的线缆和家里使用的路由器等。这些设备是如何实现上网，如何提供宽带服务的？接下来介绍常见的宽带接入技术。

2.4.1 xDSL技术

DSL是数字用户线（Digital Subscriber Line）的缩写。而DSL的前缀x则表示在数字用户线上实现的不同宽带方案。标准模拟电话信号的频带被限制在300～3400 kHz 的范围内，但用户线本身实际可通过的信号频率仍然超过1MHz。所谓xDSL技术就是用数字技术对现有的模拟电话用户线进行改造，使它能够承载宽带业务。xDSL技术就把0～4kHz低端频谱留给传统电话使用，而把原来没有被利用的高端频谱留给用户上网使用。

1. xDSL 技术的种类

xDSL技术包括：

- ADSL (Asymmetric Digital Subscriber Line)：非对称数字用户线。
- HDSL (High speed DSL)：高速数字用户线。
- SDSL (Single-line DSL)：一对线的数字用户线。
- VDSL (Very high speed DSL)：甚高速数字用户线。
- DSL（Digital Subscriber Line）：数字用户线路。
- RADSL (Rate-Adaptive DSL)：速率自适应DSL，是 ADSL的一个子集，可自动调节线路速率）。

2. ADSL 技术的特点

- 上行带宽和下行带宽是非对称的。
- 上行指从用户到ISP，下行指从ISP到用户。

- ADSL在用户线的两端需各安装一个ADSL调制解调器。

我国目前采用的方案是离散多音调（Discrete Multi-Tone，DMT）调制技术。这里的“多音调”就是“多载波”或“多子信道”的意思。

2.4.2 FTTx技术

常见的FTTx技术有以下几种：

- **光纤到家（Fiber To The Home，FTTH）**：光纤一直铺设到用户住宅可能是居民接入网最后的解决方法，也是普通用户接触最多的。
- **光纤到大楼（Fiber To The Building，FTTB）**：光纤进入大楼后就转换为电信号，然后用电缆或双绞线分配到各用户。
- **光纤到路边（Fiber To The Curb，FTTC）**：光纤铺设至路边，从路边到各用户可使用星状拓扑结构，以双绞线作为传输介质。

2.4.3 光纤的上网方式

光纤上网如何实现的呢？光纤上网的拓扑图如图2-79所示。

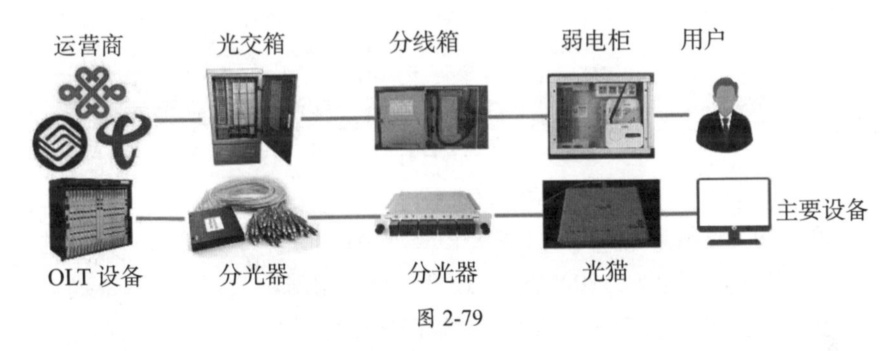

图 2-79

从拓扑图可以看到，光纤从运营商的OLT设备（图2-80）接出来之后，会进入光纤的第一级分级设备，也就是常在路边看到的运营商使用的大箱子——光交箱，如图2-81所示。

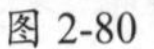

图 2-80

图 2-81

光交箱会使用1∶16、1∶32甚至更高比例的分光器（图2-82），将光纤分为多路或者将多路信号汇总。而下级的分纤箱，一般使用1∶8的分光器（图2-83）。

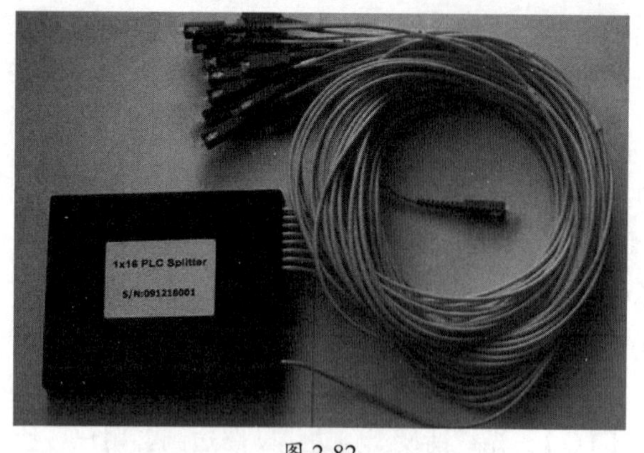
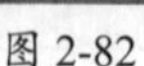

图 2-82

图 2-83

最后通过家庭使用的光猫将光信号转换成电信号，通过双绞线连到计算机上。这样，数据就可以在运营商处和用户处进行传输了。这种方式也叫作无源光网络（Passive Optical Network，PON）。PON采用的是WDM也就是波分复用技术，实现单光纤双向传输，上行波长为1310nm，下行波长为1490nm。

新手答疑

1. Q：超5类网线能不能组建千兆局域网？

A：超5类网线的带宽最高可以达到千兆，但是因为标准过低，加之线材的问题，从稳定性上考虑，基本上只能达到100Mb/s的速度，也只用到1、2、3、6四根线。如果要达到1000Mb/s，必定用到全部的八根线。传输距离要控制在2～3m，且可能会存在不稳定的情况。

除了线材本身要达到标准，还要使用规范的水晶头，以及全部为千兆端口的交换机，还有千兆的网卡，并且网卡支持100Mb/s或1000Mb/s自适应。所以建议想用超5类达到千兆速度的用户，要使用更高标准的网线，或者使用超5类成品网线。

公司一般使用100Mb/s外网，即使公司的外网可以达到几百兆的带宽，但也很少见到公司用全千兆端口的网络设备，最多是上下级联时使用。所以，千兆网速仅限于局域网内传输，访问外网不会变快，也没有优势。

2. Q：为什么我办理了200Mb/s宽带，但是测速只有100Mb/s？

A：排除运营商的问题，如未给用户开通200Mb/s带宽，若要达到200Mb/s及以上的带宽，需要满足：

- 光猫网速支持200Mb/s及以上。可以拨打运营商客服电话，让专业人员上门确认，或在网上搜索光猫型号，查看速度。如果不支持，可以让运营商免费更换升级。
- 路由器必须是千兆路由器。也就是所有接口都必须是千兆。如果不是，请用户购买AC级别路由器或者最新的WiFi 6路由器。

- 网线必须是6类及以上的网线，包括光猫到路由器、路由器到计算机的网线。这一点最容易被忽略。有些材质较好的超5类线，也可以到达1000Mb/s。但为了稳妥起见，还是选择6类及以上的非屏蔽双绞线。
- 网卡应支持10Mb/s、100Mb/s、1000Mb/s自适应。如果不支持，请更换为千兆网卡。

确认硬件的配置后，最好使用计算机下载大型文件来测试下载速度。按照标准，100Mb/s的宽带的下载速度可以达到12.5Mb/S，以此类推。如果测试手机的连网速度，因为要考虑干扰及使用频段的问题，测速值仅作参考。

3. Q：我家带宽非常高，有 500Mb/s，为什么玩游戏感觉很卡？

A：排除游戏对硬件的要求、游戏服务器故障等客观原因外，只剩下宽带了。宽带对游戏的影响表现在以下几方面：

- **硬件问题：**包括路由器、网线、光猫等。由于性能所限会造成数据包传输出现问题，可以更换设备进行测试。如果是硬件问题，请更换相应的设备。
- **同时使用的人数过多：**一方面是总带宽占用较多，每人分配到的带宽就会较少，可以进入路由器设置界面，对所有设备限速。另一方面，使用宽带的人数过多，对路由器的干扰也较大，建议更换为有线接入。
- **时延和丢包：**时延和丢包与带宽没有关系，有可能10Mb/s带宽的时延要比1000Mb/s带宽的还低。游戏服务器和运营商的网络之间不是直连，而是从其他运营商那里租借了线路，所以造成游戏时延和丢包率较高情况。用户可以使用游戏加速器来更换代理，也可以更换运营商，或者选择游戏大区中对应运营商的服务器。

第3章 数据链路层

数据链路层属于OSI七层模型的第二层，也是TCP/IP的第一层的一部分。数据链路层和物理层的联系还是非常紧密的。数据链路层的作用是将数据帧可靠地传送到相邻节点的对应层。本章将介绍数据链路层的作用及其使用的各种设备。

3.1 数据链路层概述

数据在数据链路层中以点对点的方式进行传输。向上为网络层提供支持，并对网络层负责，将无差错的数据帧传送给网络层（物理层没有差错控制的功能），对上层提供数据支持，如图3-1所示。可以看到，网络设备工作在网络层及以下各层，并支持各层的协议。通过相同的协议，可以在不同的网络设备间传输数据。每层的数据只有对应层能够读懂和使用。

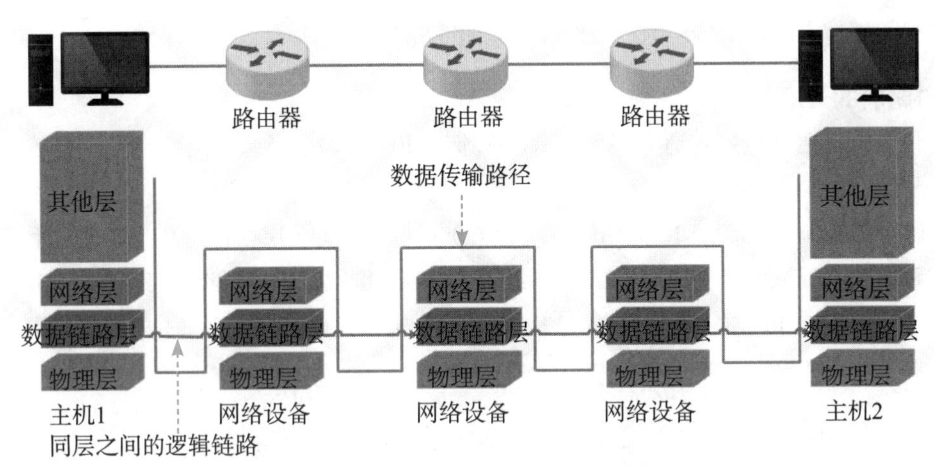

图 3-1

链路指的是一条无源的点到点的物理线路段，中间没有其他的交换节点。原始的链路是指没有采用高层差错控制的基本的物理传输介质与设备，而数据链路，指除了物理线路外，还必须有通信协议来控制这些数据的传输。若把实现这些协议的硬件和软件加到链路上，就构成了数据链路，最常见的软硬件结合体就是网卡了。

数据链路层定义了在单个链路上如何传输数据。数据链路层使用“帧”完成主机间、对等层之间的数据可靠传输，如图3-2所示。数据链路层对流量进行有效的控制。因为物理层总会有这样或者那样的问题，而数据链路层的作用就是使数据进行可靠传输，在网络层看来，就是一条无差错的链路。

图 3-2

如节点A向节点B发送数据，数据链路层的主要作用有：链路的建立、维护、拆除；帧的包装、传输、同步、差错控制及流量控制。

知识点拨

数据链路层的信道类型

数据链路层的信道有点对点的、一对一的通信方式，还有一对多的广播式。

1. 数据链路层专注的问题

数据链路层主要关注的问题有：

- 物理地址及网络拓扑。
- 将网络层传输来的数据封装成帧，并按照顺序进行发送。
- 生成帧，并准确识别帧的范围和边界。
- 使用错误重传的方法，进行差错控制。
- 确保相邻节点间数据传输的稳定性、速率的匹配等。

2. 数据链路层的分层

为了使数据链路层更好地适应多种局域网标准，IEEE 802委员会将局域网的数据链路层拆分成两个子层：

- 逻辑链路控制（Logical Link Control，LLC）子层：LLC子层与传输介质无关，不管采用何种协议的局域网，对LLC子层来说都是透明的，也就是不需要进行考虑的，如图3-3所示。而且TCP/IP的局域网标准DIX Ethernet V2标准中，也没有关于LLC内容的使用。

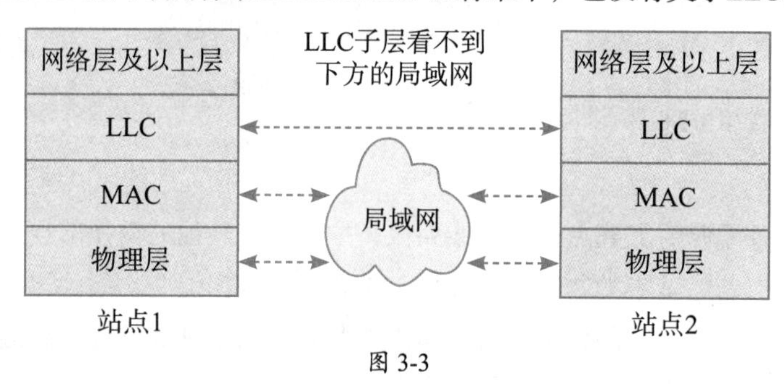

图 3-3

- 介质访问控制（Medium Access Control，MAC）子层：MAC子层主要负责控制与连接物理层的物理介质。现在很多厂商生产的网络适配器，也就是网卡只支持MAC协议而不支持LLC协议了。

3. 数据链路层解决的问题

数据链路层主要解决3个问题，这也是此层最主要的使命。

（1）封帧。

数据链路层的任务首先是将网络层的数据报文按照帧结构封装成帧。封装方法非常简单，在数据报前后分别添加首部和尾部标志信息，并且确定帧的范围，也就是给帧定界，如图3-4所示。这样接收端在收到帧后，就会知道帧的范围，从而完成帧的正确提取。封帧的4种常见方法是：字符计数法、字符（节）填充法、零比特填充法、违规编码法。

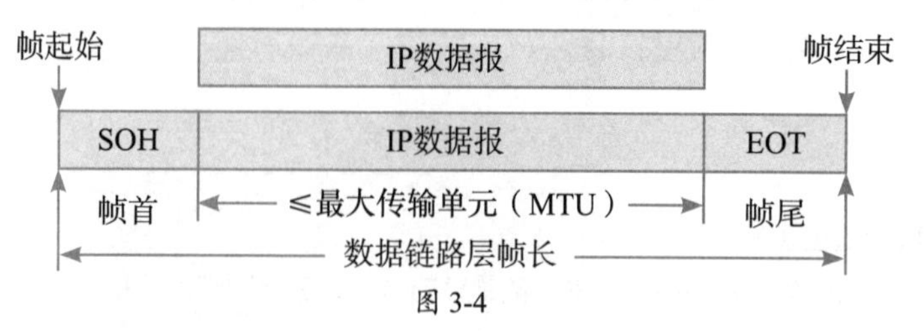

图 3-4

最大传输单元

最大传输单元（Maximum Transmission Unit，MTU），用来通知对方自己所能接受数据服务单元的最大尺寸，说明发送方能够接收有效载荷的大小，是包或帧的最大长度，一般以字节为单位。如果MTU过大，在遇到路由器时会被拒绝转发，因为它不能处理过大的包；如果太小，因为协议一定要在包（或帧）上加上包头，实际传送的数据量就会过小，浪费带宽。大部分操作系统会提供给用户一个默认值。

比如MTU设置为1500字节，如果发送了一个2000字节的包，会被拆分成1500字节+500字节的两个包，再加上头信息进行传输。默认的以太网帧是1518字节，是由14字节的头信息，1500字节的包，以及4字节的帧校验序列（Frame Check Sequence，FCS）组成。

零比特填充法：发送时，扫描到5个1，立即加入0。接收端扫描到5个1，则删除后面的0。

字符填充法：发送时，扫描数据，如发现“SOH”或“EOT”则在其前方插入一个转义字符“ESC”，接收端在接收后，扫描到“ESC”，则删除该字符。那么如果数据中有“ESC”该怎么办呢？很简单，再加一次转义字符“ESC”。整个过程如图3-5所示。

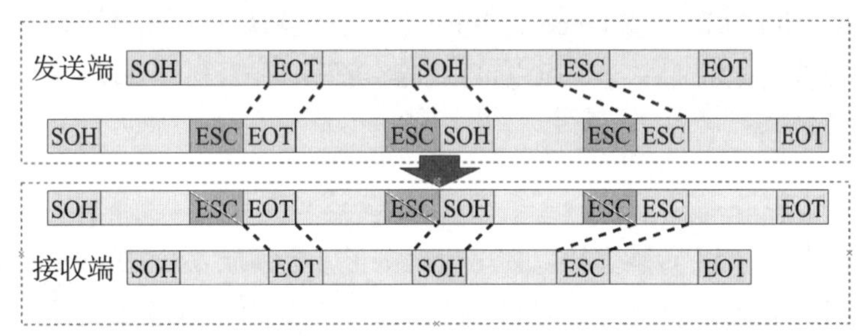

图 3-5

其他两种封帧方法，有兴趣的读者可以查看相关资料。

（2）透明传输。

透明传输指不管传输的数据是什么样的组合，都可以在链路上传送。要达到这个目标，就需要在处理链路数据时解决各种错误以及一些不算错误的误判断，如在数据中，正好存在与控制信息相同的数据段，如图3-6所示，帧就会被错误地对待。只有处理了这些问题，才能真正做到透明传输。借助于封帧方法，就可以解决透明传输中产生的问题。

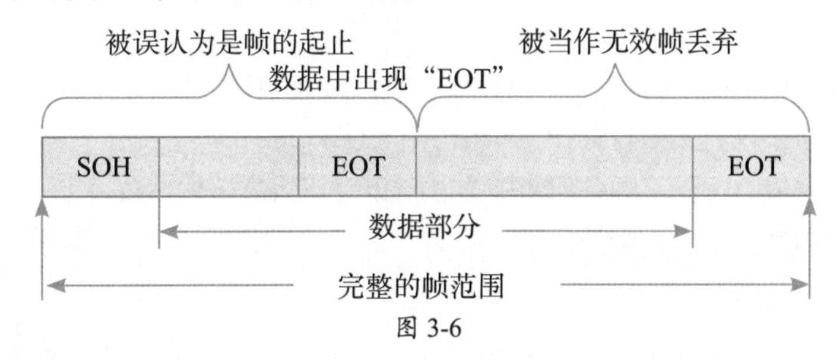

图 3-6

（3）差错检测。

差错的产生有几种，包括传输中的比特差错，就是1和0的错误，在一段时间内，如果网络信噪比比较大，就会产生这种问题，所以必须采用各种差错检测措施。

在数据链路层中，传输的是数据帧，所以，检测帧就是差错检测的主要目标了。包括广泛使用的循环冗余检验（CRC）检错技术。在数据后面添加的冗余码称为帧校验序列。

循环冗余检验和帧校验序列技术并不等同。循环冗余检验是一种常用的检错方法，而帧校验序列技术是添加在数据后面的冗余码。帧校验序列可以用循环冗余检验这种方法得出，但循环冗余检验并非是获得帧校验序列的唯一方法。

循环冗余检验技术可以做到无差别接受，就是基本上认为这些帧在传输中没有产生差错（有差错的会被丢弃而不接受）。但要做到可靠传输，还需要加上确认和重传机制。

3.2 数据链路层常见协议

仅有原始链路的话，只是解决了数据传输的道路，而这些数据如何在道路上传输，使用什么规则，出现问题如何进行处理，就需要协议来支持和规范了。那么数据链路层经常使用什么协议，这些协议又是做什么用的呢？

3.2.1 点到点协议（PPP）

点到点协议（Point to Point Protocol，PPP）是数据链路层中使用的协议，早期主要应用在使用电话线上网以及后来的宽带上。用户可以在路由器中查看到WAN口的上网配置，其中的PPPoE使用的就是PPP协议。

1. PPP 简介

PPP主要为点到点连接中传输多协议数据包提供了一个标准方法。PPP最初的设计目的是为两个对等节点之间的IP流量传输提供一种封装协议。在TCP/IP协议集中它是一种用来同步调制连接的数据链路层协议，替代了原来非标准的第二层协议串行线路网际协议（Serial Line Internet Protocol，SLIP)。除了IP以外，PPP还可以携带其他协议，包括DECnet和Novell的网间分组交换（Internetwork Packet Exchange，IPX）。

（1）PPP的功能。

PPP是为在同等单元之间传输数据包这样的简单链路设计的链路层协议。这种链路提供全双工操作，并按照顺序传递数据包。其设计目的主要是用来通过拨号或专线方式建立点对点连接并发送数据，是各种主机、网桥和路由器之间实现简单通信的一种共通的解决方案。PPP主要功能如下。

- 具有动态分配IP地址的能力，允许在连接时刻协商IP地址。
- 支持多种网络协议，比如TCP/IP、NetBEUI、NWLink等。
- 具有错误检测能力，但不具备纠错能力，所以是不可靠传输协议。
- 无重传，网络开销小，速度快。
- 具有身份验证功能。
- 可用于多种类型的物理介质上，包括串口线、电话线、移动电话和光纤，例如同步数字体系（Synchronous Digital Hierarchy，SDH）。PPP常用于因特网接入，如图3-7所示。

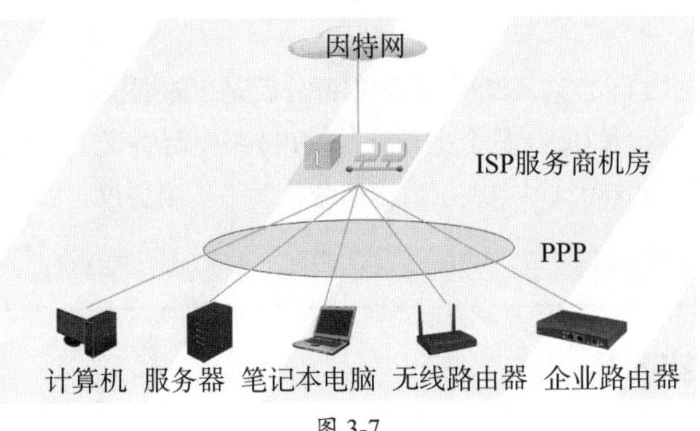

图 3-7

（2）PPP的组成。

PPP在1992年制定，经过两次修订，现在的PPP已经成为因特网的正式标准。PPP主要由3部分组成：

- 将IP数据报封装到串行链路的方法。
- 链路控制协议（Link Control Protocol，LCP）。
- 网络控制协议（Network Control Protocol，NCP）。

其中，PPP封装提供了不同网络层协议同时在同一链路传输的多路复用技术。PPP封装能保持对大多数常用硬件的兼容性，克服了SLIP的不足之处，它提供的WAN数据链接封装服务类似于LAN所提供的封闭服务。所以，PPP不仅仅提供帧定界，而且提供协议标识和位级完整性检查服务。

知识点拨

LCP与NCP

LCP是一种扩展链路控制协议，用于建立、配置、测试和管理数据链路连接；而NCP协商链路上所传输的数据包格式与类型，建立、配置不同的网络层协议。

2. PPP 的帧格式

PPP所使用的帧格式如图3-8所示。

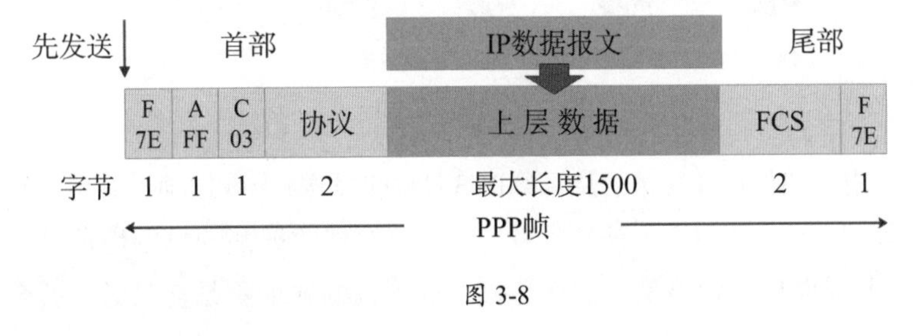

图 3-8

其中，各部分的含义如下。

标志字段F为0x7E。符号“0x”表示后面的字符是用十六进制表示。地址字段A的值为0xFF。地址字段实际上并不起作用。控制字段C的值通常置为0x03。PPP帧所能容纳的最大数据长度为1500字节，也是传输效率最高的。

2字节的协议字段：

- 若协议字段的值为 0x0021，PPP帧的数据部分就是IP数据报。
- 若协议字段的值为0xC021，则数据部分是PPP链路控制协议（LCP）。
- 若协议字段的值为0x8021，则表示数据部分是网络控制协议（NCP）。

PPP中的透明传输问题

前面介绍了透明传输，在PPP中，可以使用的透明传输解决方法有字符填充法和零比特填充法。字符填充，就是将0x7E字节转变成为2字节序列(0x7D,0x5E)，将0x7D变成为2字节序列（0x7D,0x5D）。另外，若信息字段中出现ASCII码的控制字符（即数值小于0x20的字符），则在该字符前面加入一个0x7D，同时将该字符的编码加以改变。

如果该协议用在SONET/SDH链路时，就是一连串比特连续传输时，采用零比特填充法，实现透明传输。如果发现有5个连续的1（即会被误认为是字段F），则立即填入一个0。到达对方后，对方发现连续的5个1，则删除其后跟随的1个0，如图3-9所示。

信息字段中包含了F字段：0110011111101100101
发送端使用零比特填充：01100111110101100101
接收端删掉填充的比特：0110011111101100101

图 3-9

3.2.2 CSMA/CD协议

以太网主要使用的是CSMA/CD协议，下面介绍下该协议的主要内容。

1. 以太网的工作过程

以太网默认的网络结构就是总线网络，所有计算机连接到一根总线上，如图3-10所示。

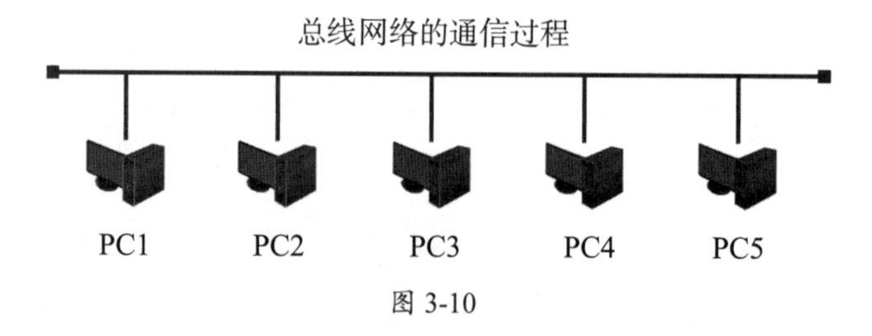

图 3-10

在图3-10中，如果PC3给PC1发送信息，则PC3向总线发送1个数据帧，其他计算机都能接收到该数据帧。然后其他计算机会检测该数据帧，当PC1发现数据帧的目的地址是自己时，就会接收该数据，并向上层提交；如果是其他计算机，发现目的地址不是自己时，就会将该数据帧丢弃。于是以太网就在具有广播特性的总线上实现了一对一的数据通信。

由于以太网的信道质量较好、误差较小，所以以太网对数据帧不进行编号也不要求对方发回确认。这点和PPP类似。

另外也不必先建立连接，就可以直接发送数据。所以以太网提供的是不可靠的交付，尽最大努力的交付。万一错了怎么办？一种方法是效验数据帧，如果错了，接收端就会丢弃数据帧。当发生这个错误时，上层会有对应的解决机制，数据链路层不考虑是否出错。当上层发现数据少了，会要求发送端重传，对于数据链路层来说，重新发送的帧和之前发送的帧，按照同样的标准进行发送和接收，不会考虑是不是上一次的后续或者与上一次有任何联系。

2. CSMA/CD 的定义

CSMA/CD的全称是“载波监听多点接入/碰撞检测”，其中，“多点接入”指的是网络上的计算机以多点方式接入。“载波监听”指的是用电子技术检测网线，每个设备发送数据前都需要检测网络上是否有其他计算机在发送数据，如果有，则暂时停止发送数据。

知识点拨

碰撞检测的原理

碰撞检测从电气原理上解释就是：计算机在发送数据的同时检测网线上电压的大小。如果有多个设备在发送数据，那么网线上的电压就会增大，计算机就会认为产生了碰撞，也就是产生了冲突。所以CSMA/CD也叫作“带冲突检测的载波监听多路访问”。

3. 传播时延产生的碰撞

当某个网络上的设备A检测到网络是空闲的，就开始向设备B发送数据。虽然电信号非常快，但是也不是瞬间就可以到达，总会经过一段极短的时间。若在这段时间内，恰巧设备B因为检测到网上并没有信号，于是开始发送数据，那么结果就是，刚发送，就与设备A发送的碰撞了。整个过程如图3-11所示，结果两个帧都没法使用了。

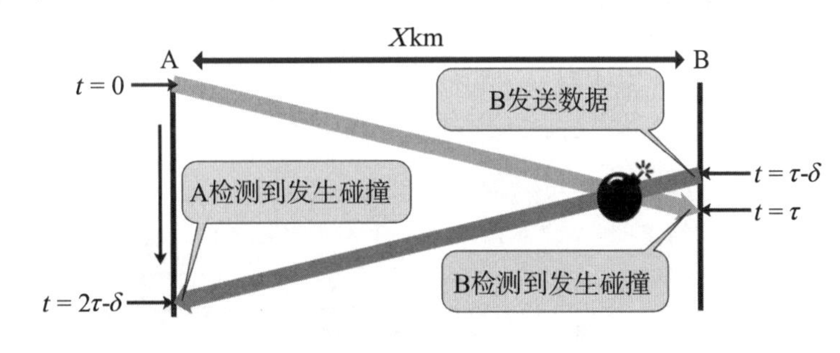

图 3-11

其中，设备B本来应该在$t=\tau$时收到设备A的数据，但因检测到网络没有数据传输后，立刻发送了数据，并在$t=\tau$时收到了数据，经过检测判断，刚才发出的包，与现在接收的包已经发生了碰撞。而设备A在发送完数据后，应该等到$t=2\tau$时接收到设备B返回的信息，但是因为设备B之前发送了数据，所以设备A收到数据的时间其实是小于2τ的，经过检测判断，网络上发生了碰撞。2τ被称为征用期，也叫作碰撞窗口。如果这段时间后，仍没检测到碰撞，就认为发送未产生碰撞。所以，采用CSMA/CD协议的以太网不能使用全双工模式，只能使用半双工模式通信。每个站点发送数据后，都会存在碰撞的可能。这种不确定性直接降低了以太网的利用率。

知识点拨

强化碰撞

强化碰撞是指，当检测到碰撞发生后，发送端和接收端立即停止发送数据，并继续发送若干比特的人为干扰信号，让所有用户都知道现在已经发生了碰撞。

3.3 以太网的MAC子层

以太网数据链路层分为LLC子层和MAC子层，LLC子层可以忽略，而MAC子层的MAC地址是二层传输中非常重要的参数。

1. MAC 地址

MAC地址就是常说的硬件地址，或者物理地址。在每个网络设备的网络接口，都存在且必须存在这个地址。MAC地址用于在网络中确认网络设备地址的信息。MAC地址的长度为48位（6个）字节，通常表示为12个十六进制的数，如00-18-EA-AB-4A-62，十六进制数之间可用“-”或者用“:”分隔表示。其中前6个十六进制数为网络硬件制造商编号，该编号由IEEE（电气电子工程师学会）分配，而后6个十六进制数代表该制造商所制造的某个网络产品（如网卡）的系列号。只要不更改自己的MAC地址，MAC地址在世界上是唯一的。形象地说，MAC地址就如同身份证上的公民身份号码，具有唯一性。

网络适配器，也就是网卡收到一个MAC帧，会检查MAC帧的MAC地址，如果是自己的地址，则保留该帧并且交由上层处理，否则就丢弃掉该帧。

2. MAC 帧的种类

MAC帧包括三种：一对一的单播帧、一对多的多播帧以及一对全的广播帧。

3. MAC 帧的格式

以太网的MAC帧格式有两种标准：DIX Ethernet V2和EEE 802.3。鉴于TCP/IP的广泛应用，现在使用比较广的是前者，该标准规定的以太网的MAC帧格式如图3-12所示。

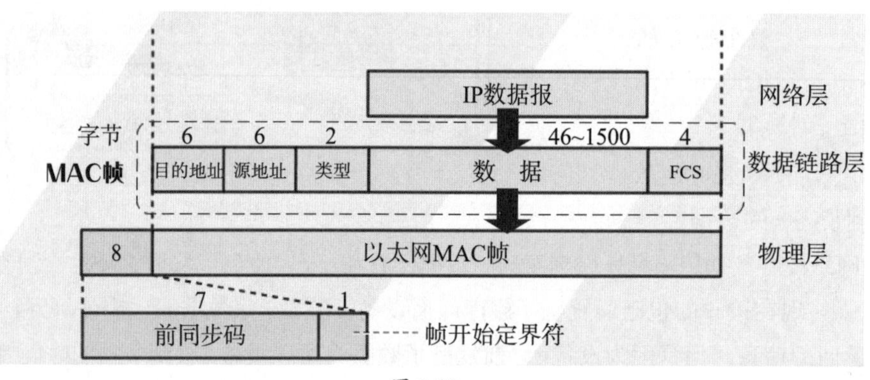

图 3-12

从图3-12可以看到，在以太网中，IP数据报会封装到整个MAC帧之中。MAC帧中：

- 使用6字节标识目的地址，6字节标识源地址，用于数据回传使用。
- “类型”字段主要标识上一层使用的协议，以便将拆出的数据报交给上层的对应协议。
- “数据”字段是上层传来的数据报文信息。因为MAC帧的长度最短为64字节，最长为1518字节，所以，数据最短为64字节−18字节（MAC帧的固定字节，即6字节+6字节+2字节+4字节）=46字节，最长为1518字节 −18字节=1500字节。

如果数据长度小于46字节时怎么办?

如果数据字段长度小于46字节时，数据链路层会在数据字段后面自动加入整数字节的填充字段，以保证MAC帧长度不小于64字节。

知识点拨

比特同步

在数据通信中最基本的同步方式是比特同步（Bit Synchronization）或位同步。比特是数据传输的最小单位，比特同步是指接收端时钟已经调整到和发送端时钟完全一样，因此接收端收到比特流后，就能够在每一个比特的中间位置进行判断。比特同步的目的是为了将发送端发送的每一个比特都正确地接收下来。

整个MAC帧的格式介绍完了。另外，为了达到比特同步，在实际向物理层传送数据帧时，还会在帧前插入8字节，包括用来迅速实现MAC帧比特同步的7字节，以及1字节的帧开始定界符。

4. 无效 MAC 帧的界定

无效的MAC帧包括：数据字段的长度与长度字段的值不一致；帧的长度不是整数个字节；用收到的帧检验序列FCS查出有差错；数据字段的长度不是46～1500字节（有效的MAC帧长度为64～1518字节）。对于检查出的无效MAC帧会被直接丢弃，以太网不负责重传。

5. MAC 地址的实际应用

MAC地址在实际应用中，主要是为了网络管理的便利及网络的安全。因为设备的MAC地址在未经更改时具有唯一性，所以在路由器的管理界面中，将设备的MAC地址与IP地址进行绑定并设置权限，如图3-13所示，以使绑定的设备可以上网，或者禁止一些MAC地址上网，从而避免蹭网；也能防止其他未授权的设备获取重要的共享资源。另外，绑定后，可以进行网速的限制。也可使用防火墙绑定功能防止ARP欺骗造成的数据泄露，如图3-14所示。ARP协议，就是在已知IP地址的情况下获取MAC地址，而ARP欺骗就相当于黑客在用户和路由器之间设置了监听器，一方面截获用户的ARP请求，并伪装成路由器，然后截获用户数据；另一方面伪装成用

无线访问控制

控制模式：

◉ 黑名单模式（不允许列表中设备访问）　○ 白名单模式（只允许列表中设备访问）

黑名单设备列表

设备名称	MAC地址
Redmi5Plus-hongmisho	20:47:DA:96:55:C4
40:45:DA:F8:66:DC	40:45:DA:F8:66:DC
MED-AL00-5a8cd4c51616b983	6E:7C:B2:E6:16:24
android-487fdd4cb0b8d171	1C:C3:EB:7D:25:C3

图 3-13

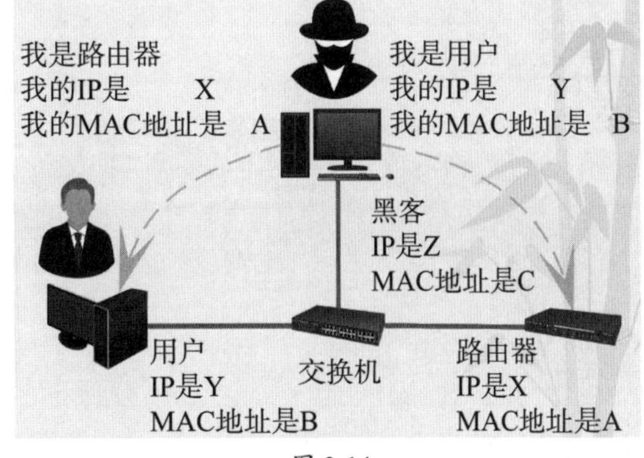

图 3-14

户，发送数据包给路由器继续通信，所以从通信角度来看，用户和路由器并不会感觉到变化，但黑客已经可以截获、读取并修改用户数据了。

动手练 查看及修改MAC地址

扫码看视频

从图3-13可以看到，在路由器中，可以通过MAC地址将设备加入路由器的黑名单，禁止其联网。除了在路由器中，如何在计算机上查看及修改MAC地址呢？

Step 01 在桌面的网络图标上右击，在弹出的快捷菜单中选择“打开网络和Internet设置”选项；在网络“设置”界面中选择“状态”选项；在网络“状态”界面中单击网卡的“属性”按钮，如图3-15所示。

Step 02 无论是有线网卡还是无线网卡，在“状态”界面中的“物理地址（MAC）”项后，都可以看到该网卡的MAC地址，如图3-16所示。

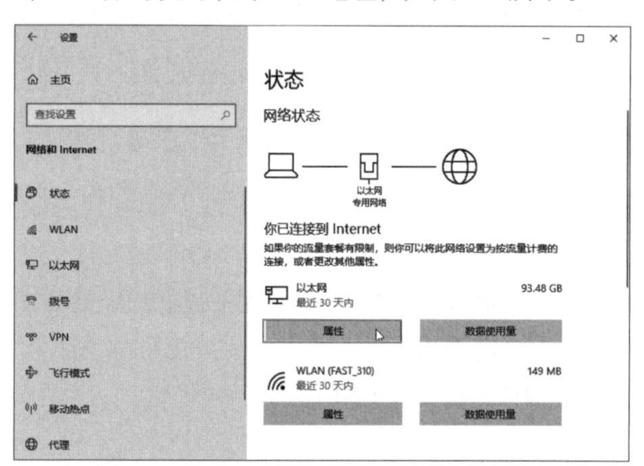

图 3-15

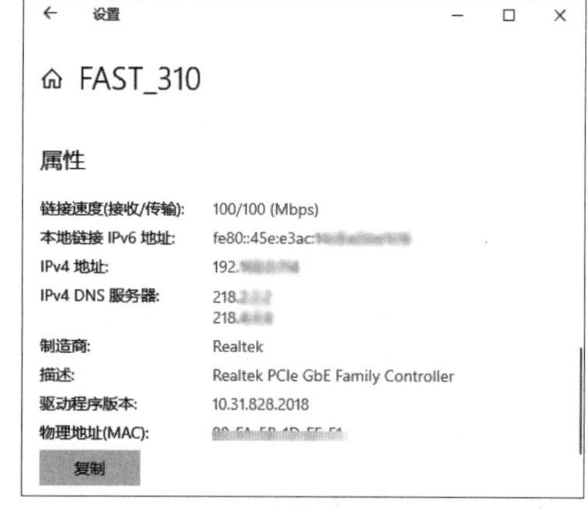

图 3-16

Step 03 如果要更改MAC地址，返回到“状态”界面，单击“更改适配器选项”按钮，如图3-17所示。

Step 04 在需要更改MAC地址的网卡上右击，在弹出的快捷菜单中选择“属性”选项，如图3-18所示。

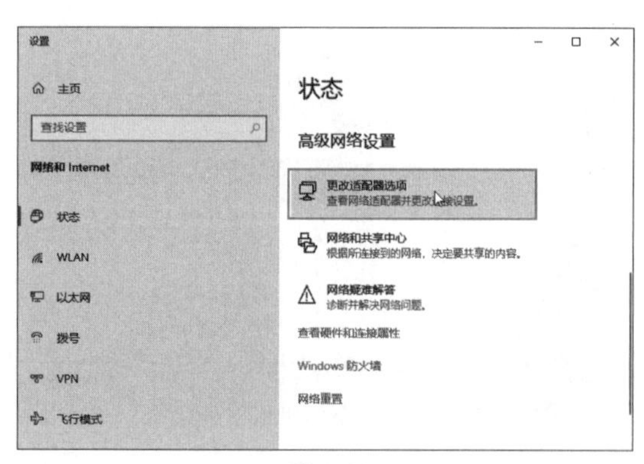

图 3-17

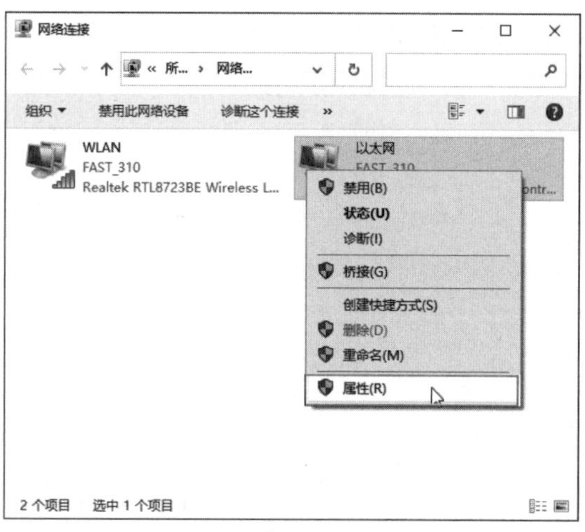

图 3-18

Step 05 选择“Microsoft网络客户端”复选框，单击“配置”按钮，如图3-19所示。

Step 06 Windows弹出警告信息，单击“是”按钮，如图3-20所示。

Step 07 在随后打开的网卡属性窗口中切换到“高级”选项卡，在“属性”列表中找到并选择“Network Address”选项，在右侧单击“值”单选按钮，输入新的MAC地址值，如图3-21所示，完成后确认并返回即可。

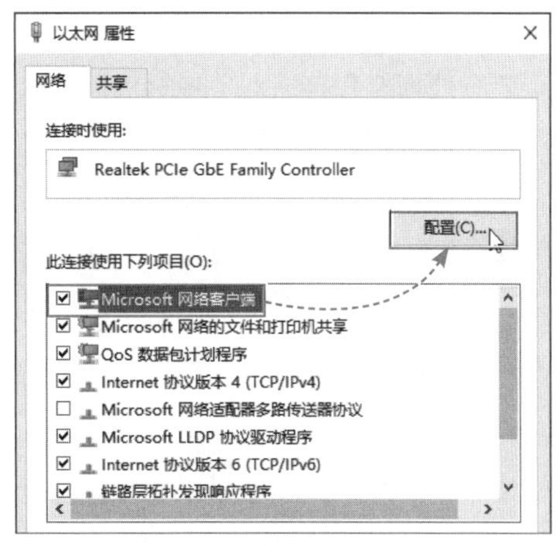

图 3-19

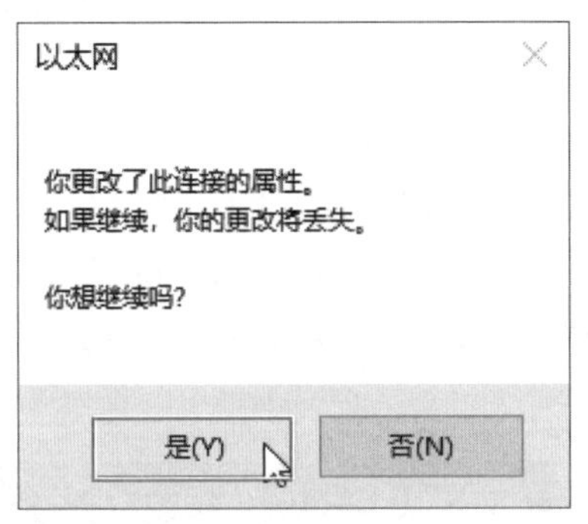

图 3-20

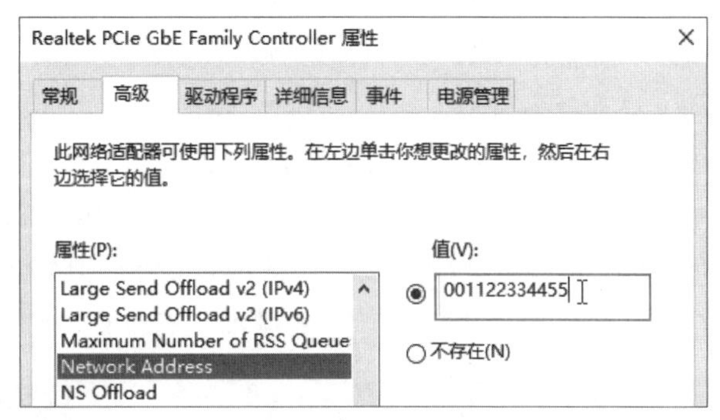

图 3-21

3.4 数据链路层常见网络设备及其工作原理

在最常见到的以太网中，工作在数据链路层的常见网络设备有网卡、集线器、网桥，还有最重要的交换机。这些设备都主要工作在数据链路层及物理层中，使用MAC地址进行数据的收发。

3.4.1 网卡

网卡是比较通俗的叫法，正式的名称是网络接口卡或网络适配器。常见的计算机PCI-E独立网卡如图3-22所示，光纤网卡及其光纤模块如图3-23所示。

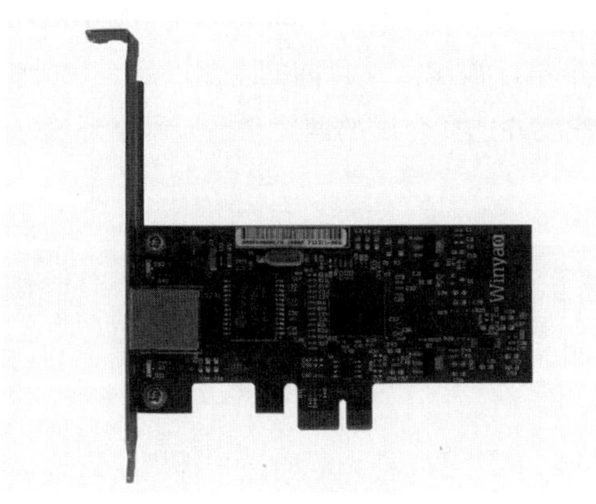

图 3-22

图 3-23

1. 网卡的作用

网卡装有处理器和存储器（包括RAM和ROM）。网卡和局域网之间的通信是通过电缆或双绞线以串行传输方式进行的，网卡和计算机之间的通信则是通过计算机主板上的I/O总线以并行传输方式进行。因此，网卡的一个重要功能就是串行/并行转换。由于网络上的数据速率和计算机总线上的数据速率并不相同，因此网卡中必须装有用来缓存数据的存储芯片。

所以，网卡起到连接网络、链路管理、帧的封装与解封、数据缓存、数据收发、串行/并行转换、介质访问控制等功能。

2. 网卡的分类

网卡按照不同的标准可以分为不同类别：

（1）按照存在形式分类。

网卡按照存在的形式，可以分为集成网卡和独立网卡。集成网卡的网卡模块在主板上，用户可以拆开计算机主机，在网络接口附近找到这块芯片，如图3-24所示。

（2）按照接口分类。

按照接口类型，网卡可以分为老式的PCI网卡、PCI-E网卡、USB有线网卡、PCMCIA等。PCI网卡已经逐渐退出了历史舞台，现在主要使用的是PCI-E网卡，如图3-22所示。USB有线网卡如图3-25所示，经常在一些特殊场合使用，其特点是使用灵活、携带方便、节省资源。PCMCIA网卡是笔记本网卡，现在也基本见不到了。

图 3-24

图 3-25

（3）按照传输速率分类。

按照传输速率，可以将网卡分为10Mb/s网卡、100Mb/s网卡、1000Mb/s网卡、100Mb/s与1000Mb/s自适应网卡以及万兆网卡。10Mb/s的网卡早已被淘汰，目前的主流产品是100Mb/s与1000Mb/s自适应网卡，该网卡能够自动侦测网络速度并选择合适的速度来适应网络环境。随着网络的发展，以后的主流网卡将会是万兆网卡。

（4）按照传输介质分类。

按照传输介质可将网卡分为有线网卡和无线网卡。

有线网卡简单地讲就是可以连接RJ-45接口的网卡。无线网卡用于连接无线网络，利用无线信号作为信息传输的媒介来构成无线局域网。

另外，在光纤网络中，如果计算机配备了光纤网卡，可以将光纤通过光纤模块直接接到计算机上进行数据的传输。

动手练 查看计算机的网卡信息

其实前面介绍查看网卡MAC地址时，即可查看到网卡的IP地址、DNS等信息。一般可以使用命令“IPCONFIG/ALL”查看网卡的各种信息。

Step 01 使用Windows+R组合键，打开“运行”对话框，输入“cmd”，单击“确定”按钮，如图3-26所示。

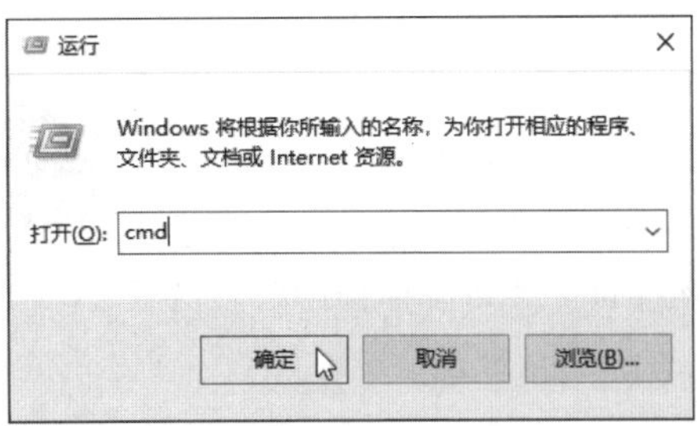

图 3-26

Step 02 输入命令“IPCONFIG/ALL”，按Enter键，即可查看到所有的网络信息，如图3-27、图3-28所示。

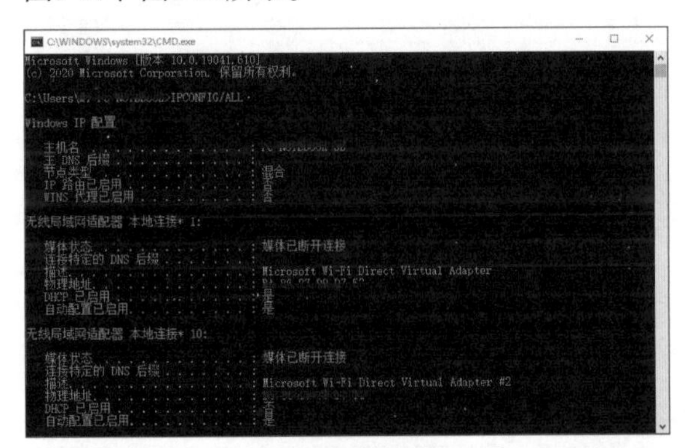

图 3-27

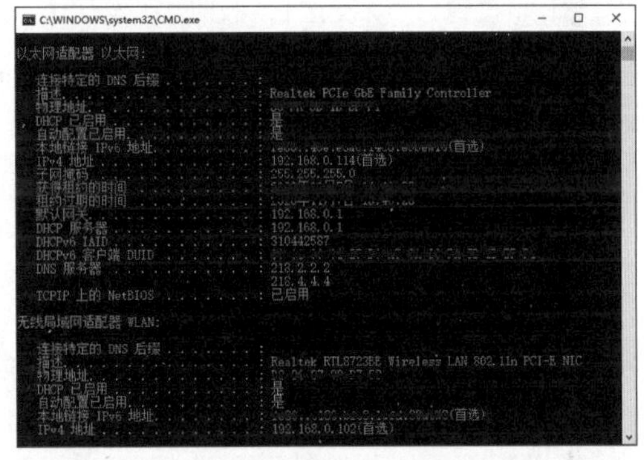

图 3-28

除了运行命令，还可在计算机资源管理器中的网络适配器选项上右击，在弹出的快捷菜单中选择“状态”选项，如图3-29所示，也可以查看到网卡的各种信息，如图3-30所示。

图 3-29

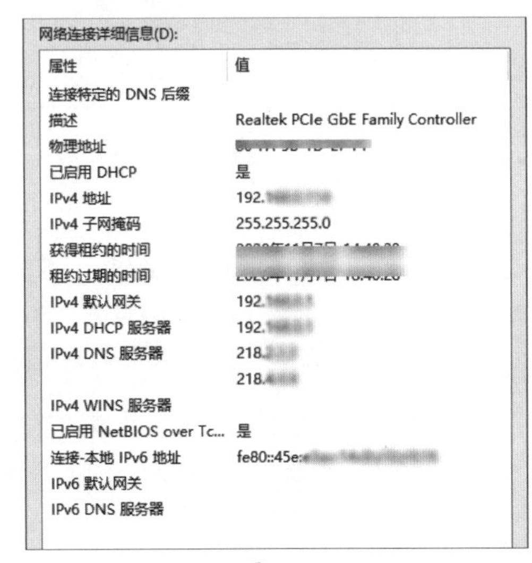

图 3-30

3.4.2 集线器

网络设备上有了网卡才能同其他设备进行通信。安装了驱动，准备好连接介质后，通过设置，就可以让网卡正常工作了。之前介绍了局域网最常使用的星状拓扑结构，需要一台中心设备来进行数据包的转发工作。以前最早的中心设备就是集线器。

1. 集线器简介

集线器（hub，有“中心”的意思）如图3-31所示，现在基本已告别了历史舞台，但在以前使用非常广泛，通常作为星状网络的中心节点。虽然集线器工作在OSI参考模型的第一层，但是了解其工作原理，能更好地理解数据链路层的作用，为理解交换机的原理打下基础。

图 3-31

2. 集线器的工作原理

当集线器收到数据（其实收到的数也不应该称之为数据，集成器作为第一层设备，本身处理的只是简单的“0”“1”信号而已）时，会将信号放大，再把信号通过其他所有端口发送出去，比如收到1，就发送1，收到0就发送0。集成器不会进行碰撞检测。

所以，集线器并不具备交换机那种学习和存储记忆功能，也没有MAC地址表。所以它并不属于二层设备，所做的就是类似广播一样将信号放大然后转发。

当然，相对于总线网络，集线器还是有优势的：网络中的任何一条链路发生故障，并不会影响其他链路的正常工作。但缺点也非常明显：所有加入到集线器中的设备共享带宽，每个设备仅能得到“总带宽/总设备数量”的带宽。

3. 冲突域

前面介绍了CSMA/CD的知识：处在同一个CSMA/CD中的两台或者多台主机，在发送信号时，可能会产生冲突。所以认为，这些主机处在同一个冲突域中。而集线器的工作原理及功能，并不能避免冲突，所以所有连接到同一台集线器的设备，也处于同一个冲突域中。冲突域相连，会变成一个更大的冲突域，如图3-32所示。

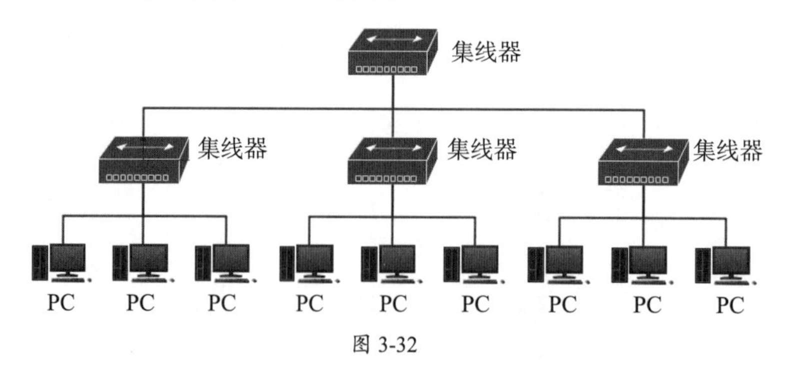

图 3-32

冲突域中的网络设备越多，造成的冲突频率越大，直接的结果就是造成了网络质量的降低和带宽的减少，严重时会造成网络的堵塞和崩溃。如何避免或者说改进这种状况？这就要用到网桥。下一节将介绍网桥。

4. 集线器的特点

集成器具有以下特点：

- 从OSI参考模型可以看出，集线器只是对数据的传输起到同步和放大的作用，对数据传输中的短帧、碎片等无法进行有效处理，不能保证数据传输的完整性和正确性。
- 所有端口都共享一条带宽，在同一时刻只能有一个端口传送数据，其他端口只能等待，所以只能工作在半双工模式下，传输效率低。如果是8口的集线器，那么每个端口得到的带宽就只有1/8的总带宽了。
- 采用广播工作模式。也就是说集线器的某个端口工作的时候，其他端口都能够收听到信息，安全性差。

3.4.3 网桥

网络是数据链路层中的设备，现在也已经基本淘汰了。但是根据网桥的原理制造的交换机却一直都在使用。所以在学习交换机前，需要先了解网桥。

1. 网桥简介

网桥（bridge）是早期网络设备，是工作于数据链路层的设备。网桥一般有两个端口，两个端口分别有一条独立的交换信道，并且不共享一条背板总线，可隔离冲突域。网桥比集线器性能更好，因为集线器上的各端口都共享同一条背板总线。网桥现在被具有更多端口，同时也可隔离冲突域的交换机（switch）所取代。

网桥根据MAC帧来进行寻址，如果不是广播帧，在查看目的MAC地址后，再确定是否进行转发，以及应该转发到哪个端口。

广播帧

MAC地址全部为F的帧就是广播帧，收到后会向所有端口转发。

2. 网桥的结构

网桥的逻辑拓扑如图3-33所示。

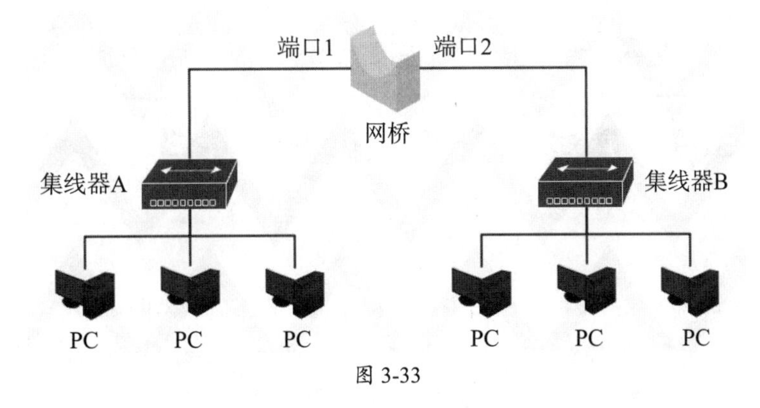

图 3-33

网桥的内部结构比集线器复杂得多，因为其工作在逻辑链路层的关系，必须能读懂数据链路层的数据信息。网桥内部结构的示意图，如图3-34所示。

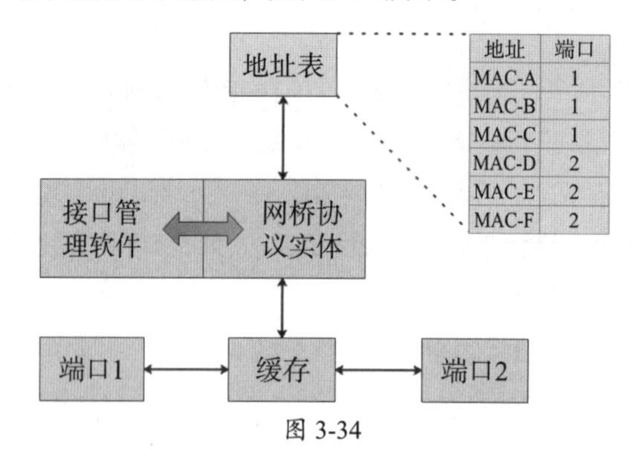

地址	端口
MAC-A	1
MAC-B	1
MAC-C	1
MAC-D	2
MAC-E	2
MAC-F	2

图 3-34

3. 网桥的优缺点

使用网桥的优缺点如下。

（1）优点。

网桥隔绝了冲突域，使各端口都为一个独立的冲突域，间接过滤了一些占用带宽的通信量；经过网桥的中转，扩大了网络的覆盖范围；提高了可靠性；可以连接不同物理层、不同MAC子层和不同速率的局域网。

（2）缺点。

与集线器的直接转发不同，网桥需要将比特流变成帧，然后读取信息，并形成地址表，根据地址表确定帧的转发端口。这样的存储转发会增加时延。而在MAC子层没有流量控制功能，具有不同MAC子层的网段桥接在一起时，时延更大。所以，网桥适合用户不多和通信量不大的场景，否则极易产生广播风暴。

4. 网桥的工作原理

网桥的工作原理和交换机的基本类似，虽然只有两个端口，但是也会进行和交换机一样的工作。如图3-35所示，下面以一个简单的网桥结构，向读者介绍网桥的工作原理。

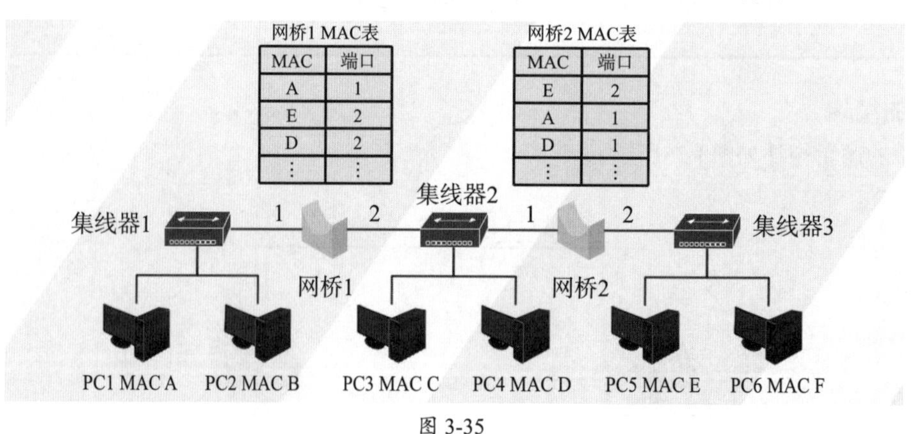

图 3-35

比如，PC1要向PC5发送数据帧，会发送目标是PC5的广播。当网桥1收到广播帧后，记录PC1对应的MAC地址“A”以及从端口“1”来的，这两个重要数据。接着，从网桥1的端口2继续广播。广播帧到达网桥2后，记录下来并继续向网桥2的端口2发送广播。然后PC5收到广播帧，并向PC1反馈一个信号（数据帧）。该数据帧通过网桥2，记录PC5对应的MAC地址“E”

以及是从端口“2”过来的。查找到目标PC1的MAC地址“A”对应的端口是“1”，就直接从1端口将数据帧转发出去。反馈的数据帧到达网桥1后，同样记录PC5的MAC地址“E”和端口号“2”，并查找到MAC表中，对应的PC1的MAC地址A，所对应的端口是1，就从端口1转发出去了。最后PC1就收到了PC5反馈的帧，包括其MAC地址。PC1继续向PC5发送的帧就不用广播了（因为集线器的关系，在同一个网桥端口内，还是类似广播，读者可以思考一下为什么），直接填入PC5的MAC地址，网桥收到帧后，因为有PC5的对应端口2，所以直接转发，以此类推。这个过程中，其他PC收到目标不是自己的帧，就直接丢弃。

从上面的整个过程可以看到，网桥的工作过程包括学习和转发两个步骤。

（1）学习。

网桥的工作首先是学习，所有进入的帧，都会被读取其MAC地址，并记录MAC地址和进入的端口号，形成MAC地址表（其实记录的内容还有时间信息，考虑到拓扑的变化和终端离线的情况，必须保证网络拓扑以及MAC地址实时、有效，所以要不断更新MAC表）。网桥默认：如果A的帧从某端口进入，那么通过该端口就肯定能找到A。

（2）转发。

依据学习到的MAC地址表，在表中能查到的，就转发到对应的端口，如果没有，则除了接收数据帧的端口外，向其他所有端口进行转发；如果发现目标MAC地址对应的端口就是数据帧进入的端口（如PC1向PC2发送数据帧），那么丢弃该数据帧。在整个转发过程中，网桥遵循CSMA/CD规则。

知识点拨

透明网桥

透明网桥指网桥的作用和位置等不会影响到数据帧的正常发送和接收。发送端和接收端在整个通信过程中，不需要考虑网桥的问题，网桥作用接近于透明状态，所以叫作透明网桥。现在局域网中的网桥（交换机）都是即插即用，一般不需要进行设置。

5. 分割冲突域不分割广播域

前面介绍了冲突域的概念，网桥可以分割冲突域。从图3-35可以看到，2个网桥将6台主机分割成3个冲突域。

PC1、PC2、网桥1的1号端口在一个冲突域，发送数据时，不需要考虑PC3～PC6是否会产生冲突，而仅仅在3台设备之间执行CSMA/CD规则。通过这种方法，可以降低发送数据时产生冲突的概率，提高数据帧的发送效率，间接提高了网络的利用率和网络的带宽。另外2个区域同样如此。因此，网桥通过这种方法分割冲突域。

广播的概念在网络层会着重介绍。广播可以查找通信的对象，但过多的广播会影响到整个网络的带宽和质量，严重的可能会造成网络崩溃。从上面介绍的过程可以看到，不论哪台设备，发送的如果是广播帧，或者目标并不在MAC地址表中，则该帧会通过网桥转发到其他所有的端口。所以，PC1～PC6都在同一个广播域中，网桥是无法分割的。而要分割广播域，只能使用第三层的设备，也就是路由器，而二层的设备并不需要考虑，也无法考虑这种情况，仅仅保证数据帧能够顺利、快速地转发。

3.4.4 交换机

交换机是另一种工作在数据链路层的设备，在大中小型企业中被广泛使用。交换机也被称为多口网桥。

1. 交换机简介

交换机（switch）如图3-36所示，是一种用电（光）信号转发数据的网络设备。它可以为接入交换机的任意两个网络节点提供独享的电信号通路。交换机工作在数据链路层。最常见的交换机是以太网交换机，其他常见的还有电话语音交换机、光纤交换机等，主要提供大量可以通信的传输端口，以方便局域网内部设备共享上网使用；或者在局域网中，为各终端之间、终端与服务器之间的数据高速传输服务。

图 3-36

2. 交换机的工作原理

和网桥的工作原理类似，交换机的工作原理如图3-37所示。

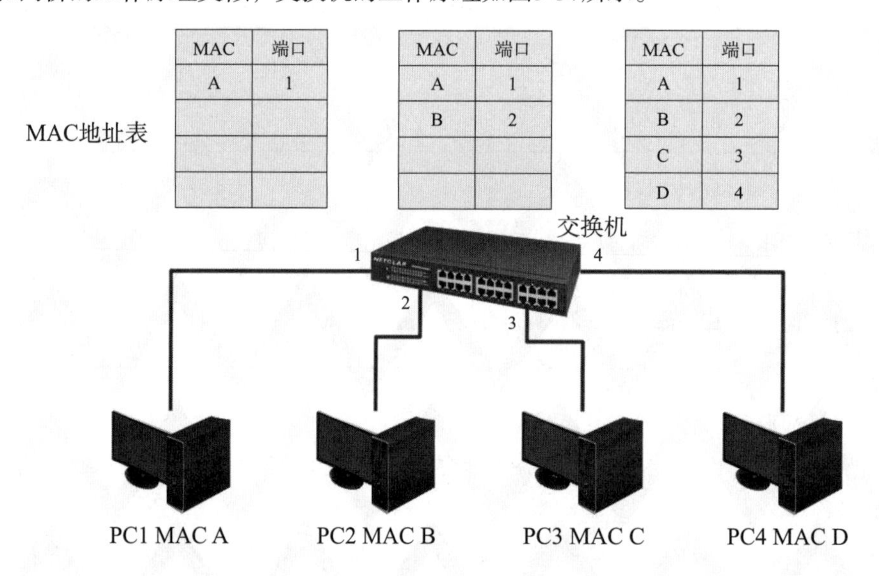

图 3-37

前面介绍了网桥的工作过程，交换机与其类似，比如，PC1要向PC2发送数据，首先会发送一个目标MAC地址是B的数据帧，交换机收到后，会将PC1的MAC地址和使用的端口记录在MAC地址表中。然后查询地址表有无对应的目标MAC地址，如果有则直接转发，如果没有，则向2、3、4号端口进行转发。PC3及PC4接收到帧后，发现不是自己的就丢弃了。PC2发现是自己的帧，就会回传一个帧，用来确认。交换机收到后，记录PC2的MAC地址B和端口2，然后查询地址表，发现目标是MAC A，则直接从1号端口转发出去，而不会向3、4号端口再转发了。PC1收到返回帧，就开始正式发送数据了。经过一段时间后，交换机会记录完所有的MAC地址和对应的端口号，以后再收到MAC地址表中存在的地址帧，就不会广播，而是直接进行数据帧的转发。

交换机拥有一条带宽很高的背部总线和内部交换矩阵。交换机的所有端口都挂接在这条背部总线上，控制电路收到数据帧以后，处理端口会查找内存中的地址对照表以确定目的MAC地址的网卡挂接在哪个端口上，通过内部交换矩阵迅速将数据帧传送到目的端口。目的MAC地址若不存在，则广播到所有的端口，这一过程叫作泛洪（flood）。接收端口回应后交换机会“学习”新的MAC地址与端口对应关系，并把它添加入内部的MAC地址表中。使用交换机也可以将网络“分段”。通过对照IP地址表，交换机只允许必要的网络流量通过交换机。通过交换机的过滤和转发，可以有效减少冲突域，但它不能划分网络层广播，即广播域，除非划分了虚拟局域网（Virtual Local Area Network，VLAN）。

知识点拨

背板总线及交换矩阵

背板总线可以理解成交换机的最大吞吐量，也就是交换机总的数据带宽，交换机能够同时转发的最大数据量。该参数标志着交换机总的交换能力。

交换矩阵，是指在背板式交换机的硬件结构，用于在各个线路之间实现高速的点到点连接，可以理解为一个网状结构。每个交换机端口都有一条专用线路直通其他的端口。交换机负责整个线路的连接、中断等。

有了交换矩阵，交换机就可以实现多条线路同时工作，使每一对相互通信的主机都能像独占通信介质那样，进行无碰撞的数据传输。这样减少了冲突域，提高了网络的速度。

比如PC1和PC2之间的通信，并不影响PC3与PC4之间的通信，它们各自都可以完全享受到100Mb/s或者1000Mb/s的直连速度，并且可以做到全双工。

3. 交换机的功能

从上面讲的整个过程中，可以了解到交换机的主要功能有：

（1）学习。

以太网交换机记录每一端口相连设备的MAC地址，并将地址同相应的端口映射起来存放在交换机缓存中的MAC地址表中。

（2）转发。

当一个数据帧的目的地址在MAC地址表中有映射时，它被转发到连接目的节点的端口而不是所有端口（如该数据帧为广播/组播帧则转发至所有端口）。

（3）避免回路。

如果交换机被连接成回路状态，很容易使广播帧反复传递，从而产生广播封闭，形成广播风暴，造成设备瘫痪。高级交换机会通过生成树协议技术避免回路的产生，并且起到线路的冗余备份。

（4）提供大量网络接口。

交换机一般为网络终端的直连设备，为大量计算机及其他有线网络设备提供接入端口，采用星状拓扑结构。

（5）分割冲突域。

此功能和网桥的作用类似，这里就不多介绍了。

广播风暴

广播风暴（Broadcast Storm）是指广播数据充斥网络无法处理，并占用大量网络带宽，导致正常业务无法运行，甚至彻底瘫痪。一个数据帧或数据包被传输到本地网段（由广播域定义）上的每个节点就是广播，由于网络拓扑的设计和连接问题，或者其他原因导致广播在网段内被大量复制，造成网络性能下降甚至瘫痪，就会产生广播风暴。

产生广播风暴的原因有很多，包括网线短路、病毒、环路产生。其实，局域网中的两台交换机，如果没有配置相应的功能，或者直接使用傻瓜交换机，用两根网线连接，也会产生广播风暴。

图3-38所示为一个由环路产生广播风暴的示例。如果PC1要向PC4发送数据，发送数据帧后，交换机SW1接收到，查看MAC地址表，发现并没有PC4的MAC信息，就将该数据帧从2、3号端口发送出去。该数据帧到达交换机SW2后，SW2做同样的工作，并从1、3号端口发出。SW3会收到SW1、SW2发过来的数据帧，同样，又会分别发送到其余两个端口，然后一遍遍循环下去，最后，整个网络中全是这种广播帧，耗尽交换机资源，导致网络崩溃。

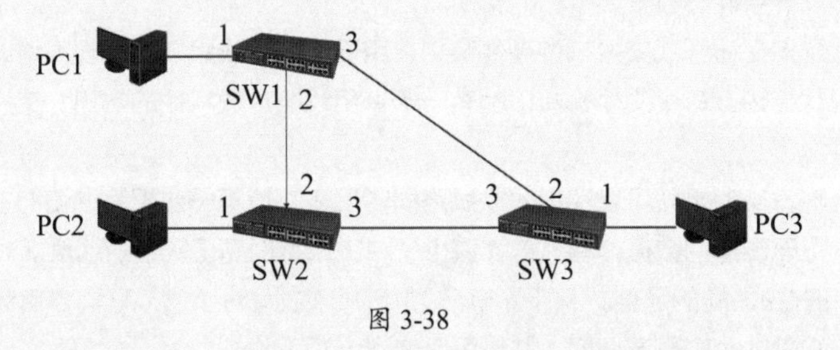

图 3-38

当然，现在的网管型交换机等，出现了针对广播风暴的遏制功能，比如生成树协议等，可以在一定程度上避免广播风暴的发生，但是因为工作机制的关系，只能尽量减少而无法彻底避免。使用生成树协议后，经过计算，将其中一条环路的线路禁用（其实就是禁止一个交换机端口）。这样网络拓扑就从环路变成了正常状态，如图3-39所示，而禁用的线路起到冗余备份的功能。如果这两条交换机的某一条坏掉了，就会启动被禁用的那条线，网络就重新恢复了。关于生成树协议的协商、生成过程，将在后面的网络设备配置中详细介绍。

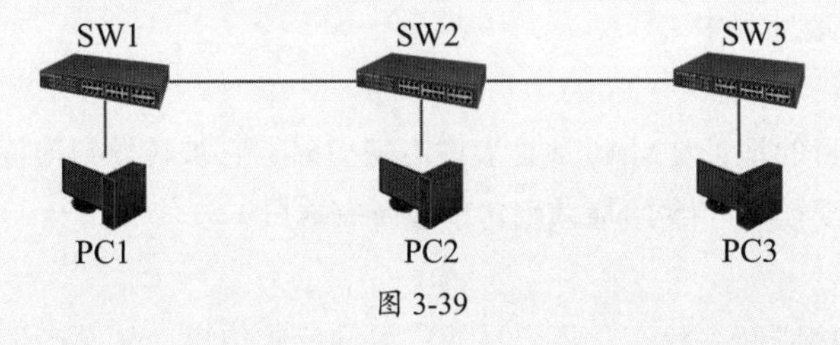

图 3-39

4. 交换机的分层

对于一套大中型网络系统，其交换机配置一般由接入层交换机、汇聚层交换机、核心层交换机3部分组成，如图3-40所示。

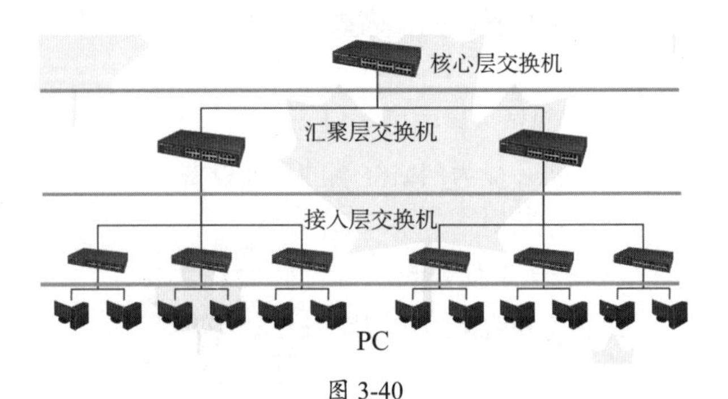

图 3-40

（1）接入层交换机。

接入层交换机的作用是将终端用户连

接到网络，因此接入层交换机具有低成本和高端口密度特性。对于接入层交换机的选择，主张使用性价比高的设备，同时应该易于使用和维护。

接入层交换机为用户提供了在本地网段访问应用系统的能力，主要解决相邻用户之间的互访需求，并且为这些访问提供足够的带宽。接入层交换机还应当适当负责一些用户管理功能（如地址认证、用户认证、计费管理等）。

（2）汇聚层交换机。

汇聚层交换机是网络接入层和核心层的"中介"，就是在工作站接入核心层前先做汇聚，以减轻核心层设备的负荷。汇聚层交换机必须能够处理来自接入层设备的所有通信量，并提供到核心层的上行链路。汇聚层交换机与接入层交换机相比，需要更高的性能、较少的端口和更高的交换速率。汇聚层交换机具有实施策略、安全、工作组接入、源地址或目的地址过滤等多种功能。对于汇聚层的交换机应该采用支持VLAN的交换机，以达到网络隔离和分段的目的。

（3）核心层交换机。

核心层交换机是网络的高速交换主干，对整个网络的连通起到至关重要的作用。核心层交换机应该具有如下几个特性：高可靠性、高效性、冗余性、容错性、可管理性、适应性、低时延等。在核心层中，应该采用高带宽的千兆以上交换机。核心层设备采用双机冗余热备份是非常必要的，也可以使用负载均衡功能，来改善网络性能。网络的控制功能最好尽量少在骨干层上实施。核心层设备将占投资的主要部分。

5. 交换机的重要参数及选购

这里用具体的产品介绍来说明交换机的重要参数及选购要点。比如某台交换机，说明如下：24×10M/100M/1000M BASE-T端口，2×10G BASE-T端口，4×10G SFP+ 端口。交换能力336G，64-Byte数据包转发率144Mpps。

（1）端口。

在挑选交换机时，首先要满足对端口数量的要求。产品说明中说有24个10M/100M/1000M自适应的双绞线端口。实际需要的端口数如果超过了该值，就要选购2台或1台有48个端口的交换机了。2×10G BASE-T端口表示有2个万兆也就是2个10000M的双绞线端口，用来和其他交换机连接。"4×10G SFP+ 端口"表示有4个万兆的光纤端口，用来进行远距离光纤连接。

（2）背板带宽。

背板带宽表明交换机总的数据交换能力，单位是Gb/s。所有端口容量与端口数量乘积的2倍应该小于背板带宽，可实现全双工无阻塞交换，证明交换机具有发挥最大数据交换性能的条件。可以计算一下，24个千兆端口，应该是24×1Gb/s=24Gb/s。其余6个端口都是万兆，应该是6×10Gb/s=60Gb/s。这样两者加起来是84Gb/s。另外需要考虑采用全双工方式，那么再×2。最后应该是84Gb/s×2=168Gb/s<336Gb/s。所以该交换机符合要求，可以实现全双工无堵塞交换。

（3）包转发率。

包转发率也称吞吐量，指交换机端口在转发数据包时的效率。第二层交换机包转发率单位一般为Mb/s，对于第三层以上的交换采用的单位为Mpps。pps即包数每秒（packet/s)，Mpps即百万包每秒。

有些常量需要读者了解：在包为64B时，100M端口的包转发率是0.1488Mpps，1000M端口的包转发率是1.488Mpps，10G端口的包转发率是14.88Mpps。

因此，该交换机所有端口在全速工作时包的转发率为24 × 1.488Mpps+6 × 14.88Mpps=124.992 Mpps<144Mpps，所以该交换机完全满足满需求。满载时的包转发率常和交换容量一起，作为判断交换机是否满足需求的重要参数。

（4）转发技术。

转发技术是指交换机所采用的用于决定如何转发数据包的机制。转发技术有多种，各有优缺点。

①直通转发技术（cut—through）。交换机一旦解读到数据包的目的地址，就开始向目的端口发送数据包。通常，交换机在接收到数据包的前 6 个字节时，就已经知道其目的地址，从而可以决定向哪个端口转发这个数据包。直通转发技术的优点是转发速率快、减少时延和提升整体吞吐率。其缺点是交换机在没有完全接收并检查数据包的正确性之前就已经开始了数据转发。在通信质量不高的环境下，交换机会转发所有的完整数据包和错误数据包，这实际上是给整个交换网络带来了许多垃圾数据包，交换机会误解为发生了广播风暴。直通转发技术适用于网络链路质量较好、错误数据包较少的网络环境。

②储存转发技术（Store and Forward）。储存转发技术要求交换机在接收到所有数据包后再决定如何转发。交换机可以在转发之前检查数据包的完整性和正确性。其优点是：没有残缺数据包被转发，减少了潜在的不必要数据转发。其缺点是：转发速率比直通转发技术慢。储存转发技术适用于链路质量一般的网络环境。

③碰撞逃避转发技术通（Collision Avoidance）。某些厂商的交换机还使用了碰撞逃避转发技术，这种技术通过减少网络错误繁殖，在高转发速率和高正确率之间选择了折中的办法。

（5）转发时延。

交换机时延是指从交换机接收到数据包到开始向目的端口复制数据包之间的时间间隔。有许多原因会影响时延大小，比如转发技术等。采用直通转发技术的交换机有固定的时延，因为其不管数据包的整体大小，而只根据目的地址来决定转发方向。所以，它的时延是固定的，取决于交换机解读数据包前 6 个字节中目的地址的解读速率。采用储存转发技术的交换机由于必需接收完全部的数据包才开始转发，所以它的时延与数据包大小有关。数据包大，则时延大；数据包小，则时延小。

（6）交换机的其他功能。

一般的接入层交换机，选购时需考虑的参数有背板带宽、转发性能等，此外，简单的QoS保证、安全机制、支持网管策略、生成树协议和VLAN也都是必不可少的要求，选择时应根据实际网络环境确定。存储转发方式是目前交换机采用的主流交换方式。

链路聚合可以让交换机之间和交换机与服务器之间的链路带宽有非常好的伸缩性，比如可以把2个、3个、4个千兆的链路绑定在一起，使链路的带宽成倍增长。链路聚合技术可以实现不同端口的负载均衡，同时也能够互为备份，保证链路的可靠性。在一些千兆以太网交换机中，最多可以支持4组链路聚合，每组最多4个端口。

选择交换机时，除了考虑交换机的端口数量需要有冗余，还应根据要求选择是否支持PoE的设备，如果需要，应选择具有PoE供电功能的交换机，如图3-41所示。另外，查看交换机提供的扩展接口中，是否有光纤接口、级联端口等，如有可能需要配备光纤模块。

图 3-41

新手答疑

1. Q：网桥和交换机都进行广播通信，也有产生广播风暴的风险，为什么还要使用？

A：按照网桥和交换机的工作原理，第一次通信必然要使用广播，如果找到了目标设备，并记录下来目标地址，接下来的通信就无须使用广播了。所以，虽然使用广播通信，但实际使用率较低。另外，网桥和交换机可以分割冲突域，减少了CSMA/CD的发生，提高了网络的可靠性和利用率，也就是提高了网络的性能。由于通过各种技术手段，减少了广播风暴的产生和危害，所以相比较而言，利大于弊。

2. Q：交换机会产生广播风暴，那么集线器会不会产生广播风暴呢？

A：在了解了相关工作原理后，可以知道，交换机工作在数据链路层，在使用广播通信时，可能会产生广播风暴。集线器是简单的第一层网络设备，所以产生的故障不能说是广播风暴，而是类似于广播风暴的链路故障。

集线器从本质上说，就是电子信号的放大和中转：从一个端口接收信号，然后发送给其他所有接口。此时若发生环路，或者网络故障：比如直接将集线器的两个端口用一根网线连接起来，或者某个端口不停地接到毫无意义的电子信号，那么集线器就会不断转发，直接造成了网络冲突。理论上，这种冲突最后会达到无限大，这样，网络就会直接崩溃。前面说过，任意一条链路发生故障，不会影响其他链路，指的是该链路接口没有信号再传入。如果正巧损坏的结果是不断有数字信号流入，整个网络就会垮掉。所以网桥就应运而生了。

3. Q：可不可以使用抓包软件，使用网络设备的任意一个接口，来获取局域网的数据？

A：“抓包软件”就是可以对网络发送与接收的数据包进行截获、重发、编辑、转存等操作，也可以检查网络安全等的一类网络专用软件。从原理角度，确实可以实现。

可以使用的最简单的设备是集线器，所有的通信，每个端口都可以收到，直接插上网线就可以用软件抓包，安全性极低。当然，集线器现在不使用了。

交换机在广播后，就使用背板总线实现点到点的单线传输，无法直接获取数据。但可以使用交换机提供的“端口镜像”功能检测某个源或目的的所有包，将其通信全部复制一份发送到指定端口。该功能可以对网络流量进行监控，以及故障定位、流量分析、流量备份等。智能交换机和路由器也都提供了网络监控功能，方便网络管理员进行网络监控使用。

所以，只要使用网络设备，数据就必然可以被截获，但提高安全性还有数据内容加密这一层。现在大部分网络传输都使用了数据加密技术，虽然可以截获数据，但要读取数据内容，还需要解密。所以抓包软件可以获取到的仅仅是数据的网络属性，这一层是不能加密的（读者可以想想为什么），因此数据内容还是相对安全的。

除了使用抓包软件获取外，通过非法手段获取网络数据包的途径还有ARP欺骗。通过欺骗终端和路由器，将数据在黑客设备这里中转，这并不影响数据正常通信，但数据已经被复制了一份，再通过解密手段，获取数据内容。对这种问题的解决方法也比较简单，安装防火墙或者使用MAC地址绑定即可。

第4章 网络层

网络层是OSI七层模型的第三层，TCP/IP模型的第二层。简单地说，网络层的作用就是找路，负责通过网络设备将IP数据报送到目标地址。网络层也是TCP/IP的核心层。本章将向读者介绍网络层的相关知识。

4.1 网络层概述

局域网的通信主要使用的是二层网络设备，而广域网的通信，通信终端之间可能相距千山万水，它们之间连接的网络不仅有局域网，还有其他类型的网络。网络层就是解决网络之间传输问题的。网络层连接异构网络，这些异构网络之间的数据传输就要用到网路层的路由器，如图4-1所示。

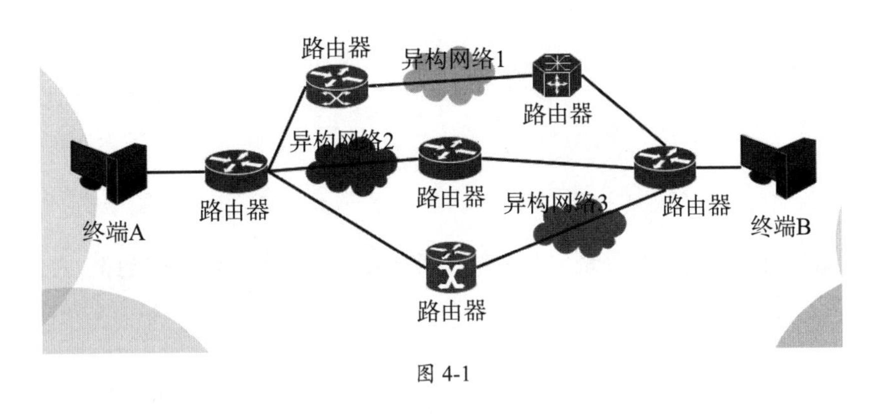

图 4-1

4.1.1 网络层简介

与数据链路层提供的短距离相邻节点之间的传输不同，网络层主要负责远距离、异构的，经过很多节点才能到达目的端的透明通信。网络层主要的功能有：

1. 封装与解封

网络层将从传输层收到的数据段分组后，加入IP数据报头信息，封装成IP数据报，选择目的路径后，向下递交给数据链路层，如图4-2所示。到达对端后，进行解封操作。

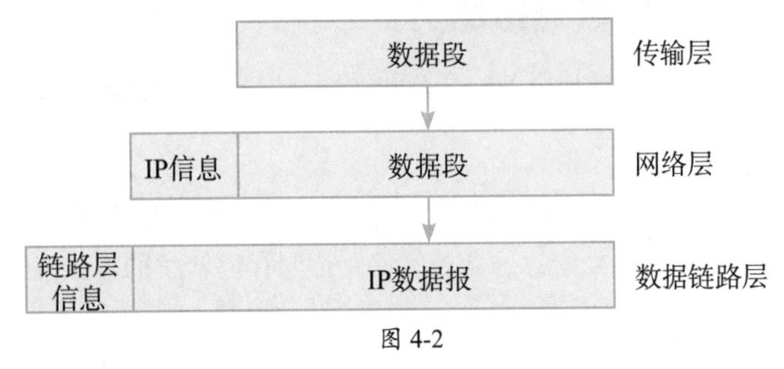

图 4-2

知识点拨

路由路径的选择技巧

并非路径中经过的路由器少就一定最好，路由的算法还要考虑链路的带宽、负载等情况，走哪条路径代价最低才选择哪条，并随时根据网络状况更新路由信息，以便掌握最优路径。

2. 路由与转发

路由器通过各种路由算法，为数据分组报文的发送计算并寻找到最优的路径，并通过网络将数据分组转发出去，如图4-3所示。

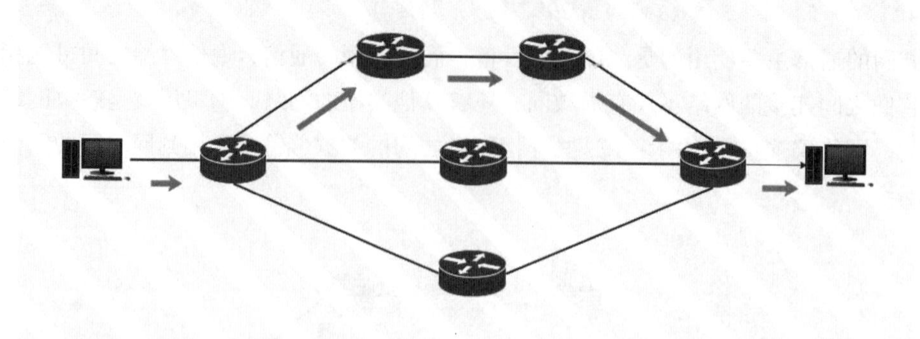

图 4-3

3. 拥塞控制

拥塞控制是指通过路由器的寻路功能，避过拥堵的线路而选择空闲的线路，在一定程度上进行了科学分流，实现了流量控制。

4. 连接异构网络

互联网由很多局域网组成，这些局域网很多使用不同的网络协议。而在广域网中也存在很多使用其他协议的网络设备。要将这些网络连接起来，以达到互相之间数据的透明传输，就需要使用网络层的重要设备——路由器。这些设备和网络必须遵循OSI制定的各种网络协议或者TCP/IP才可以。

5. 其他功能

除了上面提到的主要功能外，网络层还提供网络连接复用、差错检测、服务选择等功能。

4.1.2 虚电路服务与数据报服务

接下来介绍虚电路服务和数据报服务的联系和区别，以便更好地理解网络层。

1. 虚电路服务

虚电路是一种网络层服务，是在两个终端之间建立一条逻辑上的电路，如图4-4所示。这只是一条逻辑上的链路，所有分组都通过这条逻辑链路按照存储转发的方式发送，而不是真的建立了一条物理链路。

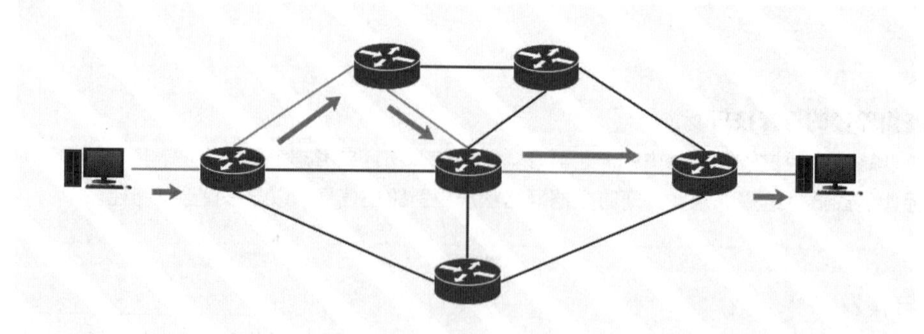

图 4-4

- 应该由网络层来确保虚电路的可靠通信。
- 必须建立网络层的连接。
- 在两个终端间建立虚链路后，每个数据分组使用虚链路号码来进行数据传输，而不需要为每个分组标记终点地址。
- 一个虚电路中，所有数据分组均按照同一链路进行传输。
- 当中间的某一节点出现故障后，虚电路就无法工作了。
- 传输时，数据分组按照顺序进行发送，接收端也按照顺序进行接收。
- 差错控制和流量控制可以由网络层负责，也可以由上层协议负责。

2. 数据报服务

数据报服务一般仅由数据报交换网提供。在数据报服务中，每个分组都必须提供关于信源（源主机）、信宿（目的主机）的完整地址信息，通信子网根据地址信息为每一个分组单独进行路径选择，然后作为数据报传给下一个节点，直到传送到目的主机为止。

与虚电路服务不同，数据报服务有以下特点：

- 网络层向上只提供简单灵活的、无连接的、尽最大努力交付的数据报服务。
- 每个分组都有独立的完整地址。每个分组独立选择路由进行转发，如图4-5所示。
- 网络在发送分组时不需要先建立连接。每一个分组（即IP数据报）独立发送，与其前后的分组无关（不进行编号）。
- 网络层不提供服务质量的承诺。即所传送的分组可能出错、丢失、重复和失序（不按序到达终点），也不保证分组传送的时限，所有可靠的通信由上层协议来保证。
- 当出现故障后，仅丢失部分分组数据，网络路由会有所变化。

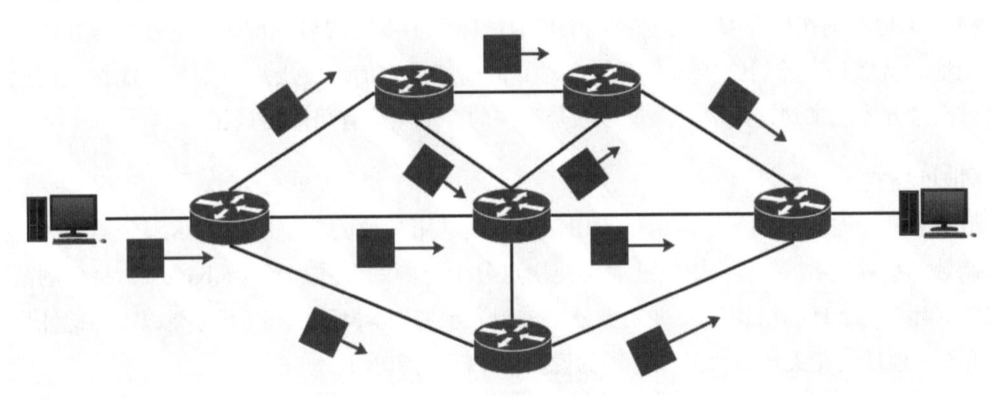

图 4-5

知识点拨

尽最大努力交付的好处

由于传输网络不提供端到端的可靠传输服务，这就使网络中的路由器可以设计得比较简单，而且价格低廉。简单的设计，保证了高效率、低故障率。差错处理、流量控制可由用户端设备的传输层负责。

这样做的好处是：网络的造价大大降低，运行方式灵活，能够适应多种应用。因特网能够发展到今天的规模，充分证明了当初采用这种设计思路的正确性。

4.2 互联网协议（IP）

IP作为TCP/IP的一部分，是网络层的核心协议，这足见其重要性。

4.2.1 IP简介

IP是Internet Protocol的缩写，是为终端在网络中相互连接进行通信而设计的协议，是TCP/IP体系中的网络层协议。该协议一是解决网络互联问题，从而实现大规模、异构网络的互联互通；二是分割顶层网络应用和底层网络技术之间的耦合关系，以利于两者的独立发展。

现在的网络设备，只要工作在网络层、数据链路层、物理层，也遵循每一层相应的协议，就可以认为它们之间能够互相通信。而实际上也是如此，不管其他上层协议如何，只需要这三层，数据包就可以在互联网中畅通无阻。这就是TCP/IP的魅力所在。当然，这仅仅是保证包能够到达，至于数据包的排序、纠错、流量控制等，在不同的体系中，都有其对应的解决方案。

正是因为IP协议具有这种优势，因特网才得以迅速发展成为世界上最大的、开放的计算机通信网络。因此IP协议也可以叫作“因特网协议”。

4.2.2 IP地址（互联网协议地址）

IP地址（Internet Protocol Address）是IP协议的一个重要的组成部分。IP地址是IP协议提供的一种统一的地址格式，它为互联网上的每一个网络和每一台主机分配一个逻辑地址，以此来屏蔽物理地址的差异。

和MAC地址的作用类似，通过不同的IP地址标识了不同的目标位置，这样数据才能传输到目的地址。就像每家的门牌号，只有知道对方的门牌号，信件发出后，邮局才能按收信地址去送信，而对方才能拿到这封信。地址必须是唯一的，不然信有可能会送错。

1. IP 地址格式

最常见的IP地址格式是IPv4地址。IPv4地址通常用32位的二进制数表示，分割成4个8位的二进制数，也就是4个字节。IP地址通常使用点分十进制的形式表示（a.b.c.d），每位的范围是0～255。比如192.168.0.1，用二进制点分十进制表示如图4-6所示。以下主要以IPv4地址为例向读者介绍IP地址的相关知识，如无特别的说明，IP都是指IPv4。

```
   192    .   168    .    0     .    1
11000000.10101000.00000000.00000001
```

图 4-6

2. IP 地址的网络位和主机位

同MAC地址的前半部分标明生产厂商的方法类似，32位的IP地址也通过分段划分网络位和主机位。

网络位也称为网络号、网络地址，用来标明该IP地址所在的网络。同一个网络中的主机可以直接通信，不同网络的主机只有通过路由器寻址才能进行通信。

主机位也叫作主机号或主机地址，用来标识出终端的主机地址号码。

网络位可以相同，但同一个网路中的主机位不允许重复。网络位和主机位的关系类似座机号码，如010-12345678，其中，“010”是区号（网络位），“12345678”是该区的电话号码（主机位）。

3. IP 地址的分类

Internet委员会定义了5种IP地址类型以适应不同容量、不同功能的网络，即A～E类，如图4-7所示。

A类地址（1～126）	0	网络位（7位）	主机位（24位）			
B类地址（128～191）	1	0	网络位（14位）	主机位（16位）		
C类地址（192～223）	1	1	0	网络位（21位）	主机位（8位）	
D类地址（224～239）	1	1	1	0	组播地址（28位）	
E类地址（240～255）	1	1	1	1	0	保留用于实验和将来使用

图 4-7

（1）A类地址。

IP地址中的第1字节为网络地址，剩下的3字节为主机地址的，称为A类地址。A类地址数量较少，有2^7-2=126个网络，但每个网络可以容纳的主机数达$2^{24}-2$=16 777 214台。

A类地址的最高位必须是“0”，但网络地址不能全为“0”，也不能全为“1”。也就是说，A类地址的网络的第1字节用十进制表示范围为1～126，不能为127，因为该地址被保留用作回路及诊断地址，任何发送到127.×.×.×的数据都会被网卡传回主机用于检测。

知识点拨

两个特殊的地址

主机位也不能全为0（00000000用十进制标识为0）或全为1（11111111用十进制标识为255），全为0代表某网络地址，而全为1代表某网络中的所有主机，用于在网络内部发送广播使用。比如99.0.0.0，其中，“99”代表99这个网络，而99.255.255.255是广播地址。这个规则在其他类地址中也同样适用。

169.254.0.0也是不使用的，在因DHCP发生故障或响应时间太长，超出了一个系统规定的时间后，系统会自动分配此地址。如果发现主机IP地址是此地址，则该主机所在的网络大都不能正常运行。

（2）B类地址。

IP地址中的第1、第2字节为网络地址，第3、第4字节为主机地址的，称为B类地址。如果用二进制表示IP地址，则B类地址就由2字节的网络地址和2字节的主机地址组成，网络地址的最高位必须是“10”。B类地址中网络地址的标识长度为16位，主机地址的标识长度也为16位。B类地址第1字节的取值为128～191，所以B类网络的第1个可用IP地址为128.1.0.0。

B类地址适用于中等规模的网络，可以有16 384个网络，每个网络所能容纳的计算机数为$2^{16}-2=65\ 534$台。

（3）C类地址。

IP地址的前三个字节为网络地址，第4个字节为主机地址的，称为C类地址。如果用二进制表示IP地址，则C类地址就由3字节的网络地址和1字节的主机地址组成，网络地址的前3位必须是“110”，取值为192～223。C类地址中网络地址的标识长度为24位，主机地址的长度为8位。C类网络地址数量较多，超过209万个。适用于小规模的局域网，每个网络最多只能有$2^8-2=254$台计算机。C类网络的第1个可用网络号为192.0.1.0。

（4）D类地址。

D类地址不分网络地址和主机地址，在历史上被称为多播地址（Multicast Address），现称为组播地址。在以太网中，组播地址命名了一组应该在这个网络中应用接收到一个分组的站点。组播地址的前4位必须是“1110”，范围为224～239。

（5）E类地址。

E类地址为保留地址，也可以用于实验，但不能分给主机。E类地址以“11110”开头，范围为240～255。

4. 保留的 IP 地址

如果需要进行通信，每个联网的设备都需要获取到一个固定的、可以通信的IP地址。但是，由于网络的发展，需要联网并需要使用IP地址的设备已经不是IPv4地址池所能满足的。为了满足如家庭、企业、校园等需要大量IP地址的局域网的要求，因特网编号分配机构（Internet Assigned Numbers Authority，IANA）从A、B、C类地址中挑选一部分保留作为内部网络地址使用。保留地址也叫作私有地址（Private Address）或者专用地址，也就是常说的内网IP地址。它们不会在全球使用，只具有本地意义：

- **A类：** 10.0.0.0～10.255.255.255；100.64.0.0～100.127.255.255。
- **B类：** 172.16.0.0～172.31.255.255。
- **C类：** 192.168.0.0～192.168.255.255。

知识点拨

NAT

保留的IP地址被大量的内部网络所使用，会有很多重复，为什么还可以正常在互联网中通信呢？这就要谈到网关设备的作用。网关设备获取到可以正常通信的外网，也就是公网IP地址后，路由器可以通过网络地址转换（Network Address Translation，NAT）技术，将内部计算机发送的数据包中的内网IP地址转换成可以在公网上传递的数据包，再发送出去，如图4-8所示；在接收到数据后，根据映射表，将数据回传给内网的计算机。关于NAT的原理和配置，在后面的章节还将详细介绍。

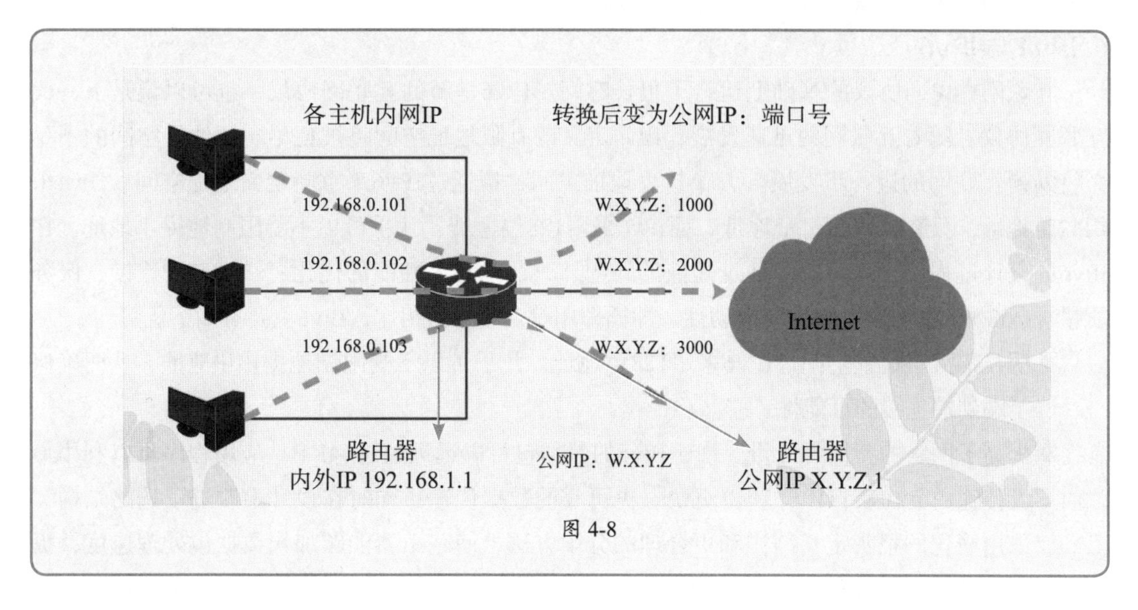

图 4-8

5. 网络地址与广播地址

网络地址代表某网段所在的网络。从概念上来说，当某IP地址的主机地址为全0时，网络地址代表该网段的网络。比如192.168.0.0/16，代表192.168.0.0这个网络，其中的主机地址为192.168.0.1～192.168.255.254。

广播地址通常称为直接广播地址。广播地址中，主机地址全为1。如192.168.255.255/16代表192.168.0.0这个网络中的所有主机，当向该网络的广播地址发送消息时，该网络内的所有主机都能收到广播消息。

知识点拨

为什么路由器能隔绝广播

当路由器某一接口的网络有广播时，只有该网段的所有主机能够监听到，如图4-9所示。这个网络的所有主机都在一个广播域中。其他网络并不需要，也不可能接收到该广播信号。这和交换机发送广播帧，所有的接口都能听到是不同的：路由器本身就处在两个网络的交界处，由于IP地址的限制和路由器本身的功能，除非跨网络能寻找到目的明确（目标IP地址）的主机，否则路由器是不转发这种广播包的。其实，从某种角度来说，就算发过去也没用，聪明的读者可以思考一下为什么。

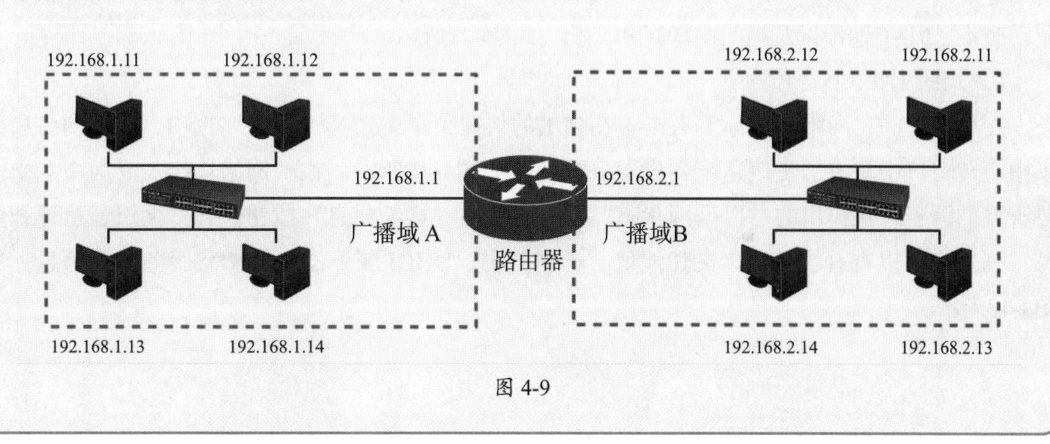

图 4-9

6. IPv4 与 IPv6

互联网在IPv4协议的基础上运行了很长时间。IPv6是新的互联网协议，也可以说是下一代互联网协议。随着互联网的迅速发展，IPv4定义的有限地址空间将被耗尽，而地址空间的不足必将妨碍互联网的进一步发展。为了扩大地址空间，拟通过IPv6来重新定义地址空间。IPv4采用32位地址，只有大约43亿个地址，而IPv6采用128位地址，几乎可以不受限制地提供地址。在IPv6的设计过程中，除解决了地址短缺的问题外，还考虑了性能的优化：端到端IP连接、服务质量（QoS）、安全性、组播、移动性、即插即用等。与IPv4相比，IPv6主要有如下优势。

- 明显扩大了地址空间。IPv6采用128位地址，几乎可以不受限制地提供IP地址，从而确保了端到端连接的可能性。
- 提高了网络的整体吞吐量。由于IPv6的数据包可以远远超过64KB，应用程序可以利用最大传输单元（MTU），获得更快、更可靠的数据传输；同时在设计上改进了选路结构，采用简化的报头定长结构和更合理的分段方法，使路由器能够加快数据包处理速度，提高转发效率，从而提高网络的整体吞吐量。
- 使得整个服务质量得到很大改善。报头中的业务级别和流标记通过路由器的配置可以实现优先级控制和QoS保障。
- 安全性有了更好的保证。采用IPSec可以为上层协议和应用提供有效的端到端安全保证，能提高在路由器水平上的安全性。
- 支持即插即用和移动性。设备接入网络时通过自动配置可自动获取IP地址和必要的参数，实现即插即用，简化了网络管理，易于支持移动节点。而且IPv6不仅从IPv4中借鉴了许多概念和术语，它还定义了许多移动IPv6所需的新功能。
- 更好地实现了组播功能。在IPv6的组播功能中增加了“范围”和“标志”，限定了路由范围并区分了永久性与临时性地址，更有利于组播功能的实现。

7. 在计算机中查看 IP 地址

IP地址的查看方法有很多，在计算机中，可以通过如下方法查看：

（1）通过“网络和Internet设置”查看。

在Windows桌面的“网络”图标上右击，在弹出的快捷菜单中选择“打开网络和Internet设置”选项，在打开的“设置”窗口的“状态”界面中单击“更改连接属性”按钮，如图4-10所示。在打开的网络设置界面中可以查看到当前的IPv4地址、IPv6地址、DNS地址、网卡信息、驱动版本、MAC地址以及当前的DHCP状态，如图4-11所示。

（2）通过网卡状态查看。

在桌面上的“网络”图标上右击，在弹出的快捷菜单中选择“属性”选项，在“网络和共享中心”窗口中单击“更改适配器设置”按钮，如图4-12所示。在“网络连接”界面中双击需要查看的网卡，在弹出的“以太网状态”窗口中单击“详细信息”按钮，在“网络连接详细信息”列表中可以查看当前网卡的IP地址、子网掩码、DHCP服务器以及NDS服务器等信息，如图4-13所示。

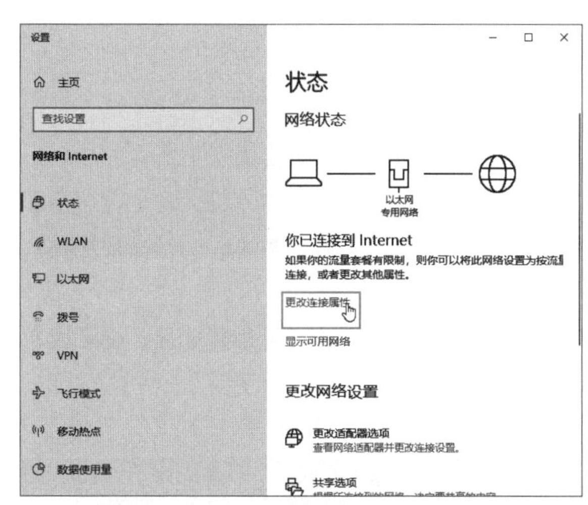

图 4-10

图 4-11

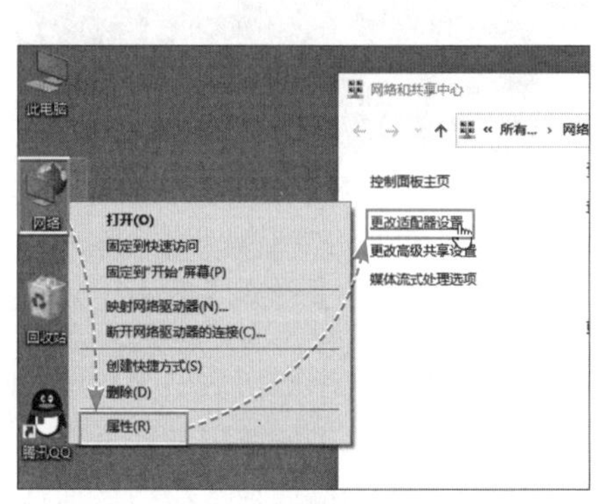

图 4-12

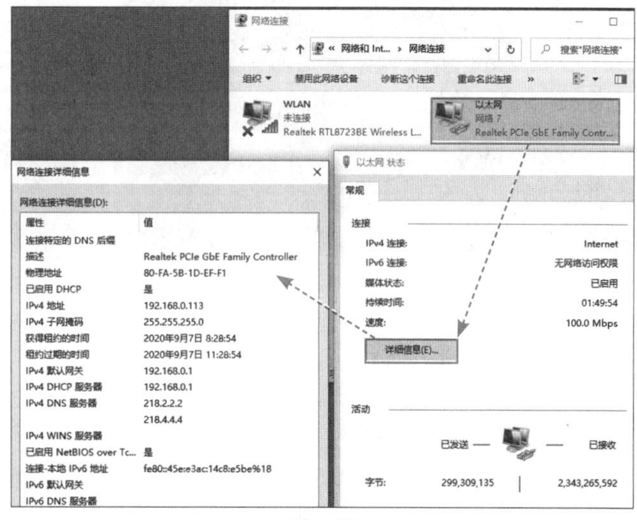

图 4-13

（3）通过命令查看。

按Windows+R组合键，启动“运行”对话框，输入命令“cmd”，单击“确定”按钮，如图4-14所示。在命令提示符后输入命令“ipconfig/all”，即可查看到当前的IP信息等内容，如图4-15所示。

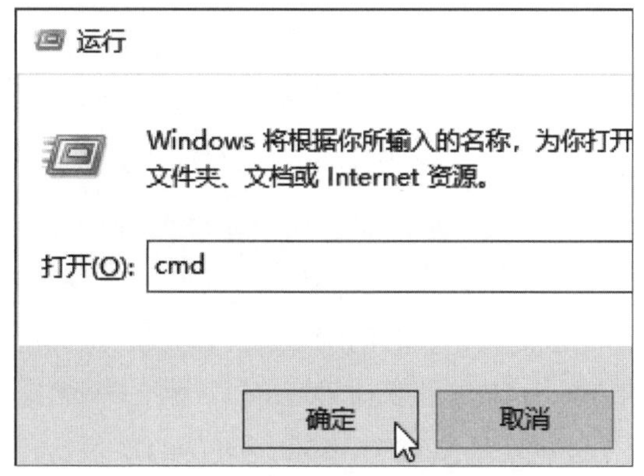

图 4-14

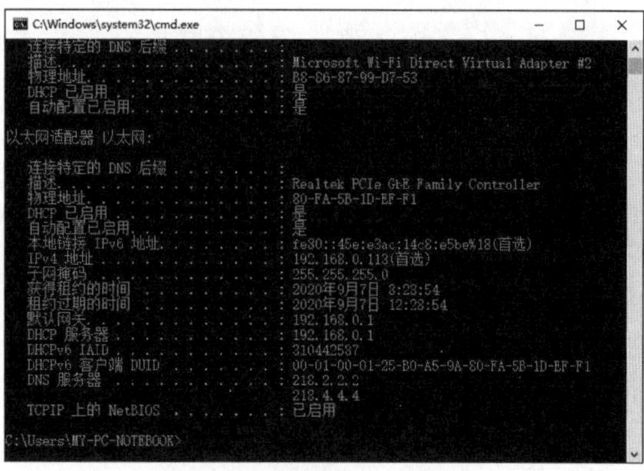

图 4-15

动手练 IP地址的高级操作

上面介绍了几种IP地址的查看方法，如果计算机通过DHCP获取到IP地址，可以通过命令将IP地址释放，还可以从DHCP服务器处重新获取IP地址或者更新租约。

Step 01 按Windows+R组合键调出“运行”对话框，输入“CMD”命令打开命令行窗口，执行“IPCONFIG/RELEASE”命令来释放IP地址，如图4-16所示。释放后，因为没有IP地址，网络就暂时断开了。

Step 02 在命令提示符后，执行“IPCONFIG/RENEW”命令可重新获取IP地址，也可以单独使用来更新租约时间，如图4-17所示。

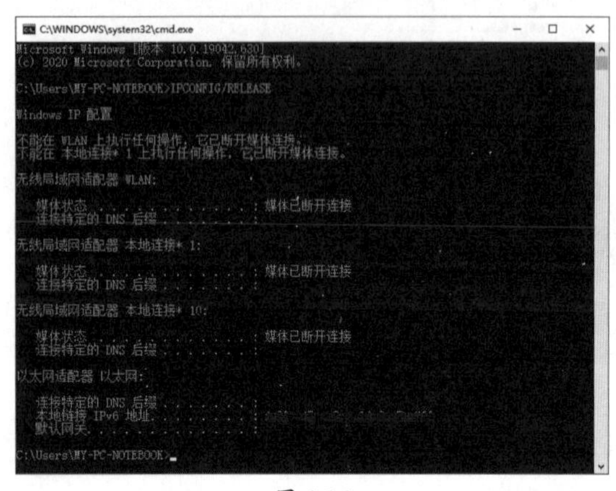

图 4-16

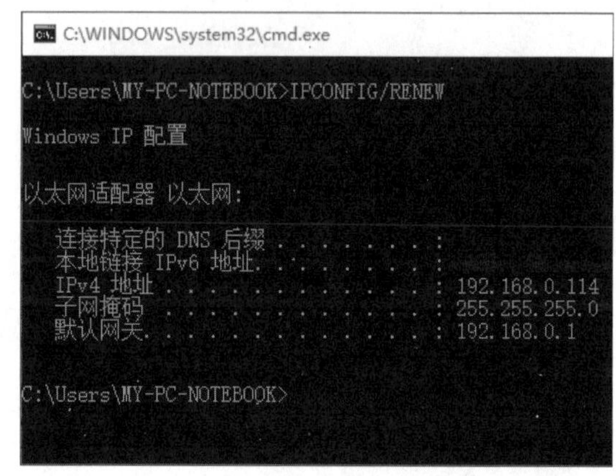

图 4-17

4.2.3 子网掩码

子网掩码（Subnet Mask）又叫网络掩码、地址掩码、子网络遮罩，用来指明一个IP地址的哪些位标识的是主机所在的子网，以及哪些位标识的是主机的位掩码。子网掩码不能单独存在，它必须结合IP地址一起使用。子网掩码只有一个作用，就是将某个IP地址划分成网络地址和主机地址两部分。

联网的两台设备在获取了IP地址后，并不是直接通信，而是首先判断两者是否在同一个网络或者网段中。如果在，说明是在同一个局域网中，可以直接通信；如果不在同一个网络中，就需要路由设备根据二者所在的网络，按照路由表中的转发规则，计算并判断出最优路径然后转发出去。判断地址所在的网络就要用到子网掩码。这也是子网掩码最大的作用。

另外，随着互连网应用的不断扩大，IPv4的弊端也逐渐暴露出来。目前除了使用路由设备的NAT功能，还可以通过对1个高类别的IP地址进行再划分，以形成多个子网，提供给不同规模的用户群使用。再次配备时就需要使用子网掩码了，但是这样做会使每个子网上的可用主机地址数目比原先少。

1. 子网掩码的格式

子网掩码的格式类似于IP地址，也是一个32位的二进制数字，它的网络位全部为1，主机便全部为0。比如，IP地址192.168.1.1，如果已知网络位是前24位，主机位是后8位，那么子网络掩码就是11111111.11111111.11111111.00000000，写成十进制就是255.255.255.0，如表4-1所示。有时也会用“IP/网络位位数”的格式，如192.168.1.201/24，表示有24位的网络位。

表 4-1

类别	十进制形式	网络位			主机位
IP地址	192.168.1.1	11000000	10101000	00000001	00000001
子网掩码	255.255.255.0	11111111	11111111	11111111	00000000

2. 网络地址的计算

如果知道了IP地址和子网掩码，就可以计算出网络地址。通过检测网络地址是否一致，可判断出两台设备是否在同一网络中。

具体方法是，将两个IP地址与其对应的子网掩码分别进行“与”运算（两个位都为1，运算结果为1，否则为0），然后比较结果是否相同。如果相同，就表明它们在同一个子网络中，否则就不在。

比如，已知B类地址为190.200.15.1，那么它的网络地址就可以直接进行计算了。因为隐藏的一个参数：B类地址的子网掩码为255.255.0.0。将IP地址和子网掩码都转换成二进制并进行“与”运算，如表4-2所示。最后得到的结果为190.200.0.0。

表 4-2

类别	十进制形式	网络位		主机位	
IP地址	190.200.15.1	10111110	11001000	00001111	00000001
子网掩码	255.255.0.0	11111111	11111111	00000000	00000000
“与”运算	190.200.0.0	10111110	11001000	00000000	00000000

3. 按要求划分子网

在企业中，有时需要网络管理员对IP地址进行分配。如果获得的IP地址段需要按照部门进行划分，或者为了提高IP地址的使用率，可以通过人工设置子网掩码的方法将一个网络划分成多个子网。

比如：公司提供了C类地址192.168.100.0/24，要分给5个部门使用，每个部门大概有30台电脑，该如何划分这5个子网呢？

这里需要介绍一个概念就是“借位”。C类地址有24位网络位，8位主机位，要分给5个部门使用，那么需在8位中借出可供5个部门使用的网络位。因为$2^2=4$，$2^3=8$，就需要从8位主机位中借出3位作为网络位；剩下的5位，可使每个子网有$2^5-2=30$台主机，满足要求。该网络的网络位就变成27位。子网掩码就是11111111. 11111111. 11111111. 11100000即255.255.255.224。划分的这8个地址段如表4-3所示，表示为192.168.100.×/27。

表 4-3

子　　网				子网网络地址	主机地址	广播地址
11000000	10101000	00001010	000 00000	192.168.100.0	1～30	31
11000000	10101000	00001010	001 00000	192.168.100.32	33～62	63
11000000	10101000	00001010	010 00000	192.168.100.64	65～94	95
11000000	10101000	00001010	011 00000	192.168.100.96	97～126	127
11000000	10101000	00001010	100 00000	192.168.100.128	129～158	159
11000000	10101000	00001010	101 00000	192.168.100.160	161～190	191
11000000	10101000	00001010	110 00000	192.168.100.192	193～222	223
11000000	10101000	00001010	111 00000	192.168.100.224	225～254	255

按照上述方法划分出了8个子网，其中5个使用，3个备用。因为划分为不同的子网后，网络位是不同的，按照之前讲的，子网之间的通信就需要使用路由器了，否则无法连接。

动手练 动手做子网划分习题

前面介绍了最常见的案例，其实划分子网有很多其他的形式，只要读者能够掌握表4-3，就能举一反三了。如：

一个子网掩码为255.255.248.0的网络中，（　）是合法的网络地址。

A. 160.160.42.0　　B. 160.160.15.0　　C. 160.160.7.0　　D. 160.160.96.0

分析：对于尾号是0的IP地址，千万不要认为一定就是网络地址了，因为子网掩码的不同，经常会误导读者。子网掩码是248，也就是“11111000”，借了5位给网络位。所以网络地址是以8为基数增加的，也就是160.160.0.0/21，160.160.8.0/21，160.160.16.0/21，…。所以查看给出的选项，是不是8的倍数，就可以知道答案了。上题合法的网络号是160.160.96.0，选D。

4.3 网络层的通信过程

下面介绍在网络中如何使用IP地址进行通信以及网络层的主要协议。

4.3.1 IP数据报的格式

在了解网络通信前，先讲解IP数据报的格式及作用。

1. IP 数据报的位置

IP数据报在TCP/IP模型中的位置和结构如图4-18所示，其中IP报文指的就是IP数据报。

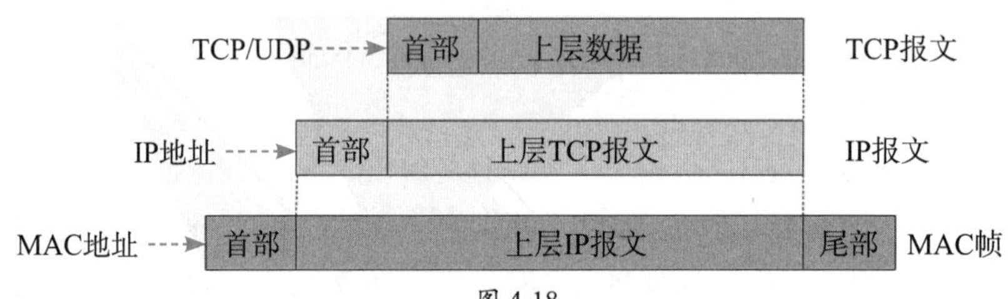

图 4-18

从图4-18可以看到，应用层到达传输层后，封装了TCP/UDP首部，成为TCP报文，传入网络层；网络层封装了IP地址后，成为IP报文，传入数据链路层；数据链路层封装了MAC地址和FCS后，进入物理层，开始传输。

2. IP 数据报的结构

IP数据报的结构如图4-19所示。

一个IP数据报由首部和数据两部分组成。首部的前一部分是固定长度，共20字节，是所有IP数据报必须有的。在首部的固定部分的后面是一些可选字段，其长度是可变的。

（1）版本：占4位，指IP协议的版本，目前的IP协议版本号为4，即IPv4。

（2）首部长度：占4位，可表示的最大数值是15个单位（1个单位为4字节），因此IP数据报的首部长度的最大值是60字节。

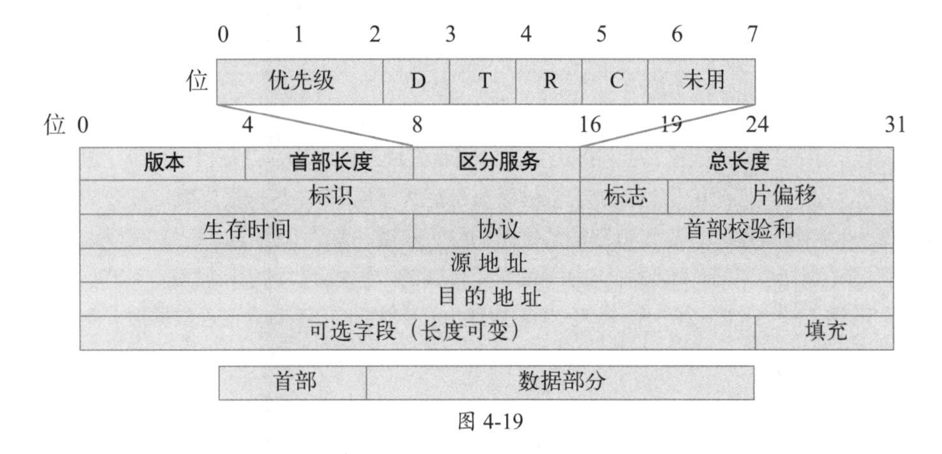

图 4-19

（3）区分服务：占8位，用来获得更好的服务。在旧标准中叫作服务类型，但实际上一直未被使用过。

（4）总长度：占16位，指首部和数据之和的长度，单位为字节，数据报的最大长度为65535字节。总长度不得超过最大传送单元（MTU）。

（5）标识：占16位，它是一个计数器，每产生一个数据报，计数器就加1，并将此值赋给标识字段。但这个“标识”并不是序号，因为IP服务是无连接服务，数据报不存在按序接收的问题。当数据报由于长度超过网络的MTU而必须分片时，这个标识字段的值就被复制到所有的数据报的标识字段中。相同的标识字段的值使分片后的各数据报片最后能正确地重装成为原来的数据报。

（6）标志：占3位，目前只有前2位有意义。标志字段的最低位是MF（More Fragment）。MF=1表示后面“还有分片”，MF=0表示最后1个分片，标志字段中间的一位是DF（Don't Fragment），只有当DF=0时才允许分片。

（7）片偏移：占13位，指示较长的分组在分片后某片在原分组中的相对位置。片偏移以8个字节为偏移单位。

（8）生存时间：生存时间（Time To Live，TTL），占8位，是指数据报在网络中可通过的路由器数的最大值。

（9）协议：协议（8位），指出此数据报携带的数据使用何种协议，以便目的主机的IP层将数据部分上交给对应的处理进程。

（10）首部校验和：占16位，只校验数据报的首部，不校验数据部分，这里不采用CRC校验码而采用简单的计算方法。

（11）源地址和目的地址：各占4字节，记录了发送源的IP地址以及到达目的的IP地址。

（12）可选字段：IP首部的可选字段是一个选项字段，用来支持排错、测量以及安全等措施，内容很丰富。可选字段的长度可变，范围为1～40字节，取决于所选择的项目。增加首部的可选字段是为了增加IP数据报的功能，但这同时也使得IP数据报的首部长度成为可变的。这就增加了每一个路由器处理数据报的开销。实际上这些选项很少被使用。

（13）填充：由于可选字段中的长度不是固定的，使用若干个0填充该字段，可以保证整个报头的长度是32位的整数倍。

（14）数据：表示传输层的数据，数据部分的长度不固定。

IP分片

IP协议定义了在传输数据包时会将数据报文分成若干片进行传输，并在目标系统中进行重组。这个过程就称为分片。如果IP数据报加上数据帧首部后大于MTU，数据报文就会被分成若干片进行传输。每一种物理网络都会规定链路层数据帧的最大长度，称为链路层MTU。在以太网中可传输的最大IP报文为1500字节（帧的长度）。如果要传输的数据帧的大小超过1500字节，即IP数据报的长度大于1472（1500-20-8=1472，其中8为UDP首部的8字节，普通数据报）字节，需要分片之后进行传输。分片的范例如图4-20所示。

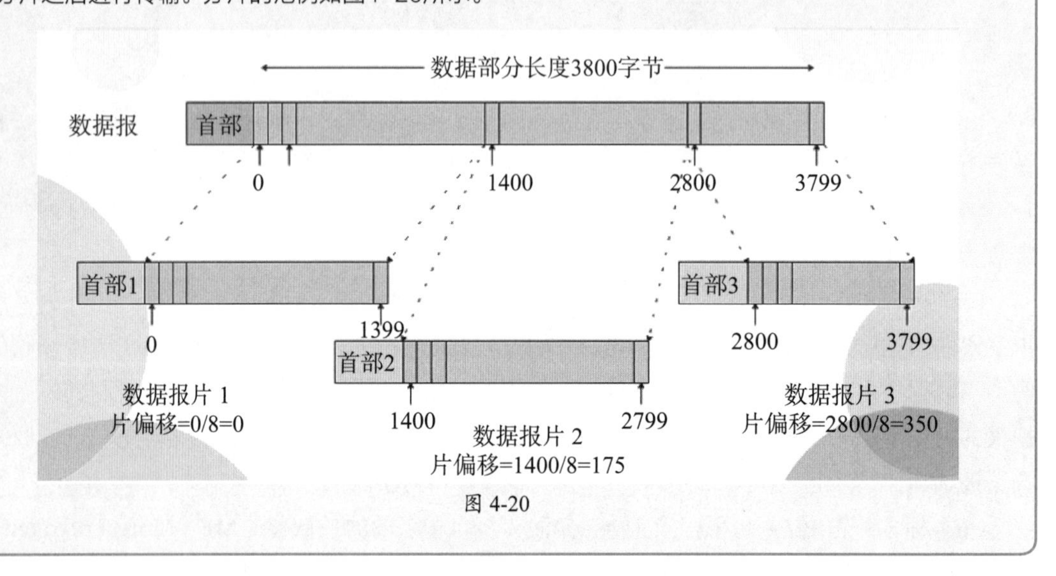

图 4-20

3. 路由表

路由表中记录了路由器的路由信息。路由表的构造和MAC地址表的构造类似，但记录的是IP地址。例如，在某网络中，路由表的内容如图4-21所示。

目的主机网络	接口/下一跳地址
20.0.0.0	直连 端口1
30.0.0.0	直连 端口2
10.0.0.0	20.0.0.1
40.0.0.0	30.0.0.2

图 4-21

图4-21所示路由表记录了目的主机所在的网络以及下一跳的地址信息和接口信息。所谓下一跳地址，就是目的地址是非直连的其他网段的IP地址，通过下一跳地址，将数据包从对应的接口发送出去，这样就能到达下一个路由器，再通过下一个路由器到达目的网络或者再次中转。路由表根据路由器的不同，分为几种，这部分内容在后面会介绍到。

4.3.2 路由器工作原理

路由器加入网络后，会自动定期同其他路由器进行沟通，将自己连接的网络信息发送给其他路由器，并接收其他路由器的网络宣告包，然后更新路由表，等待数据包并进行转发。

知识点拨

为什么路由器不直接记录主机IP地址

有读者也许会问，路由器为什么只记录网络地址，不直接记录目标主机的IP地址，这样不就可以直接找到目标了吗?

其实就A类网络来说，每一个网络中都可能有成千上万台的主机，若按目的主机地址来制作路由表，则得到的路由表就会过于庞大。但若按主机所在的网络地址来制作路由表，那么每一个路由器中的路由表包含的项目就比较少了，这样可使路由表大大简化。简化带来的好处是提升了寻址转发效率，减少了错误。同时，路由表之间的路由同步也会减少，收敛时间变短，否则路由器之间的数据同步就占据很大的网络带宽。另外，实际中，路由器的路由表中，也没有非常巨大的条目数，有些未在路由表中的目的地址，会发送给默认路由和静态路由。

在图4-21中，路由器R1从10.0.0.0网络中接收到数据包后，会首先拆包并查看目的IP地址，如果目的地址是在10.0.0.0网段中，则不会进行转发；如果目的地址在20.0.0.0网段，会从端口2直接发出，交给目的设备。如果目的地址是30.0.0.0或者40.0.0.0网段，则检查路由器R2的路由表，通过对应的下一跳地址或者端口将数据包发送出去。如果该路由器的路由表中没有到达目的网络的路由项，则查看是否有默认路由，如有则将数据包转发给默认路由即可。这样IP数据报最终一定可以找到目的主机所在的目的网络上的路由器（可能要通过多次的间接交付）。只有到达最后一个路由器时，才试图向目的主机进行直接交付。如果确实找不到目标网络，则会报告转发分组错误。

IP数据报的首部中没有空间可以用来存储“下一跳路由器的IP地址”。当路由器收到待转发的数据报，不是将下一跳路由器的IP地址填入IP数据报，而是使用地址解析协议（Address Resolution Protocol，ARP，参见4.4.1节）将下一跳路由器的IP地址转换成MAC地址，并将此MAC地址放在数据链路层的MAC帧的首部，然后根据MAC地址找到下一跳路由器。整个过程如图4-22所示。

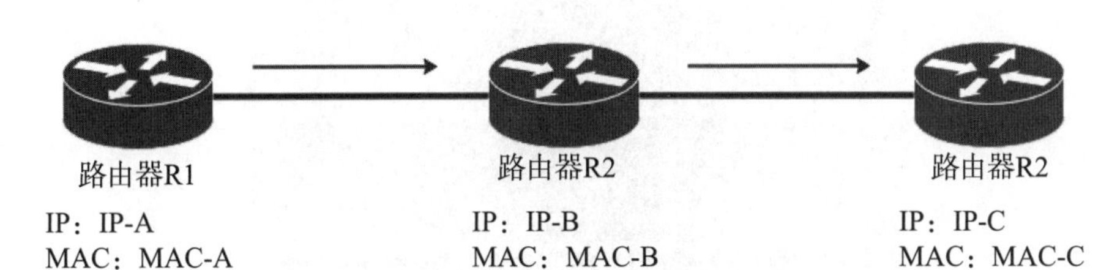

图 4-22

可以从图中看出两个关键信息。一是源IP地址和目的IP地址，是始终不变的。这是因为数据包在进行转发时，每个路由器都要查看目的IP地址，然后根据目的IP的网络地址来决定转发策略。当包返回时，必须要知道源IP地址，否则包也传不回来。二是MAC地址随着设备的跨越不断改变，通过把下一跳的IP地址解析成MAC地址，然后把包发送给直连的设备。路由器的数据链路层进行封包时，将MAC地址重写，然后发送。所以MAC地址是直连的网络才可以使用，是直连的点到点的传输。而IP地址，可以跨设备，是端到端的传输。

直连网络

直连网络就是和路由器直接连接的一个或多个网络设备，他们使用的是同一个网段的IP地址，可以直接通信，不需要路由。

动手练 查看路由表

扫码看视频

查看路由表时，不同设备、不同品牌有不同的查看方式，比如思科企业级路由器，查看命令为“show ip route”，如图4-23所示。从图中可以看到其中有网络主机的IP地址以及接口。在路由项的前面标有C代表直连，标有L代表本地地址，/32代表了本机的端口IP地址。这里有些是/30的，用户可以计算，其实并不代表主机，而是代表一个网络。R代表通过RIP协议获取的路由信息，其他常见的还有S代表静态路由，O代表通过OSPF协议获取到的路由信息。

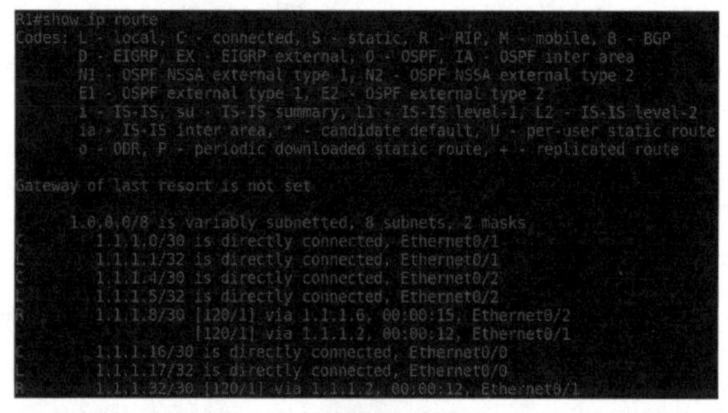

```
R1#show ip route
Codes: L - local, C - connected, S - static, R - RIP, M - mobile, B - BGP
       D - EIGRP, EX - EIGRP external, O - OSPF, IA - OSPF inter area
       N1 - OSPF NSSA external type 1, N2 - OSPF NSSA external type 2
       E1 - OSPF external type 1, E2 - OSPF external type 2
       i - IS-IS, su - IS-IS summary, L1 - IS-IS level-1, L2 - IS-IS level-2
       ia - IS-IS inter area, * - candidate default, U - per-user static route
       o - ODR, P - periodic downloaded static route, + - replicated route

Gateway of last resort is not set

      1.0.0.0/8 is variably subnetted, 8 subnets, 2 masks
C        1.1.1.0/30 is directly connected, Ethernet0/1
L        1.1.1.1/32 is directly connected, Ethernet0/1
C        1.1.1.4/30 is directly connected, Ethernet0/2
L        1.1.1.5/32 is directly connected, Ethernet0/2
R        1.1.1.8/30 [120/1] via 1.1.1.6, 00:00:15, Ethernet0/2
                    [120/1] via 1.1.1.2, 00:00:12, Ethernet0/1
C        1.1.1.16/30 is directly connected, Ethernet0/0
L        1.1.1.17/32 is directly connected, Ethernet0/0
R        1.1.1.32/30 [120/1] via 1.1.1.2, 00:00:12, Ethernet0/1
```

图 4-23

在Windows环境下如果查看路由表，可以使用命令“route print”，如图4-24所示。

```
C:\Users\MY-PC-NOTEBOOK>route print
===========================================================================
接口列表
  9...b8 86 87 99 d7 53 ......Realtek RTL8723BE Wireless LAN 802.11n PCI-E NIC
 16...ba 86 87 99 d7 53 ......Microsoft Wi-Fi Direct Virtual Adapter
  8...b8 86 37 99 d7 53 ......Microsoft Wi-Fi Direct Virtual Adapter #2
 18...80 fa 5b 1d ef f1 ......Realtek PCIe GbE Family Controller
  1...........................Software Loopback Interface 1
===========================================================================

IPv4 路由表
===========================================================================
活动路由:
网络目标        网络掩码          网关       接口   跃点数
          0.0.0.0          0.0.0.0      192.168.0.1    192.168.0.113     35
        127.0.0.0        255.0.0.0            在链路上         127.0.0.1    331
        127.0.0.1  255.255.255.255            在链路上         127.0.0.1    331
  127.255.255.255  255.255.255.255            在链路上         127.0.0.1    331
      192.168.0.0    255.255.255.0            在链路上     192.168.0.113    291
    192.168.0.113  255.255.255.255            在链路上     192.168.0.113    291
    192.168.0.255  255.255.255.255            在链路上     192.168.0.113    291
        224.0.0.0        240.0.0.0            在链路上         127.0.0.1    331
        224.0.0.0        240.0.0.0            在链路上     192.168.0.113    291
  255.255.255.255  255.255.255.255            在链路上         127.0.0.1    331
  255.255.255.255  255.255.255.255            在链路上     192.168.0.113    291
```

图 4-24

图4-24就更加直观了，从接口列表中可以看到几个接口网卡信息和MAC地址。在IPv4路由表中可以看到目标网络、子网掩码、网关、接口以及跃点数。其中“接口”列的IP地址，是到达该目标网络时，将包从该接口发出。127.0.0.1是本地回环地址，可以忽略。因为本机连接的是有线网络，就一个接口，从中可以看出本地网络是192.168.0.0，本机网卡IP是192.168.0.113，广播地址是192.168.0.25。最下方是默认路由项，不在路由表中的地址，都从192.168.0.113发出，该接口实际连接的就是路由器。至于跃点数，代表了优先级，跃点数越大说明优先级越高，数据包优先发送给该接口。

4.3.3 静态路由、默认路由和动态路由

静态路由：指用户或网络管理员手工配置的路由信息。当网络拓扑结构或链路状态发生改变时，静态路由不会改变。

默认路由：一种特殊的静态路由，当路由表中与数据包目的地址没有匹配的表项时，数据包将根据默认路由条目进行转发。默认路由在某些时候是非常有效的，例如在末梢网络中，默认路由可以大大简化路由器的配置，减轻网络管理员的工作负担。

动态路由：自动进行路由表的构建。第一步，路由器要获得全网的拓扑，该拓扑就包含了所有的路由器和路由器之间的链路信息；第二步，路由器在这个拓扑中计算出到达目的地（目的网络地址）的最优路径。

路由器使用路由协议从其他路由器那里获取路由信息。当网络拓扑发生变化时，路由器会更新路由信息，根据路由协议自动发现路由、修改路由，无须人工维护，但是路由协议更新、收敛等，需要占用一部分资源和时间，维护起来相对于静态路由较复杂。

相比于动态路由，静态路由无须频繁地交换各自的路由表，配置简单，比较适合小型、简单的网络环境。静态路由不适用于大型和复杂的网络环境的原因是：当网络拓扑结构和链路状态发生改变时，网络管理员需要做大量的调整，工作量繁重，而且容易发生各种问题，不易排错。

4.4 网络层的主要协议

网络层的协议有很多，下面介绍主要的网络层协议。

4.4.1 地址解析协议（ARP）

地址解析协议（Address Resolution Protocol，ARP）的功能就是将IP地址解析成MAC地址。因为不管网络层使用的是什么协议，在实际网络的链路上传送数据帧时，节点到节点的传输，最终还是必须使用MAC地址。

在每台可以通信的网络设备中，都会有一个ARP缓存表，用来存放最近在局域网上的设备和路由器等IP地址以及对应的MAC地址。读者可以在计算机上使用“arp -a”命令查看当前的ARP表，如图4-25所示。当主机A欲向主机B发送IP数据报时，就先在其ARP高速缓存中查看有无主机B的IP地址所对应的MAC地址，如果有，则将其封装在MAC帧中；如果没有，则执行ARP请求，获取主机B的MAC地址，放入高速缓存备用，然后才能通信。在局域网中的ARP请求过程如图4-26所示。PC1通过广播发送获取PC2 MAC地址的ARP请求，并告知自己的IP和

MAC地址。其他设备接收后，会自动忽略，而PC2会记录下PC1的IP和MAC地址，并单独向PC1回应其MAC地址，接下来两台主机就可以通信了。

图 4-25

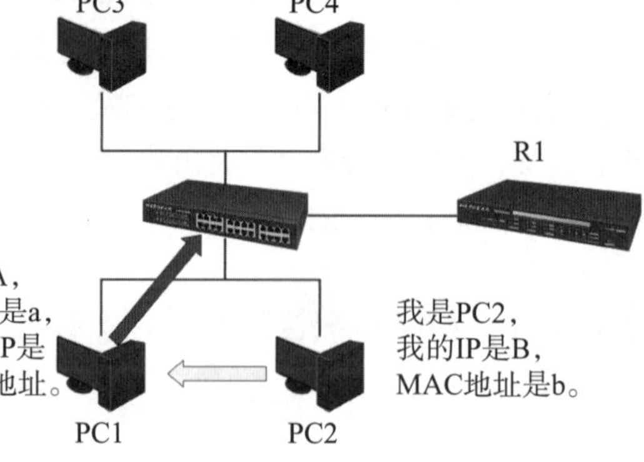

图 4-26

知识点拨

广域网的ARP请求怎么办？

有些读者会问，按局域网的APR请求这个思路，广域网的APR请求还得跨越很多路由器啊。

不要说在广域网了，就是跨路由器，都不可能存在ARP请求的问题。APR是解决同一个局域网上的直连主机或相邻路由器之间的通信问题，也就是节点到节点的直连问题。跨路由器就必然会涉及修改MAC地址的过程。而IP地址才是确定端到端，才是可以跨路由器通信的参数。MAC地址只能用于相邻节点间数据的传输。

ARP请求是以广播的方式，在路由器之间请求也是，但应答都是单播的方式。

4.4.2 逆地址解析协议（RARP）

逆地址解析协议（Reverse Address Resolution Protocol，RARP）也叫作反向地址转换协议。与ARP协议相反，用于只知道自己硬件地址的主机，想获得IP地址的情况。一般是计算机向路由器发出请求，而路由器查看ARP表并返回对应的IP地址。整个过程如下：

（1）主机发送一个本地的RARP广播，在此广播包中，声明自己的MAC地址并且请求任何收到此请求的RARP服务器分配一个IP地址。

（2）本地网段上的RARP服务器收到此请求后，检查其RARP列表，查找该MAC地址对应的IP地址。

（3）如果存在对应的IP地址，RARP服务器就给源主机发送一个响应数据包并将此IP地址提供给对方主机使用。否则，RARP服务器对此不做任何的响应。

（4）主机收到从RARP服务器返回的响应信息，就利用得到的IP地址进行通信；如果一直没有收到RARP服务器的响应信息，表示请求失败。

4.4.3 网际控制报文协议（ICMP）

网际控制报文协议（Internet Control Message Protocol，ICMP）是TCP/IP协议集的核心协议

之一，它用于在IP网络设备之间发送控制报文，传递差错、控制、查询等信息。其实，最常使用ICMP协议的就是ping命令。

1. ICMP 概述

ICMP定义了各种错误消息，用于诊断网络连接问题；根据这些错误消息，源设备可以判断出数据传输失败的原因。ICMP报文的结构及其在数据帧中的位置如图4-27所示。

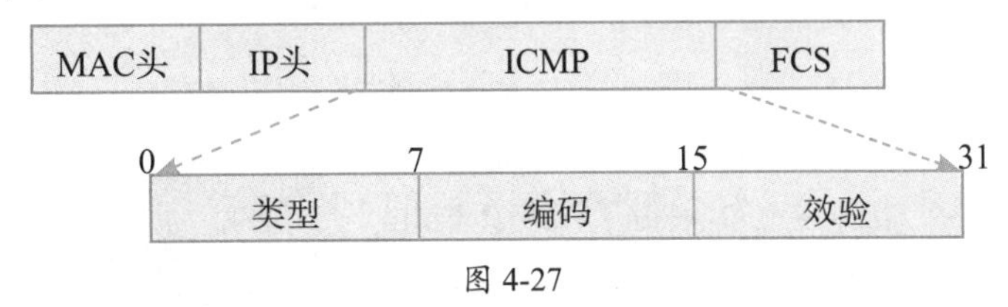

图 4-27

其中，ICMP消息的格式取决于类型（Type）和编码（Code）字段，其中类型字段为消息类型，编码字段包含该消息类型的具体参数，如表4-4所示。

表 4-4

类型（Type）	编码（Code）	描　述
0	0	回显应答（Echo Reply）
3	0	网络不可达
3	1	主机不可达
3	2	协议不可达
3	3	接口不可达
5	0	重定向
8	0	回显请求（Echo Request）

2. ping

ping是用来检测网络的逻辑连通性，目的主机是否在线，时延大小，可不可以到达，同时也能够收集其他相关信息的程序，使用的是ICMP协议。用户可以在ping命令中指定不同参数。关于ping的参数，用户可以自己去查看相关的说明。这些参数中用得比较多的是-t，含义为不停地ping。

3. TCPING

上面讲的ping是运行在网络层基础上的，主要使用的是ICMP协议。如果对方设备禁止了ICMP协议，那么ping命令也就无法获取到回应包，就变成了不可达，也就是常说的ping不通了。此时，可以使用tcping工具进行连通性测试。tcping使用的是传输层的TCP/UDP协议，可以检测网络情况、时延状况及接口信息。

不过tcping不是内置的命令，不像ping一样可以直接使用，需要去下载并放置到Windows系统的SYSTEM32目录中才能调用。tcping命令可以检测很多ping命令不能检测的，如图4-28所示。

```
C:\WINDOWS\system32\cmd.exe
Approximate trip times in milli-seconds:
     Minimum = 44.364ms, Maximum = 57.994ms, Average = 50.066ms

C:\Users\coolwinker\Desktop>tcping64 www.coolwinker.com

Probing 42.51.0.30:80/tcp - Port is open - time=46.634ms
Probing 42.51.0.30:80/tcp - Port is open - time=47.452ms
Probing 42.51.0.30:80/tcp - Port is open - time=45.251ms
Probing 42.51.0.30:80/tcp - Port is open - time=46.993ms

Ping statistics for 42.51.0.30:80
     4 probes sent.
     4 successful, 0 failed.
Approximate trip times in milli-seconds:
     Minimum = 45.251ms, Maximum = 47.452ms, Average = 46.582ms

C:\Users\coolwinker\Desktop>tcping64 www.coolwinker.com

Probing 42.51.0.30:80/tcp - Port is open - time=46.607ms
Probing 42.51.0.30:80/tcp - Port is open - time=47.169ms
Probing 42.51.0.30:80/tcp - Port is open - time=45.072ms
Probing 42.51.0.30:80/tcp - Port is open - time=46.986ms

Ping statistics for 42.51.0.30:80
     4 probes sent.
     4 successful, 0 failed.
Approximate trip times in milli-seconds:
     Minimum = 45.072ms, Maximum = 47.169ms, Average = 46.459ms

C:\Users\coolwinker\Desktop>
```

图 4-28

4. tracert

tracert是路由跟踪程序，用于确定 IP 数据报访问目标主机所选用的路径。tracert 命令用 IP 数据报中的生存时间（TTL）和ICMP错误消息来确定从一个主机到网络上其他主机的路由。tracert的工作过程如下。

源主机发出ICMP request，第一个request的TTL为1，第二个request的TTL为2，以后依此递增，直至第30个；中间的路由器送回ICMP TTL-expired（ICMP type 11），通知源主机（packet同时因TTL超时而被放弃），由此源主机知晓一路上经过的每一个路由器；最后的目标主机送回ICMP Echo Reply（最后一跳不会再回ICMP TTL-expired）。

所以中间任何一个路由器上如果封了ICMP Echo Request，tracert路由器就不能工作；如果封了type 11（TTL-expired），中间的就全看不到，但能看到数据到达了最后的目标主机；如果封了ICMP Echo Reply，中间的路由器全能看到，最后的目标主机看不到。

tracert的过程如图4-29所示。

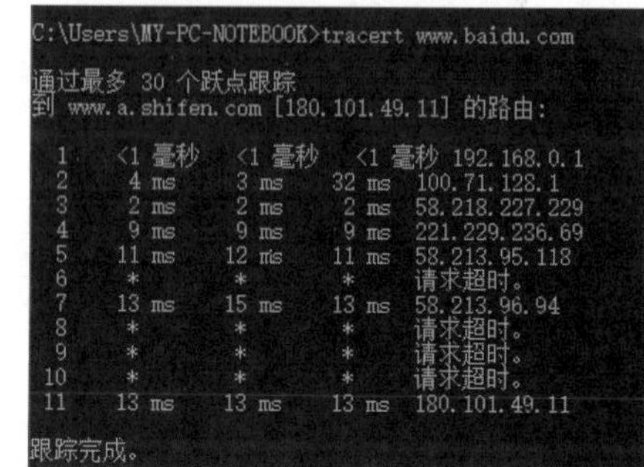

图 4-29

4.4.4 互联网组管理协议（IGMP）

互联网组管理协议（Internet Group Management Protocol，IGMP）是因特网协议集中的一个组播协议。

IGMP是TCP/IP协议集的一个子协议，用于IP主机向任一个直连的路由器报告它们的组成员情况。组播路由器负责将组播包转发到所有网络中的组播成员。互联网组管理协议是对应于开源系统互联（OSI）七层框架模型中网络层的协议。

动手练 查看计算机ARP表

扫码看视频

在计算机上，如果要查看当前的ARP表，可以使用“arp -a”命令，如图4-30所示。arp命令有很多功能，可以使用“arp/?”来查看arp命令的其他用法，如图4-31所示。

```
C:\WINDOWS\system32\cmd.exe
Microsoft Windows [版本 10.0.19042.630]
(c) 2020 Microsoft Corporation. 保留所有权利。

C:\Users\MY-PC-NOTEBOOK>arp -a

接口: 192.168.0.114 --- 0x10
  Internet 地址         物理地址              类型
  192.168.0.1           74-c3-30-cd-f4-62     动态
  192.168.0.100         dc-a9-71-5e-f3-a3     动态
  192.168.0.104         e0-69-95-1b-09-82     动态
  192.168.0.106         04-4f-4c-29-5d-95     动态
  192.168.0.118         70-4d-7b-b5-e6-71     动态
  192.168.0.120         70-4d-7b-b5-e7-79     动态
  192.168.0.121         60-45-cb-62-99-43     动态
  192.168.0.255         ff-ff-ff-ff-ff-ff     静态
  224.0.0.22            01-00-5e-00-00-16     静态
  224.0.0.251           01-00-5e-00-00-fb     静态
  224.0.0.252           01-00-5e-00-00-fc     静态
  239.11.20.1           01-00-5e-0b-14-01     静态
  239.255.255.250       01-00-5e-7f-ff-fa     静态
  255.255.255.255       ff-ff-ff-ff-ff-ff     静态

C:\Users\MY-PC-NOTEBOOK>
```

图 4-30

图 4-31

4.5　网络层的主要设备

常见的网络层的主要设备包括路由器、三层交换以及防火墙等。

4.5.1　路由器简介

路由器又称为网关，是网络层最常见的设备，如图4-32所示。路由器是互联网的枢纽设备，是连接因特网中局域网、广域网所必不可少的设备。它会根据网络的情况自动选择和设定路由表，以最佳路径，按前后顺序发送数据包。

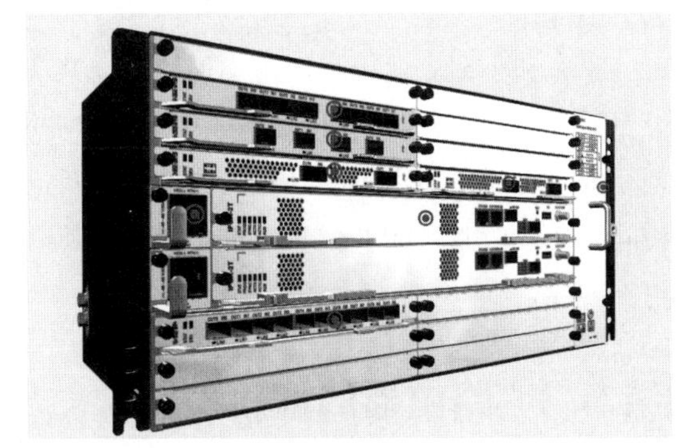

图 4-32

4.5.2　路由器的主要作用

前面介绍的网络层的主要功能，基本上都要靠路由器来实现，包括选路、转发数据包、连接异构网络等。路由器的主要作用有：

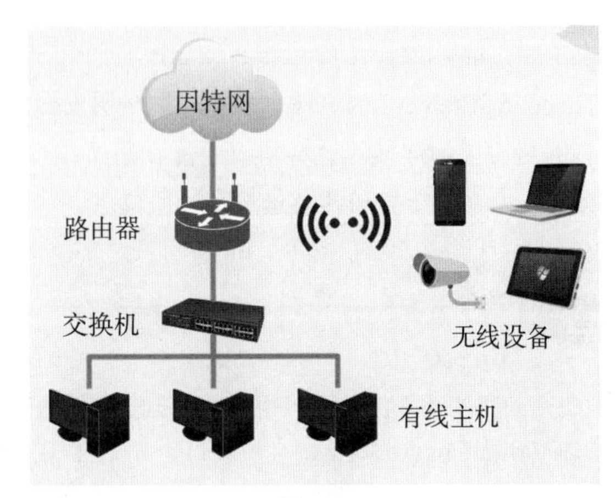

图 4-33

1. 共享上网

共享上网是家庭及小型企业最常使用的方式。局域网的计算机及其他终端设备通过路由器连接因特网，如图4-33所示。

2. 连接不同的网络

在互联网上，除以太网以外，在网络层还有其他使用了不同协议的网络。路由器就在这些网络之间起连接及传输数据的作用。

另外，在局域网中，不同网络也指被划分为不同网段的网络。将一个局域网划分为不同的网段，可以起到隔绝广播域的作用。而不同网段之间需要进行通信，就需要路由器。当然，三层交换也可以起到该作用。

3. 路由选择

路由器可以自动学习不同网络的逻辑拓扑情况，并形成路由表。当数据到达路由器后，路由器根据目的地址，进行路由计算，结合路由表，得到最优路径，最终将数据转发给下一个网络设备。

4. 流量控制

通过流量控制，可避免传输数据的拥挤和阻塞。

5. 过滤和隔离

路由器可以隔离广播域，过滤掉广播包，减少广播风暴对整个网络的影响。

6. 分段和组装

网路传输的数据分组大小可以不同，需要路由器对数据分组进行分段或重新组装。

7. 网络管理

家庭和小型企业用户使用小型路由器共享上网，可以在路由器上执行网络管理功能，比如设置无线信道、名称、密码、速率、DHCP功能，还可进行ARP绑定、限速、限制联网等。大中型企业可以通过路由器的管理功能，对设备进行监控和管理，包括各种限制功能、VPN、远程访问、NAT功能、DMZ功能、端口转发规则等。这些都是为了提高网络的运行效率、可靠性和可维护性。

4.5.3 路由器的应用范围

按照应用范围，路由器可以分为以下3种。

1. 接入级路由器

接入级路由器连接家庭或ISP内的小型企业客户。接入路由器不只提供串行线路接口协议（Serial Line Internet Protocol，SLIP）或PPP连接，还支持诸如点到点隧道协议（Point-to-Point Tunneling Protocol，PPTP）和互联网络层安全协议（Internet Protocol Security，IPSec）等虚拟私有网络协议的连接。这些协议要能在每个接口上运行。接入路由器将来会支持许多异构和高速接口，并在各个接口能够运行多种协议。

知识点拨

PPTP

PPTP协议是在PPP协议的基础上开发的一种新的增强型安全协议，支持多协议虚拟专用网（Virtual Private Network，VPN），可以通过密码验证协议（Password Authentication Protocol，PAP）、可扩展认证协议（Extensible Authentication Protocol，EAP）等方法来增强安全性。

与PPTP相近的是以太网上的点到点协议（Point-to-Point Protocol over Ethernet，PPPoE），是将点到点协议（PPP）封装在以太网（Ethernet）框架中的一种网络隧道协议。由于协议中集成了PPP协议，所以实现了传统以太网不能提供的身份验证、加密以及压缩等功能，也可用于缆线调制解调器（Cable Modem）和数字用户线路（Digital Subscriber Line，DSL）等以以太网协议向用户提供接入服务的协议体系。

2. 企业级路由器

企业（或校园）级路由器要服务于许多终端系统，其主要目标是以尽量便宜的方法实现尽可能多的端点互连，并且进一步要求支持不同的服务质量。企业级路由器还支持一定的服务等级，至少允许分成多个优先级别。另外还要求企业级路由器有效地支持广播和组播。企业网络还要处理历史遗留的各种LAN技术，支持多种协议，包括IP、互联网分组交换协议（Internetwork Packet eXchange Protocol，IPX），支持防火墙、包过滤以及大量的管理和安全策略以及VLAN协议。

3. 骨干级路由器

骨干级路由器实现企业级网络的互联。对它的要求是速度和可靠性，而代价则处于次要地位。硬件可靠性可以采用热备份、双电源、双数据通路等来获得。骨干级路由器的主要性能瓶颈是在转发表中查找某个路由所耗的时间。当路由器收到一个包时，输入接口在转发表中查找该包的目的地址以确定其目的接口，当包要发往许多目的接口时，势必增加路由查找的代价。因此，将一些常访问的目的接口放到缓存中能够提高路由查找的效率。不管是输入缓冲还是输出缓冲路由器，都存在路由查找的瓶颈问题。

4.5.4 路由器的性能参数和选购技巧

与交换机不同，路由器从本质上说，也属于类似计算机主机的设备。所以，路由器的性能参数主要有以下几种。

1. CPU

CPU是路由器最核心的组成部分。不同系列、不同型号的路由器，其CPU也不同。CPU的好坏直接影响路由器的吞吐量（路由表查找时间）、路由计算能力（影响网络路由收敛时间）和时延等。

2. 内存与闪存

路由器中同样有内存，它相当于计算机的内存。路由器使用的内存有DDR、DDR2、DDR3等类型。在选购时除了查看路由器内存容量大小，还要注意查看内存的类型。路由器中的内存主要存储当前路由器的配置信息：端口设置、IP地址、路由表、DMZ设置、DDNS设置、MAC地址绑定设置、信号调节、虚拟服务器等计算机。

路由器闪存的作用相当于计算机的硬盘，当然，这个闪存并不要求像计算机硬盘一样大，一般有128MB、256MB、512MB等即可。当然，在资金许可条件下越大越好。

3. 路由表能力

路由器通常依靠所建立及维护的路由表来决定如何转发。路由表能力是指路由表内所容纳路由表项数量的极限。由于因特网上执行边缘网关协议（Border Gateway Protocol，BGP）的路由器通常拥有数十万条路由表项，所以该项目也是路由器能力的重要体现。

4. 端口形式和速率

路由器端口可以是RJ-45端口，也可以是光纤端口，一般常用的速率有100Mb/s和1000Mb/s。

5. 吞吐量

吞吐量是指在不丢数据包的情况下单位时间内通过的数据包数量，也就是设备整机数据包转发的能力。吞吐量包括设备吞吐量和端口吞吐量。设备吞吐量指路由器根据IP数据包头或者多协议标记交换（Multi-Protocol Label Switching，MPLS）标记选路，所以性能指标是每秒转发数据包数量。设备吞吐量通常小于路由器所有端口吞吐量之和。端口吞吐量是指路由器在某端口上的数据包转发能力。

6. 线速转发能力

路由器最基本且最重要的功能就是数据包转发。全双工线速转发能力是指以最小包长（以太网为64字节）和最小包间隔在路由器端口上双向传输同时不引起丢包。简单地说就是进来多大流量，就出去多大流量，不会因为设备处理能力的问题而造成吞吐量下降。

7. 带机数量

带机数量指路由器能负载的计算机数量。在厂商介绍的性能参数表上经常可以看到标称路由器能带200台PC、300台PC的，但是，因为路由器的带机数量直接受实际使用环境的网络繁忙程度影响，不同的网络环境带机数量相差很大。

比如在网吧里，几乎所有的人都同时在上网聊天、打游戏、看网络电影，这些数据都要通过路由器的WAN端口，路由器的负载会很重。而对于企业网来说经常是同一时间只有小部分人在使用网络，路由器的负载很轻。因此一台标称能带200台PC可用于企业网的路由器，在网吧里可能连50台PC都带不动。

8. 厂家、价格和售后

用户在采购路由器时，对于价格和售后需根据自己的需求及资金状况综合考虑。路由器的主要生产厂家有：锐捷、华为、思科、TP-LINK、华硕、NETGEAR等。

9. 无线性能

无线路由器已经广泛用于家庭、企业中。无线路由器的性能参数及选购要点如下。

（1）传输频段。传输频段是指无线路由器的工作频率，是无线路由器的一个重要参数。现在2.4GHz 频段技术非常成熟，也是使用最多的频段，它拥有穿墙能力强的特点。但当接入的终端数量过多时，会导致信道拥堵，网速变慢。5GHz频段的传输速率非常快，但穿墙能力很弱。现在一些路由器支持2.4GHz与5GHz共存，按照接入点的特性路由器可自动或者由用户手动选择最佳的传输频段。

（2）传输标准。传输标准对网速和连接情况有着最直接的作用，IEEE 802.11a/b/g/n/ac标准是国际化标准，代表了网络的数据传输率的等级。

（3）天线增益。这个指标的高低决定了路由器的信号强弱。很多普通用户有一个误区，认为无线路由器的天线越多信号越好，这种想法并不准确。如果用户买的是一台300M的路由器，不管它有2根天线还是有4根天线，整体带宽还是300M，并没有变大。无线路由器的信号强度的高低由天线增益、摆放位置和路由器本身使用的芯片等综合因素决定。

（4）其他功能。有些路由器还具有新加不明设备报警、POE供电、VPN拨号、手机远程管理、智能Qos、双WAN双拨号、防火墙等功能。

4.5.5 三层交换机

这里的三层指的就是网络层，前面介绍的二层交换机工作在数据链路层。三层交换机使用了三层交换技术，就是二层交换技术 +三层转发技术。

因为二层交换机会产生广播风暴，需使用VLAN的方式将计算机进行分组，不同组之间的交换机使用不同的网段、不同的标识。原则上VLAN之间不能直接通信，只有通过三层交换技术，通过IP地址和路由器的转发才能通信。所以VLAN叫作虚拟局域网，就是将连接到交换机的同一个局域网再次划分。三层交换技术解决了在局域网中划分网段之后，网段中子网必须依赖路由器进行管理的局面，解决了传统路由器低速、复杂所造成的网络瓶颈问题。

图 4-34

三层交换机（图4-34）主要作为网络的核心交换机，用于连接不同的虚拟局域网，完成不同分组之间的通信。三层交换机的主要优势有高可扩充性、高性价比、内置安全机制、支持多媒体传输、支持计费功能等。

4.5.6 防火墙

硬件防火墙（图4-35）是一种位于内部网络与外部网络之间的网络安全系统，依照特定的规则，允许或是限制传输的数据通过。

图 4-35

1. 防火墙主要的类型

因为防火墙根据不同的要求有针对性地在不同层次进行防御，所以在网络层、传输层以及应用层都有应用。

（1）包过滤型防火墙。包过滤型防火墙工作在网络层与传输层中，可对基于数据源头的地址以及协议类型等标志特征进行分析，然后确定数据包是否可以通过。只有符合防火墙规定的、满足安全性以及协议要求的数据包才可以进行传递，而不能满足前述条件的数据包则会被防火墙过滤、阻挡。

（2）应用代理型防火墙。应用代理型防火墙工作在OSI参考模型的最高层，即应用层。其主要的特征是可以完全隔离网络通信流，通过特定的代理程序就能实现对应用层的监督与控制。

（3）复合型防火墙。复合型防火墙结合了包过滤型防火墙技术以及应用代理型防火墙技术的优点。例如发过来的数据包适用的安全策略是包过滤策略，那么可以针对报文的报头部分进行访问控制；如果对数据包适用的安全策略是代理策略，就可以针对报文的内容进行访问控制。因此复合型防火墙技术综合了二者的优点，提高了防火墙技术在应用中的灵活性和安全性。

2. 包过滤型防火墙的原理

防火墙的包过滤技术一般只工作在OSI七层模型的网络层，能够完成对防火墙的状态检测。包过滤技术可以预先确定逻辑策略。逻辑策略主要针对地址、端口与源地址，通过防火墙的所有的数据都会被分析，如果数据包内具有的信息和策略要求是不相符的，则该数据包就能够顺利通过，如果是完全相符的，则该数据包就会被迅速拦截。

3. 防火墙的主要作用

（1）网络安全屏障。在局域网出口上使用防火墙，能极大地提高内部网络的安全性，并通过过滤不安全的服务降低风险。

（2）强化网络安全策略。使用以防火墙为中心的安全方案，能将所有安全软件（如口令、加密、身份认证、审计等）配置在防火墙上。与将网络安全问题分散到各个主机上相比，防火墙的集中式安全管理更经济。

（3）监控审计。如果所有的访问都要经过防火墙，那么，防火墙就能记录下这些访问信息并记录到日志中，这样也就能提供网络使用情况的统计数据。

（4）防止内部信息的泄露。利用防火墙对内部网络的划分，可实现对内部网重点网段的隔离，从而限制对局部重点区域的访问或降低出现网络安全问题时对全局网络造成的影响。

（5）数据包过滤。防火墙通过读取数据包中的地址信息来判断这些包是否来自可信任的网络，并与预先设定的访问控制规则进行比较，进而确定是否需对数据包进行处理和转发。

（6）网络地址转换。和路由器类似，防火墙也可以提供NAT服务。

（7）虚拟专用网络。虚拟专用网络将分布在不同地域上的局域网或计算机通过加密通信，虚拟出专用的传输通道，从而将它们从逻辑上连成一个整体，不仅省去了建设专用通信线路的费用，还有效地保证了网络通信的安全。

其实防火墙和路由器有些类似，两方面就某些控制和功能来说，是可以互相替换的。但是，因为硬件性能的原因，在专业领域还是应根据防火墙与路由器的适用场合来选择相应的设备。

动手练 设置计算机防火墙

扫码看视频

Windows 10自带防火墙功能，用户可以在其中对应用进行联网限制。

Step 01 在“Windows安全中心”窗口中，单击“允许应用通过防火墙”链接，如图4-36所示。

Step 02 在“允许的应用”界面中单击“更改设置”按钮，找到禁止联网的程序，取消勾选其在“专用”及“公用”项下的复选框，这样该程序就无法联网了，如图4-37所示。

图 4-36

图 4-37

新手答疑

1. Q：为什么路由器的每个端口必须处于不同网络，或者说必须分配不同网段的IP地址？

A：由于一个路由器至少应当连接两个网络（这样它才能将IP数据报从一个网络转发到另一个网络），因此一个路由器至少应当有两个不同的IP地址。

其实理解起来很简单，如果路由器两端的网络位是一样的，那么在路由表中，肯定会出现两条到达目的接口的下一跳地址，也就是有2个门。人可以自己选择走哪边，但对于路由器来说，就会发生混乱，不知道走哪边。为了确保唯一性，路由器不可能连接两个同时起作用的相同网络。除非坏掉一条作为冗余。

2. Q：为什么划分子网后，主机地址数量会减少？

A：每划分一个子网，必须为子网配备网络位和主机位，剩下的才是主机地址。这样，划分一个子网后，就减少了2个以前可以分配给主机的地址。子网划分得越多，主机地址减少得越多。

3. Q：位于A、B两地的设备进行通信，需要先获取对方的MAC地址吗？

A：前面已经介绍了网络的通信过程，IP地址是端到端的连接所必需的参数，而MAC地址在点到点的连接中才用。在整个过程中，IP地址是不变的，而每一次传递，都会改变源MAC地址和目的MAC地址。题中所述的传递是点到点的，所以不需要先获取对方MAC地址（获取了也没用）。

4. Q：通过IP地址，可以直接找到对方地理信息吗？

A：如果数据库做了记录，理论上是可以的。但仅仅是理论上，实现起来很困难。

因为IP地址的短缺，除了付费在运营商处购买的固定IP地址，家庭或小型公司以拨号获得的IP地址都是临时的，在不用时会释放给其他用户使用。所以，除非购买了固定IP地址，每次连网都会使用不同的IP地址，否则花生壳这一类的DDNS也就没有生存空间了。由于IP地址的不固定，也就无法确定对方的地理信息了。

另外，很多情况下连网的计算机使用的都是内网IP地址，通过NAT服务器进行网络映射，所以很多软件获取的对方IP地址，都是192.168.×.×的形式。这种内网IP地址根本无法获取地理位置信息。

现在的IP地址，在因特网上查到的都是一个大概的地址，可精确到市级。一般每个地区，对应的运营商都会分配一些固定范围的IP地址，和手机号码类似。

所以，要想精确获得地理位置信息，需要运营商的计费系统、设备系统对这些数据进行详细的存储，包括IP地址在什么时间分配出去、分配给什么设备、设备的地理位置等。这几个参数是必须的，如果运营商没有做记录，没有对应的数据，也就无法查询。此外，还有一个前提，就是要有权限查看运营商的数据库。

第5章 传输层

传输层是TCP/IP参考模型的另一个重要组成部分。物理层、数据链路层、网络层负责尽可能地将数据传输给目标，而其中的总控制开关就是传输层。本章向读者介绍传输层的相关知识。

5.1 传输层概述

网络层将IP报文拆封后，向上提交给传输层。传输层将数据段再次拆解，去除TCP/UDP信息，将数据提取出来后传输给上层。

5.1.1 应用进程与传输层

在介绍传输层之前，需要知道传输层到底是依据什么提供服务的。这里先介绍一个概念——进程。狭义地理解，进程就是正在运行的程序的一个实例。一个软件可能有多个进程，而一个进程可以服务于多个软件。每个进程都有一个端口号用来与其他设备进行通信。这些端口是传输层为应用层提供的，用于标记及对接的端口。通过这些端口号标记上层应用，然后交给下面的网络层进行传输；反过来，传输层将从网络层接收到的数据按照端口号提交给应用层对应的进程。这就是传输层的工作模式。

端口

计算机中的进程用“进程标识符”来标记。因为计算机的操作系统有多种，而不同的操作系统又使用不同格式的进程标识符，这就需要用统一的方法对应用进程进行标志。

这种方法就是使用传输层的协议端口，也叫作协议端口号。通信的双方虽然是应用程序，但实际通信使用的是协议端口。逻辑上可以把端口视为传输层的发送地址和接收地址。传输层所要做的，就是将一个端口的数据发送给逻辑接收端的端口。

TCP端口用一个16位端口号进行标志。端口号只具有本地意义，即端口号只是为了标志本计算机应用层中的各进程。端口分为：

- **公认端口：** 端口号为0～1023。比如WWW服务使用的80端口，FTP使用的21端口等。
- **注册端口：** 端口号为1024～49151，分配给用户进程或应用程序。这些进程是用户选择安装的一些应用程序，而不是已经分配好了公认端口的常用程序。这些端口在没有被服务器资源占用时，可以被用户端动态地选用为源端口。
- **动态端口：** 端口号为49152～65535。之所以称为动态端口，是因为它一般不固定分配某种服务，而是给予动态分配。

5.1.2 传输层的主要作用

网络层为主机之间提供逻辑通信，而传输层为应用进程之间提供端到端的逻辑通信。传输层还要对收到的报文进行差错检测。传输层需要两种传输协议，即面向连接的TCP和无连接的UDP。这两个协议是传输层最重要的两个协议，也是TCP/IP协议集中最重要的协议。传输层的主要作用有：

- 分割与重组数据。
- 按端口号寻址。
- 连接管理。
- 差错控制和流量控制以及纠错。

传输层向高层用户屏蔽了下层网络的核心细节，从应用层进程角度看，就像是两个传输层实体间有一条端到端的逻辑通信信道。当传输采用面向连接的TCP协议时，尽管下层的网络是不可靠的（只提供尽最大努力服务），但这种逻辑通信信道相当于一条全双工可靠信道；而当传输层采用无连接的UDP协议时，这种逻辑通信信道是一条不可靠信道。

5.1.3　传输层的主要协议

传输层最重要的协议是TCP和UDP。TCP传送的数据单位是TCP报文段（Segment），UDP传送的数据单位是UDP报文或用户数据报。

UDP是一种无连接协议，即在传输数据之前不需要先建立连接。对方的传输层在收到UDP报文后，不需要给出任何确认。虽然UDP不提供可靠交付，但在某些情况下却是一种最有效的工作方式。

TCP则提供面向连接的服务。TCP不提供广播或多播服务。由于TCP要提供可靠的、面向连接的传输服务，因此不可避免地增加了许多开销。这不仅使协议数据单元的首部增大很多，还要占用许多处理机资源。TCP报文段在传输层抽象的端到端逻辑信道中传输，这种信道是可靠的全双工信道。

5.2　UDP

因为TCP比较复杂，所以首先介绍UDP的相关知识。

5.2.1　UDP概述

TCP/IP协议集中有一个无连接的传输协议，称为用户数据报协议。UDP为应用程序提供一种无须建立连接就可以发送封装的IP数据包的方法。

UDP所做的工作非常简单，在数据上增加端口功能和差错检测功能，然后将数据报交给网络层进行封装和发送，如图5-1所示。

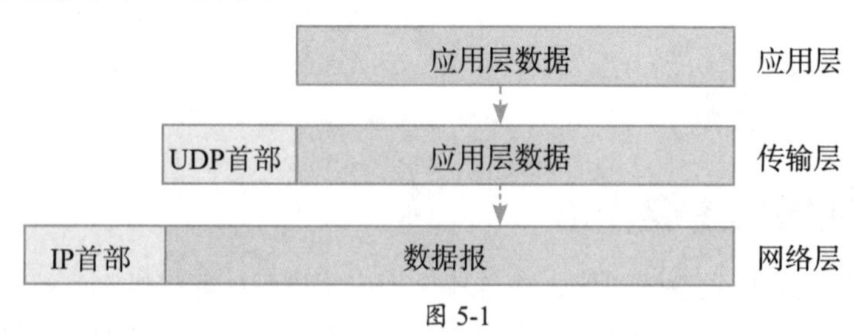

图 5-1

UDP的主要特点有：

- 无连接，即发送数据之前不需要建立连接。
- 使用尽最大努力交付，即不保证可靠交付。
- 是面向报文的，且没有拥塞控制，所以很适合多媒体通信的要求。
- 支持一对一、一对多、多对一和多对多的交互通信。
- 首部开销小，只有8个字节。

- 发送方的传输层对应用层传入的数据报文既不合并，也不拆分，而是保留这些报文的边界，在添加首部后向下交付至网络层。
- 应用层提交给传输层多长的报文，传输层就照样发送，一次发送一个报文。
- 接收方传输层对网络层提交的传输层报文，在去除首部后交付上层的应用进程，一次交付一个完整的报文。所以应用程序必须选择合适大小的报文。

5.2.2 UDP报文首部的格式

UDP报文的格式包括两个字段：数据字段和首部字段。首部字段有8个字节，分为4个字段，每个字段有2字节，格式如图5-2所示。伪首部的主要作用是计算校验和，计算校验和时，临时把“伪首部”和UDP报文连接在一起。

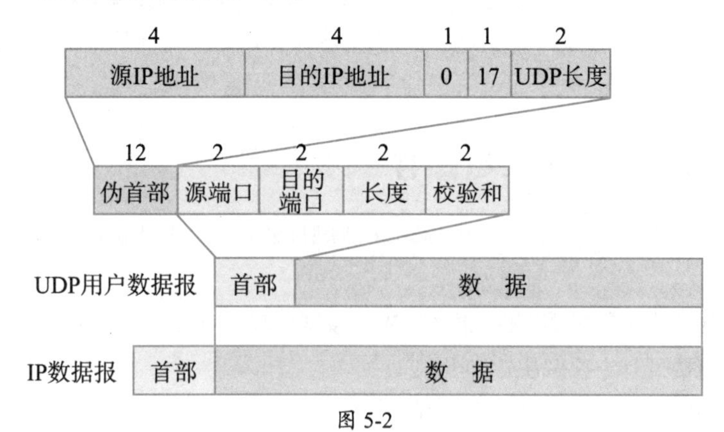

图 5-2

5.3 TCP

和UDP相比较，TCP主要面向可靠的连接。所谓可靠，就是保证数据无差错地传输。

5.3.1 TCP概述

传输控制协议是一种面向连接的、可靠的、基于字节流的传输层通信协议，是为了在不可靠的互联网络上提供可靠的端到端传输而专门设计的协议。

5.3.2 TCP的特点

TCP协议有以下特点：

- TCP是面向连接的传输层协议。
- 每一条TCP连接只能有两个端点，TCP连接只能是点对点的（一对一）。
- TCP提供可靠交付的服务。
- TCP提供全双工通信。
- 面向字节流。
- TCP连接是一条虚连接而不是物理连接。
- TCP对应用进程一次把多长的报文发送到TCP的缓存中是不关心的。

- TCP根据对方给出的窗口值和当前网络拥塞的程度来决定一个报文段应包含多少个字节（UDP发送的报文长度是应用进程给出的）。
- TCP可把太长的数据块划分成短一些的再传送，也可等待直到积累足够多的字节后再组成报文段发送出去。

知识点拨

套接接口格式

TCP把连接作为最基本的对象，每一条TCP连接有两个端点。TCP连接的端点不是主机、主机的IP地址、应用进程，也不是传输层的协议端口。TCP连接的端点称为套接字（socket）或插口。将端口号拼接到IP地址即构成套接字。套接字的格式为（IP地址：端口号），如192.168.0.1:80。每一条TCP连接的唯一地址通常被通信两端的两个端点所确定：{socket1,socket2}，也就是{(IP1:port1),(IP2:port2)}。

5.3.3 TCP传输的连接与断开

常说的“三次握手，四次断开”指的就是TCP的传输。那么TCP传输的握手与断开的过程到底是什么样的？

TCP传输的连接过程有3个阶段：建立连接、数据传输和连接释放。TCP要保证这3个过程能够正常的进行。连接过程主要解决3个问题：

- 要使连接的每一方能够确知对方的存在。
- 要允许双方协商一些参数，如最大报文段长度、最大窗口大小、服务质量等。
- 能够对运输实体资源，如缓存大小、连接表中的项目等进行分配。

TCP连接的建立采用客户-服务器方式。主动发起连接建立的应用进程叫作客户（Client），被动等待连接建立的应用进程叫作服务器（Server）。

1. 建立 TCP 连接的过程

建立TCP连接的过程就是常说的“三次握手”。整个握手的过程如图5-3所示。图中CLOSED为关闭状态，LISTEN为侦听状态，SYN_SENT为SYN发送状态，SYN_RCVD为SYN接收状态，ESTABLISHED为建立连接发送数据状态。

（1）首先客户端A向服务器B发出连接请求报文段，这时首部中的同步位SYN为1，同时选择一个初始序号seq为x。TCP规定，SYN报文段不能携带数据，但要消耗掉1个序号（序号指的是TCP报文段首部20字节里的序号，TCP连接传送的字节流的每1个字节都按顺序编号）。这时客户端A进入SYN_SENT状态。

（2）服务器B收到请求后，向客户端A发送确认报文段。在确认报文段中把SYN和ACK位都置为1，确认号ack为x+1，同时也为自己设置一个初始序号seq为y。请注意，这个报文段也不能携带数据，但同样要消耗掉1个序号。这时服务器B进入SYN_RCVD状态。

（3）客户端A收到服务器B的确认后，还要向服务器B给予确认。确认报文段的ACK置为1，确认号ack为y+1，而自己的序号seq为x+1。这时TCP连接已经建立，客户端A进入ESTABLISHED状态，当服务器B收到客户端A的确认后，也会进入ESTABLISHED状态。

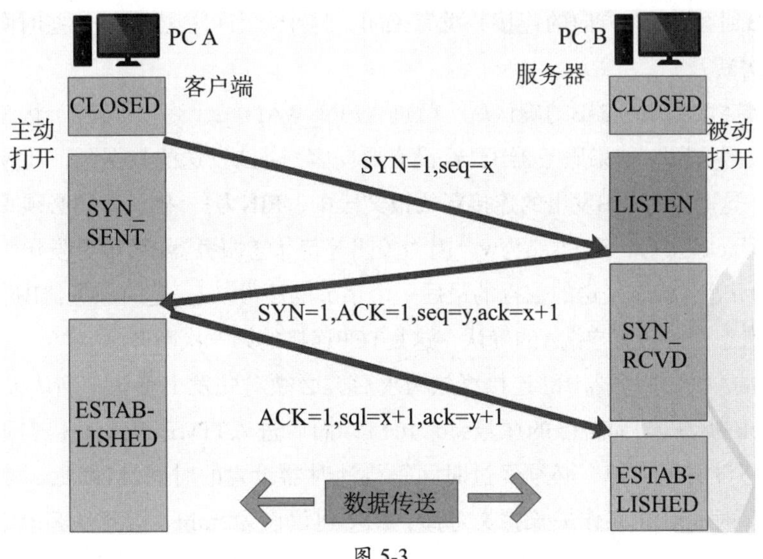

图 5-3

2. TCP 连接的释放过程

因为TCP建立的是可靠连接，所以在数据传输结束后，不是简单地停止，而是进行协商，经过4个步骤断开TCP连接，以确保整个过程没有问题。TCP的释放过程如图5-4所示。

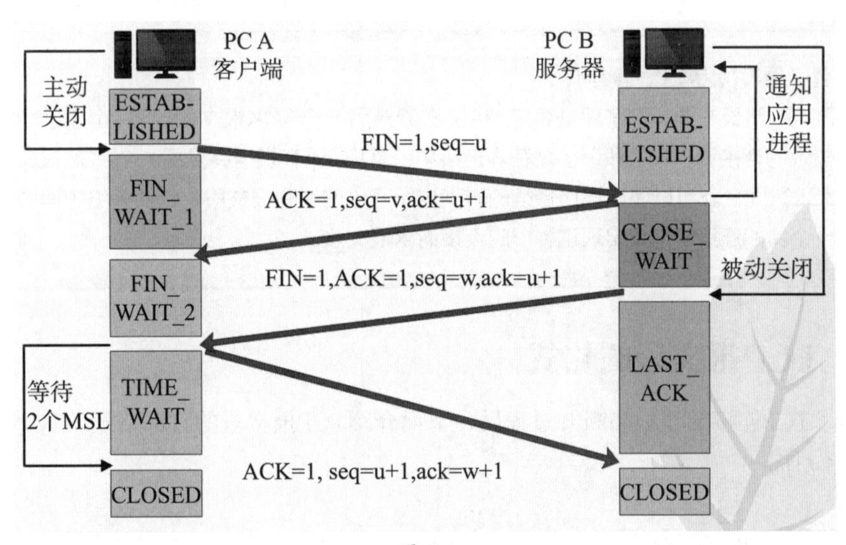

图 5-4

（1）客户端A的TCP进程先向服务器B发出连接释放报文段，并停止发送数据，主动关闭TCP连接。释放连接报文段中FIN为1，序号seq为u，此序号等于前面已经传送过去的数据的最后1个字节的序号加1。这时，客户端A进入FIN_WAIT_1（终止等待1）状态，等待服务器B的确认。TCP规定，FIN报文段即使不携带数据，也要消耗掉一个序号。这是TCP连接释放的第一次挥手。

（2）服务器B收到连接释放报文段后即发出确认释放连接的报文段，该报文段中，ACK为1，确认号ack为u+1，自己的序号seg为v，此序号等于服务器B前面已经传送过的数据的最后一个字节的序号加1。然后服务器B进入CLOSE_WAIT（关闭等待）状态，此时TCP服务器进程应该通知上层的应用进程，因为客户端A到服务器B方向的连接就释放了。这时TCP连接处于关闭等待状态，即客户端A已经没有数据要发出了，但服务器B若发送数据，客户端A仍要接受，也就是从服务器B到客户端A方向的连接并没有关闭，这个状态可能会持续一些时间。这是TCP连接释放的第二次断开。

（3）客户端A收到服务器B的确认后，就进入FIN_WAIT_2（终止等待2）状态，等待服务器B发出连接释放报文段，如果服务器B已经没有要向客户端A发送的数据了，其应用进程就通知TCP释放连接。这时服务器B发出的连接释放报文段中，FIN为1，确认号还必须重复上次已发送过的确认号，即ack为u+1，序号seq为w。因为关闭等待状态服务器B可能又发送了一些数据，因此seq序号为关闭等待状态发送的数据的最后一个字节的序号加1。这时服务器B进入LAST_ACK（最后确认）状态，等待客户端A的确认，这是TCP连接的第三次断开。

（4）客户端A收到服务器B的连接释放请求后，必须对此发出确认。确认报文段中，ACK为1，确认号ack为w+1，而自己的序号seq为u+1，而后进入TIME_WAIT（时间等待）状态。这时TCP连接还没有释放掉，必须经过时间等待计时器设置的时间2MSL后，客户端A才进入CLOSED状态。时间MSL叫作最长报文寿命，RFC建议设为2min，因此从客户端A进入TIME_WAIT状态后，要经过4min才能进入CLOSED状态，而服务器B只要收到了客户端A的确认后，就进入CLOSED状态。二者都进入CLOSED状态后，连接就完全释放了，即TCP连接的“四次断开”。

知识点拨

为什么必须等待2MSL的时间？

等待2MSL时长主要是为了保证客户端A发送的最后一个ACK报文段能够到达服务器B，并且防止“已失效的连接请求报文段”出现在本连接中。客户端A在发送完最后一个ACK报文段后，再经过2个MSL时间，就可以使本连接持续的时间内所产生的所有报文段，都从网络中消失。这样就可以使下一个新的连接中不会出现这种旧的连接请求报文段。

5.3.4　TCP报文段的格式

在了解了TCP连接的建立和断开过程后，下面介绍TCP报文段的首部格式。TCP报文段的首部格式如图5-5所示。

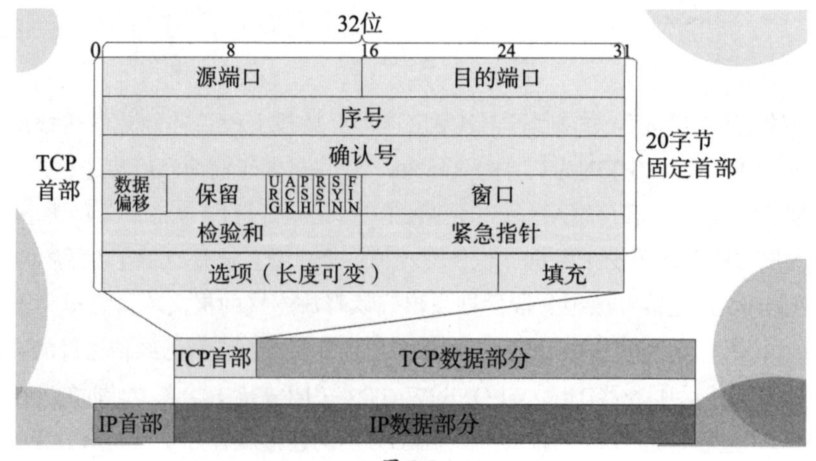

图 5-5

（1）源端口和目的端口字段：各占2字节。端口是传输层与应用层的服务接口。传输层的复用和分用功能都要通过端口才能实现。

（2）序号：占4字节。TCP连接中传送的数据流中的每一个字节都编上一个序号。序号字段的值则是本报文段所发送的数据的第一个字节的序号。

（3）确认号：占4字节，是期望收到对方的下一个报文段的数据的第一个字节的序号。

（4）数据偏移：占4位，它指出TCP报文段的数据起始处距离TCP报文段的起始处有多远。

（5）保留：占6位，保留为今后使用，但目前应置为0。

（6）URG（紧急）：当URG=1时，表明紧急指针字段有效。它告诉系统此报文段中有紧急数据，应尽快传送（相当于高优先级的数据）。

（7）ACK（确认）：只有当ACK=1时确认号字段才有效。当ACK=0时，确认号无效。

（8）PSH（推送）：接收TCP收到PSH=1的报文段，就尽快地交付接收应用进程，而不再等到整个缓存都填满了后再向上交付。

（9）RST（复位）：当RST=1时，表明TCP连接中出现严重差错（如由于主机崩溃或其他原因），必须释放连接，然后再重新建立运输连接。

（10）SYN（同步）：同步SYN=1表示这是一个连接请求或连接接受报文。

（11）FIN（终止）：用来释放一个连接。FIN=1表明此报文段的发送端的数据已发送完毕，并要求释放传输连接。

（12）窗口：占2字节，窗口值是让对方设置发送窗口大小的依据，单位为字节。

（13）检验和：占2字节。检验和字段检验的范围包括首部和数据两部分。在计算检验和时，要在TCP报文段的前面加上12字节的伪首部。

（14）紧急指针：占16位，指出在本报文段中紧急数据共有多少个字节（紧急数据放在本报文段数据的最前面）。

（15）选项：长度可变。TCP最初只规定了一种选项，即最大报文段长度（Maximum Segment Size，MSS）。MSS告诉对方：我的缓存所能接收的报文段的数据字段的最大长度是MSS个字节。MSS是TCP报文段中的数据字段的最大长度。数据字段加上TCP首部才等于整个的TCP报文段。

（16）填充：这部分是为了使整个TCP的首部长度是4字节的整数倍。

动手练 查看计算机的连网状态

扫码看视频

在计算机上可以查看当前的连网状态，使用的是什么协议等信息。

Step 01 进入命令提示符界面，输入命令“netstat -ano”，输出结果如图5-6所示。

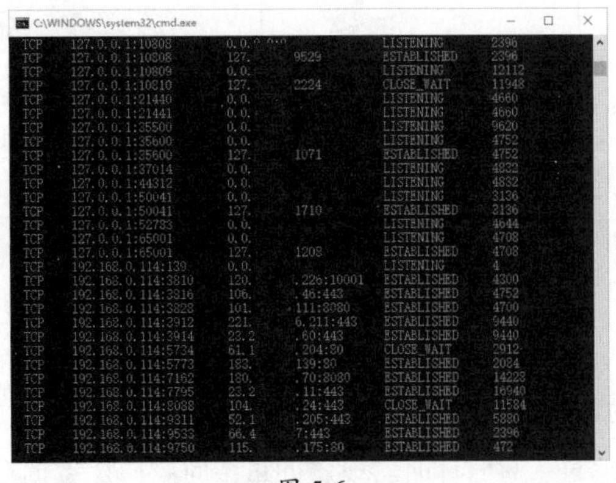

图 5-6

Step 02 “netstat”命令还有很多其他用法，用户可以使用“netstat/?”命令查看该命令的参数和格式，如图5-7所示。

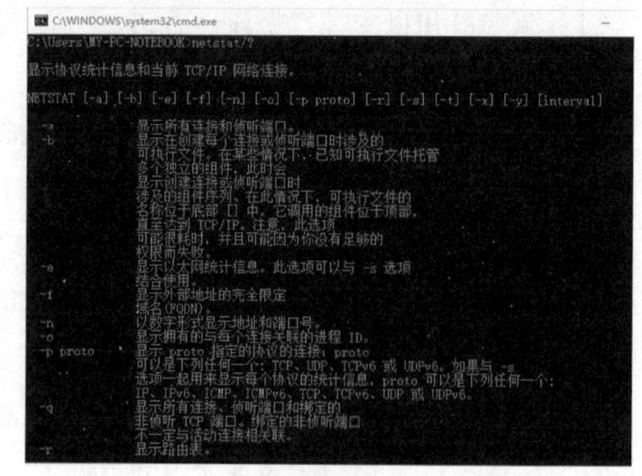

图 5-7

5.4 可靠传输及流量控制的实现

TCP可以实现可靠传输以及流量控制等功能。那么实现的方法及原理是什么？简单来说，TCP依靠重传机制来实现可靠传输，并通过滑动窗口来控制流量。

5.4.1 几种不可靠传输的处理

可靠传输需要处理正常状态、超时状态、数据丢失以及迟到等情况。这里使用了自动重传请求（Automatic Repeat reQuest，ARQ）协议进行处理，该协议实现每发送完一个分组就停止发送，等待对方的确认，收到确认后再发送下一个分组。

1. 正常的无差错的情况

正常的无差错的数据传输方式如图5-8所示。

2. 超时重传的情况

如果出现数据发送超时，发送端会自动进行超时重传。超时重传的过程如图5-9所示。

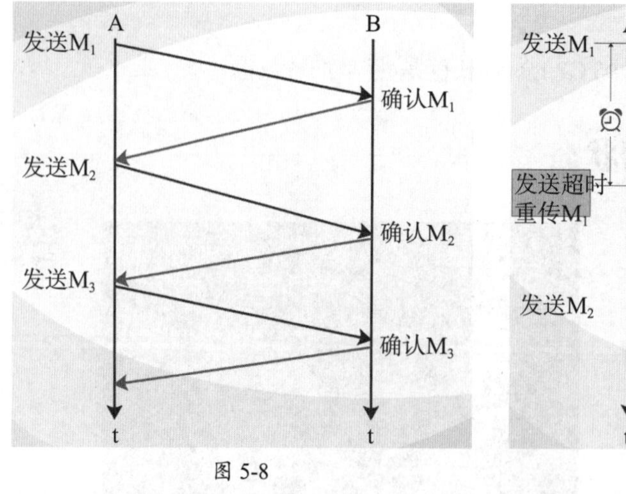

图 5-8

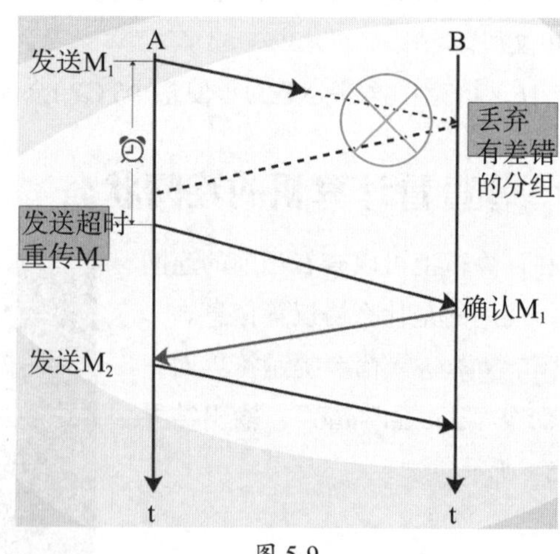

图 5-9

超时自动重传分组在发送完一个分组后，暂时保留已发送的分组的副本。分组和确认分组都必须进行编号。超时计时器设置的重传时间应比数据在分组传输平均往返时间更长一些。

3. 确认丢失情况的处理

确认丢失情况的处理过程如图5-10所示。当确认M1丢失时，A端经过规定的超时时间后重传M_1，B端接收并丢弃重复的M_1之后，重传确认M_1。

4. 确认迟到情况的处理

确认迟到情况的处理过程如图5-11所示。当B端发送的确认M_1由于网络原因，在A端规定的超时时间内未到达A端，A端就会重传M_1，B端接收并丢弃重复的M_1之后，重传确认M_1，并继续通信。当迟到的确认M_1到达A端时，A端收下分组但什么也不做。

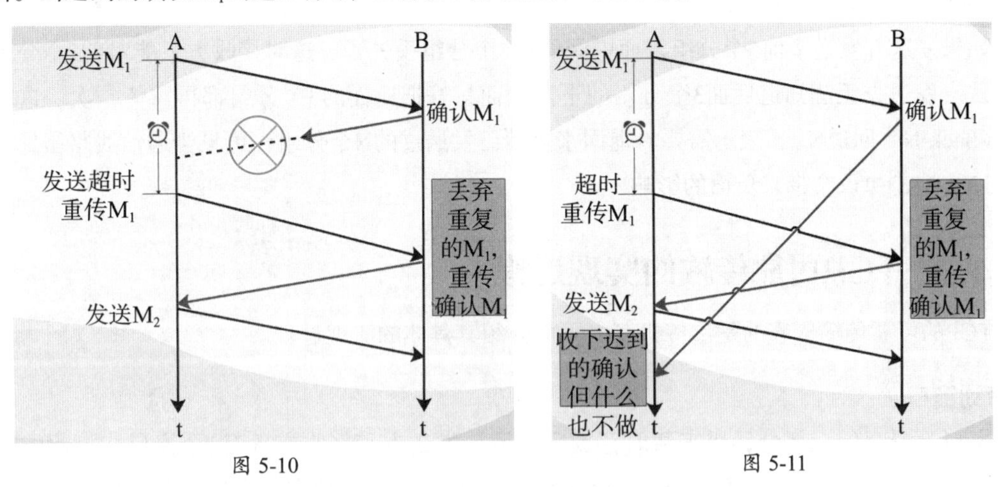

图 5-10

图 5-11

5.4.2 连续ARQ协议

连续ARQ协议指发送方维持着一个一定大小的发送窗口，位于发送窗口内的所有分组都可连续发送出去，而中途不需要等待对方的确认。这样信道的利用率就提高了。而发送方每收到一个确认就把发送窗口向前滑动一个分组的位置。

假设发送窗口是5，也就是发送方一次能发5个数据包，如图5-12所示。当发送方收到数据包1的接收确认后表示接收方接收了数据包1，之后发送窗口向前滑动1个数据包，在发送窗口中删除数据包1的缓存，如图5-13所示。如果发送了5个分组后没有收到确认信息，就会停止继续发送分组。

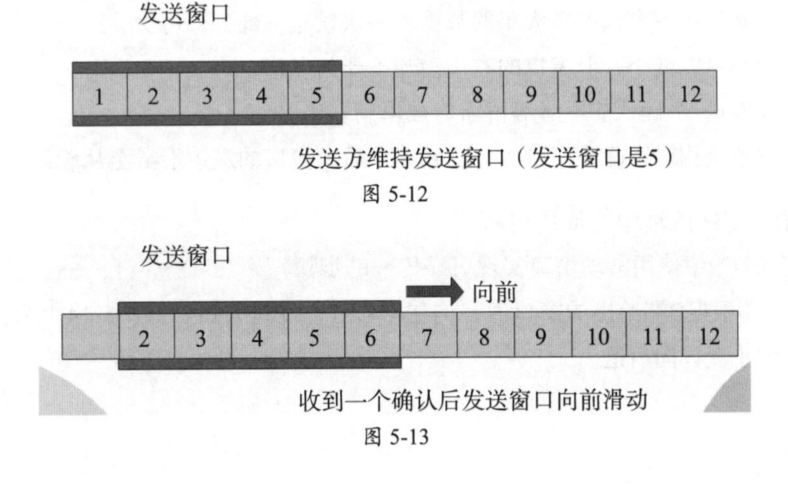

发送方维持发送窗口（发送窗口是5）

图 5-12

收到一个确认后发送窗口向前滑动

图 5-13

连续ARQ协议的确认方式有以下两种。

1. 累积确认

接收方一般采用累积确认的方式，即不必对收到的分组逐个发送确认，而是对按序到达的最后1个分组发送确认，这就表示：所有分组都已正确收到了。

累积确认方式的优点是：容易实现，即使确认丢失也不必重传。缺点是：不能向发送方反映出接收方已经正确收到的所有分组的信息。

2. Go-back-N（回退N）

如果发送方发送了前5个分组，而中间的第3个分组丢失了。这时接收方只能对前2个分组发出确认。发送方无法知道后面3个分组的下落，而只好把后面的3个分组都再重传一次。这就叫作Go-back-N（回退N），表示需要再退回来重传已发送过的N个分组。可见当通信线路质量不好时，连续ARQ协议会带来负面的影响。

5.4.3 TCP可靠传输的实现过程

TCP的可靠传输依靠的是重传机制。下面介绍其具体的实现过程。

1. 滑动窗口

窗口是缓存的一部分，用来暂时存放字节流。发送方和接收方各有1个窗口，接收方通过TCP报文段中的窗口字段告诉发送方自己的窗口大小，发送方根据这个值和其他信息设置自己的窗口大小。

发送窗口内的字节都允许被发送，接收窗口内的字节都允许被接收。假设数据从左向右发送，如果发送窗口左边沿的字节已经发送并且收到了确认，那么就将发送窗口向右滑动一定距离，直到左边沿第一个字节不是已发送并且已确认的状态；接收窗口的滑动与此类似，接收窗口左边沿字节已经发送确认并交付主机后，就向右滑动接收窗口。

接收窗口只会对窗口内最后1个按序到达的字节进行确认，例如接收窗口已经收到的字节为{20,23,24}，其中{20}按序到达，而{23 24}不是按序到达，因此只对字节20进行确认。发送方得到1个字节的确认之后，就知道这个字节之前的所有字节都已经被接收。

滑动窗口的特点有：

- 发送方不必发送一个全窗口大小的数据，一次发送一部分即可。
- 窗口的大小可以减小，但窗口的右边沿却不能向左移。
- 接收方在发送1个确认前不必等待窗口被填满。
- 窗口的位置是相对于确认序号的，收到确认后的窗口的左边沿滑至从确认序号开始。

2. 滑动窗口在 TCP 传输中的应用过程中

下面介绍在TCP中使用滑动窗口实现可靠传输的步骤。

Step 01 A端根据B端给出的窗口值，构建出自己的发送窗口，如图5-14所示。滑动窗口可以向前移动，但不允许向后退。

左边沿
右边沿
×后退
前移
21 22 23 24 25 26 27 28 29 30 31 32 33 34 35 36 37 38 39 40
已发送并收到确认
允许发送的序号
尚不允许发送
B端期望收到的起始序号

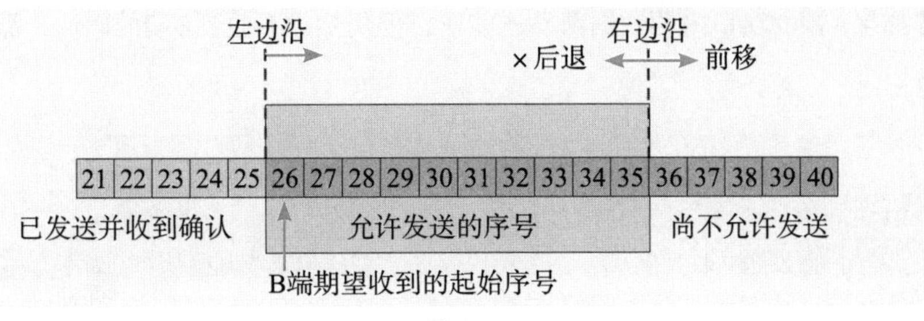

图 5-14

Step 02 A端开始传输数据。假设A端的窗口如图5-15所示，此时B端的窗口如图5-16所示。

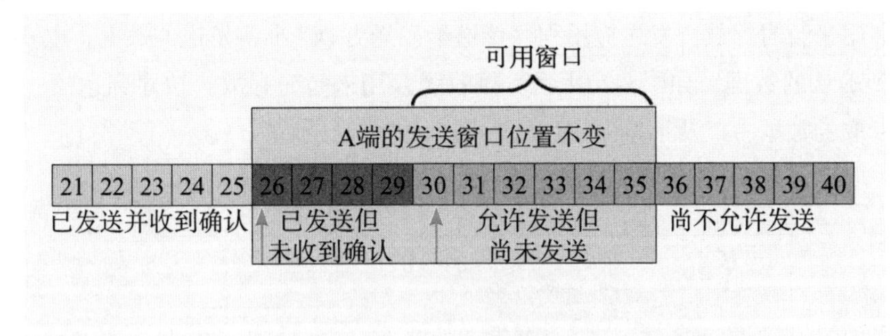

可用窗口
A端的发送窗口位置不变
21 22 23 24 25 26 27 28 29 30 31 32 33 34 35 36 37 38 39 40
已发送并收到确认
已发送但
未收到确认
允许发送但
尚未发送
尚不允许发送

图 5-15

B端的接收窗口
21 22 23 24 25 26 27 28 29 30 31 32 33 34 35 36 37 38 39 40
已发送确认
允许接收
尚未接收
未按序收到

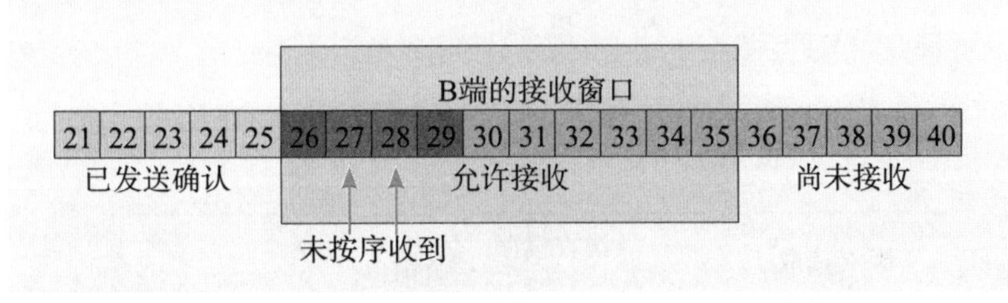

图 5-16

Step 03 A端收到B端发的确认号，发送窗口向前滑动，开始传输数据，如图5-17所示。此时B端的状态如图5-18所示，未按序收到时一般会先存下来，等待缺少的数据到达。

A端的窗口向前滑动
21 22 23 24 25 26 27 28 29 30 31 32 33 34 35 36 37 38 39 40
已发送并收到确认
已发送但
未收到确认
允许发送但
尚未发送
尚不允
许发送

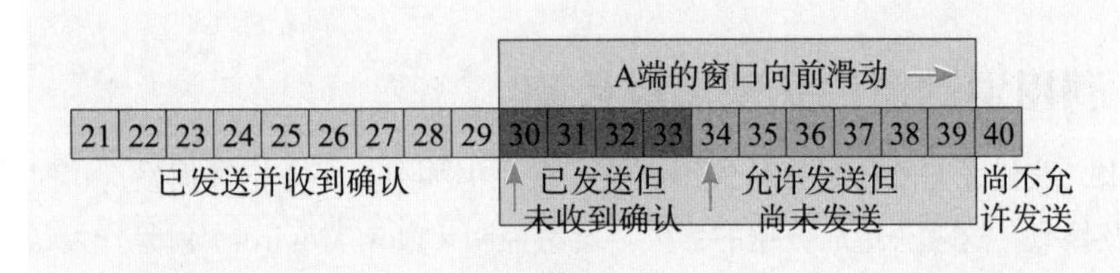

图 5-17

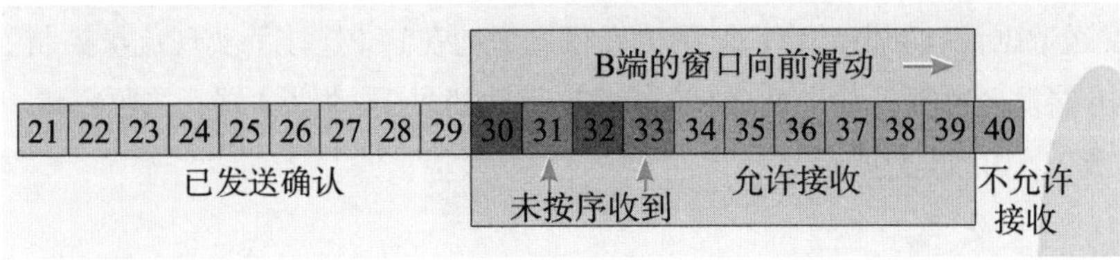

B端的窗口向前滑动
21 22 23 24 25 26 27 28 29 30 31 32 33 34 35 36 37 38 39 40
已发送确认
未按序收到
允许接收
不允许
接收

图 5-18

Step 04 如果A端的窗口内的数据都发送完毕，但仍然没有收到B端的确认，那么必须停止发送，如图5-19所示。

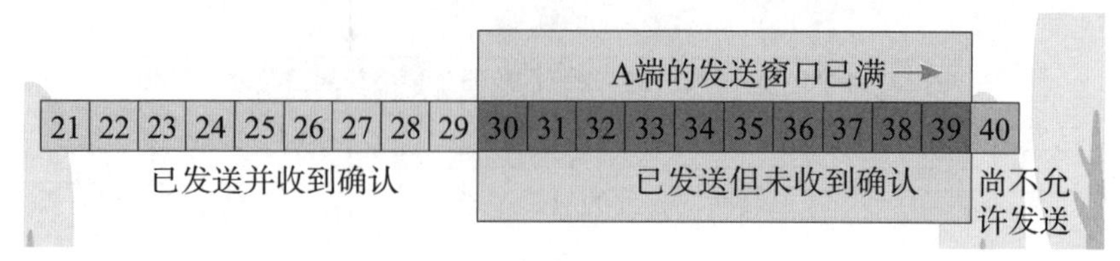

图 5-19

3. 发送与接收缓存

发送缓存用来暂时存放：发送应用程序传送给发送方TCP准备发送的数据，以及TCP已发送出但尚未收到确认的数据，如图5-20所示。接收缓存用来暂时存放：按序到达的、但尚未被接收应用程序读取的数据，以及不按序到达的数据，如图5-21所示。

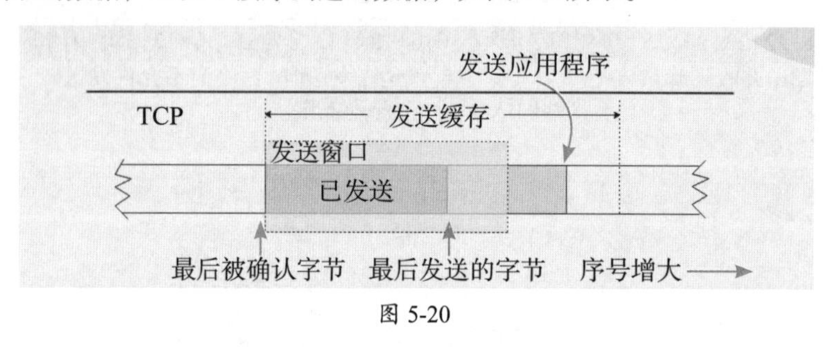

图 5-20

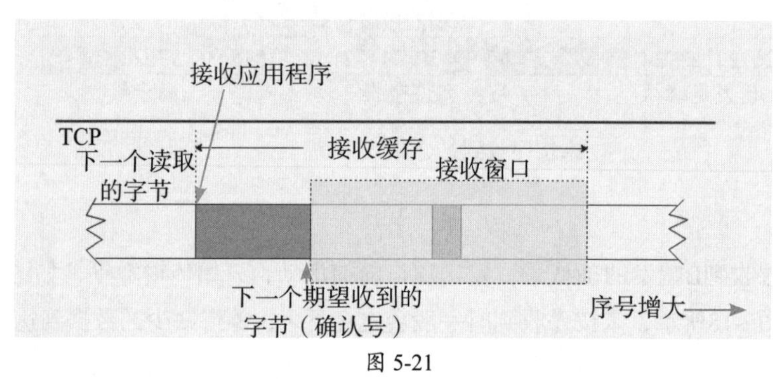

图 5-21

5.4.4 利用滑动窗口实现流量控制

一般说来，我们总是希望数据传输得更快一些。但如果发送方把数据发送得过快，接收方就可能来不及接收，这就会造成数据的丢失。流量控制（Flow Control）就是让发送方的发送速率不要太快，既要让接收方来得及接收，也不致使网络发生拥塞。接收方发送的确认报文中的窗口字段可以用来控制发送方窗口大小，从而影响发送方的发送速率。将窗口字段设置为0，则发送方不能发送数据。利用滑动窗口机制可以很方便地在TCP连接上实现流量控制。

如A端向B端发送数据，在建立TCP连接时进行协商。B端告诉A端，接收窗口（rwnd）的大小为400（字节），如图5-22所示。

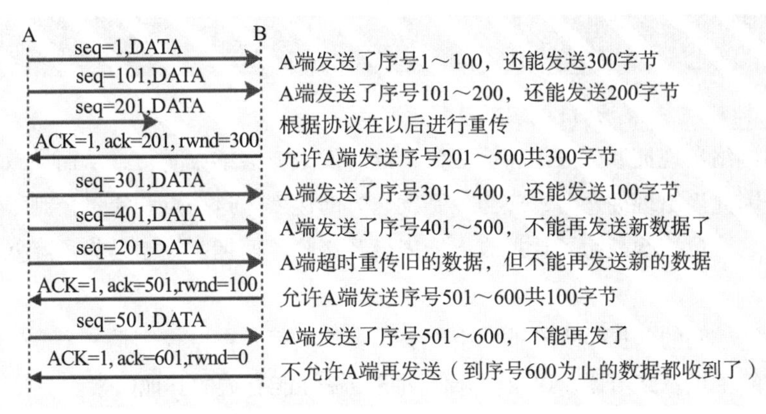

图 5-22

知识点拨

持续计时器的作用

TCP为每一个连接设有一个持续计时器，只要TCP连接的一方收到对方的零窗口通知，就启动持续计时器。若持续计时器设置的时间到期，就发送一个零窗口探测报文段（仅携带1字节的数据），而对方就在确认这个探测报文段的信息中给出了现在的窗口值。若窗口值仍然是零，则收到这个报文段的一方就重新设置持续计时器。若窗口值不是零，则死锁的僵局就可以打破了。

5.4.5 TCP的拥塞控制

对于网络中容易产生的拥塞情况，TCP有一套行之有效的控制方法。

1. 拥塞概述

在某段时间，若对网络中某资源的需求超过了该资源所能提供的可用部分，网络的性能就要变差，也就是产生了拥塞（Congestion）。若网络中有许多资源同时产生拥塞，网络的性能就要明显变差，整个网络的吞吐量将随输入负荷的增大而下降。

2. 拥塞控制的方法

（1）慢开始和拥塞窗口。

发送方维持一个叫作cwnd的拥塞窗口（Congestion Window）的状态变量。拥塞窗口的大小取决于网络的拥塞程度，可动态地调整。通常发送方让自己的发送窗口等于拥塞窗口，但考虑到接收方的接收能力，发送窗口可能要设置得小于拥塞窗口。确定拥塞窗口设置多大合适，采用了一种称为慢开始的算法。

慢开始算法的思路是，不要一开始就发送大量的数据，先探测一下网络的拥塞程度，也就是说由小到大逐渐增加拥塞窗口的大小。

这里用报文段的个数的拥塞窗口大小举例说明慢开始算法，实时拥塞窗口大小以字节为单位。

（2）快重传和快恢复。

快重传是指接收方在收到一个失序的报文段后就立即发出重复确认（为的是使发送方及早知道有报文段没有到达）而不要等到接收方发送数据确认信息时捎带确认。快重传算法规定，发送方只要一连收到3个重复确认，就应当立即重传对方尚未收到的报文段，而不必继续等待设置的重传计时器时间到期。

新手答疑

1. Q：拥塞控制和流量控制有什么区别？

A：由如果网络出现拥塞，分组将会丢失，此时发送方会继续重传，从而导致网络拥塞程度更高。因此当出现拥塞时，应当控制发送方的速率。这一点和流量控制很像，但是出发点不同。流量控制是为了让接收方能来得及接收，而拥塞控制是为了降低整个网络的拥塞程度。

实现拥塞控制的前提是现有的网络能够承受的负荷。拥塞控制是一个全局性的过程，涉及所有的主机、路由器，以及与降低网络传输性能有关的其他因素。

流量控制往往指在给定的发送端和接收端之间的点对点通信量的控制。流量控制所要做的就是抑制发送端发送数据的速率，以便接收端来得及接收。

2. Q：TCP 的四种定时器是什么，各有什么作用？

A：（1）重传定时器。

重传定时器的原理是发送方每发送一个报文段就启动重传定时器，如果在定时器时间到后还没收到对该报文段的确认，就重传该报文段，并将重传定时器复位，重新计算；如果在规定时间内收到了对该报文段的确认，则撤销该报文段的重传定时器。

（2）坚持定时器。

TCP为每一个连接设有一个坚持定时器（也叫持续计数器）。只要TCP连接的一方收到对方的零窗口通知，就启动坚持定时器。若坚持定时器设置的时间到期，就发送一个零窗口控测报文段（该报文段只有1个字节的数据，它有一个序号，但该序号永远不需要确认，因此该序号可以持续重传）。

（3）保活定时器。

如果客户已与服务器建立了TCP连接，但后来客户端主机突然故障，则服务器就不能再收到客户端发来的数据了，而服务器肯定不能这样永久地等下去。保活定时器的原理是服务器每收到一次客户端的数据，就重新设置保活定时器，通常为2小时，如果2小时没有收到客户端的数据，服务端就发送一个探测报文，以后每隔75秒发送一次，如果连续发送10次探测报文段后仍没有收到客户端的响应，服务器就认为客户端出现了故障，就可以终止这个连接。

（4）2MSL定时器。

2MSL定时器主要是测量一个连接处于TIME_WAIT状态的时间，通常为2个MSL（报文段寿命的两倍）。2MSL定时器的设置主要是为了确保发送的最后一个ACK报文段能够到达对方，并防止之前与本连接有关的，由于延迟等原因而导致已失效的报文被误判为有效。

第6章 应用层

应用层是OSI及TCP/IP的最上层。TCP/IP的应用层将OSI的会话层、表示层和应用层融合在一起。本章讲解的应用层并不是计算机的应用软件或程序，而是应用层中的一些协议。

6.1 应用层概述

会话层（Session Layer）和表示层（Presentation Layer）分别是OSI参考模型的第5层和第6层。在TCP/IP中，它们消失不见，并不是弃用，而是在实际应用中，这两层没有独立出现过，都是和应用层一起实现。

应用层定义的是应用程序用于请求网络服务的接口，而不是指应用程序本身。

应用层定义了一组对网络的访问控制，该层决定了应用程序能够请求网络完成什么类型的任务，或是网络支持什么类型的活动。例如，应用层规定了对特定文件或服务的访问权限，以及允许哪些用户对特定数据执行什么类型的动作。

应用层的应用，主要使用的协议有DNS、HTTP、FTP、DHCP、TELNET、SMTP、POP3、IMAP、SNMP等，为各种网络应用程序服务。

每个应用层协议都是为了解决某一类应用问题而使用的，而问题的解决又往往是通过位于不同主机中的多个应用进程之间的通信和协同工作来完成的。应用层的具体内容是规定应用进程在通信时所遵循的协议。

应用层的许多协议都是基于客户－服务器方式，如图6-1所示。客户（Client）和服务器（Server）都是指通信中所涉及的两个应用进程。客户－服务器方式描述的是进程之间服务和被服务的关系。客户是服务请求方，服务器是服务提供方。

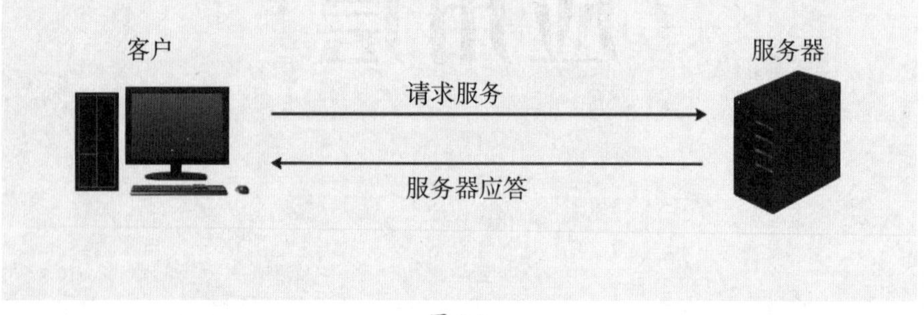

图 6-1

知识点拨

为什么要将会话层和表示层融合到应用层

OSI模型只是一个理论上的参考模型，而实际中最常见的TCP/IP参考模型采用了五层架构，把会话层和表示层的功能整合到应用层，这样有助于为开发者提供更多的选择。层次太多会增加协议的复杂性，同时也会造成效率的降低。

会话层是在发送方和接收方之间进行通信时创建、维持，之后终止或断开连接的地方，与电话通话有点相似。

表示层管理到网络上（数据流从其往下到协议栈）和到特定机器或者应用程序上（数据流从其往上到协议栈）的数据的表示方式。表示层能够为应用程序提供特殊的数据处理功能。当应用程序使用的协议不同于网络通信所用协议时，表示层会进行协议转换。

会话层和表示层在实际应用中很难保持统一性，应用通常会选择不同的加/解密方式、不同的语义和时序。

6.2 应用层主要协议及其应用

前面介绍了应用层主要的协议，下面介绍这些协议的原理及应用。

6.2.1 万维网（WWW）

万维网（World Wide Web，WWW）是基于客户机－服务器方式的信息发现技术和超文本技术的结合，包含大量的文档。这些文档称为页面，是一种超文本（Hypertext）信息，可以用于描述超媒体。文本、图形、视频、音频等多媒体，称为超媒体（Hypermedia）。网页上的信息是由彼此关联的文档组成的，而使其连接在一起的是超链接（Hyperlink）。万维网使用链接的方法能非常方便地从因特网上的一个站点访问另一个站点，这种分布式存储结构如图6-2所示。

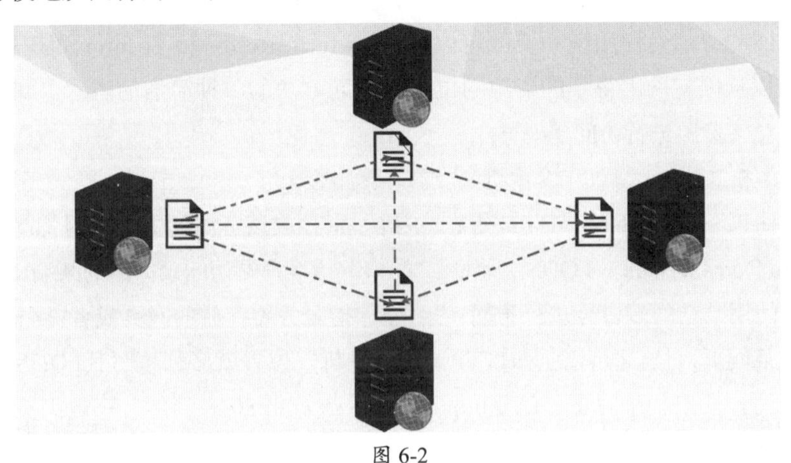

图 6-2

1. 超文本

超文本通过网页浏览器（Web Browser）来显示。网页浏览器从网页服务器取回称为“文档”或“网页”的信息并显示。人们可以跟随网页上的超链接取回文件，也可以向服务器发送数据。通过超链接打开网页叫作浏览网页。多个网页可以构成一个网站，如图6-3所示。

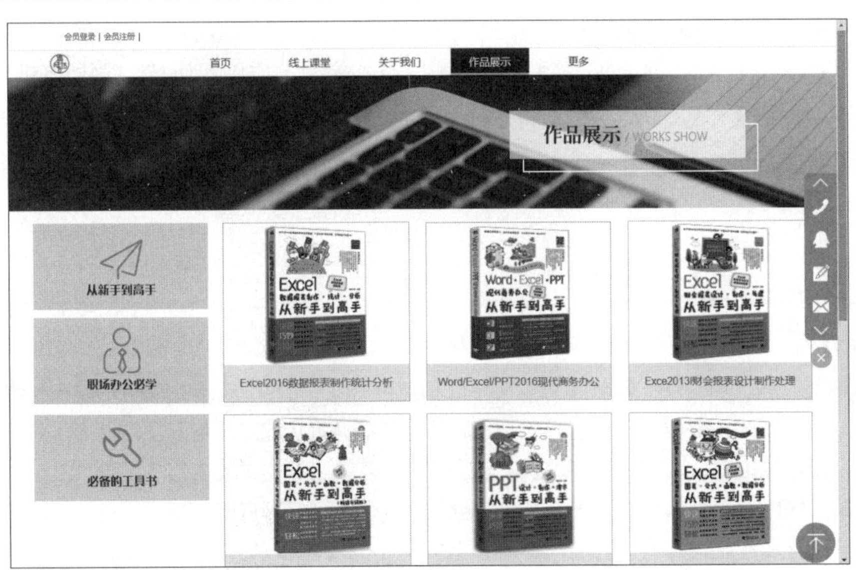

图 6-3

网页、网页文件和网站

网页是网站的基本组成单位，是WWW的基本文档。它由文字、图片、动画、声音等多种媒体信息以及链接组成，是用HTML编写的，通过链接实现与其他网页或网站的关联和跳转。

网页文件是用HTML编写的，可在WWW上传输，能被浏览器识别并显示的文本文件。其扩展名是.htm和.html。

网站由众多不同内容的网页构成，网页的内容可体现网站的全部功能。通常把进入网站首先看到的网页称为首页或主页（Homepage）。

2. 统一资源定位符（URL）

访问万维网的方式是使用统一资源定位符（Uniform Resource Locator，URL）。统一资源定位符是对可以从因特网上得到的资源的位置和访问方法的一种简洁的表示。知道某个资源的URL，就可以对该资源进行访问了。

URL的基本格式为：<协议>://<主机>:<端口>/<路径>

其中的“协议”可以是FTP、HTTP等；“主机”指存放该资源的主机在因特网中的全称域名（Fully Qualified Domain Name，FQDN）地址；“端口”指客户端访问服务器的某端口号，如果不指定端口号表示使用默认的端口号进行访问；“路径”指服务器存放的网页或者资源所在的目录。

例如访问某网页，协议使用的是HTTP，在“主机”位置就必须填写其FQDN，端口默认是80，也可以不写。所以如果写全，就是http://www.xxx.com:80/。当然，一般浏览器默认就是使用HTTP并访问服务器的80端口，所以简写为www.xxx.com就可以了。

3. 超文本传输协议（HTTP）

在万维网客户程序与万维网服务器程序之间进行交互所使用的协议是超文本传送协议（Hyper Text Transfer Protocol，HTTP）。HTTP是一个应用层协议，它使用TCP连接进行可靠的传输，一般使用80端口来检测HTTP的访问请求。为了使超文本的链接能够高效率地完成，需要用HTTP来传输一切必需的信息。

从层次上看，HTTP是面向事务的（transaction-oriented）应用层协议，它是万维网能够可靠地交换文件（包括文本、声音、图像等各种多媒体文件）的重要基础。协议本身是无连接、无状态的。无连接指每次只处理一个请求，处理完请求就断开连接；无状态指协议对事务处理没有记忆能力。

HTTPS

HTTPS（Hyper Text Transfer Protocol over secure socket layer）是以安全为目标的HTTP通道，在HTTP的基础上通过传输加密和身份认证保证传输过程的安全性。HTTPS在HTTP的基础上加入SSL层，HTTPS的安全基础是SSL，因此加密的详细内容就需要SSL。 HTTPS存在不同于HTTP的默认端口及一个加密/身份验证层（在HTTP与TCP之间）。这个系统提供了身份验证与加密通信方法。它被广泛用于万维网中的安全敏感的通信，例如交易支付等方面。

4. HTTP 的访问过程

下面以访问某网站为例，介绍使用HTTP的访问过程。

（1）用户输入网址后，按Enter键，浏览器分析超链接指向页面的URL。

（2）浏览器向DNS请求解析网页所在主机的IP地址。

（3）域名系统DNS解析出Web服务器的IP地址。

（4）浏览器与服务器建立TCP连接。

（5）浏览器发出读取文件命令。

（6）服务器给出响应，把默认主页发给浏览器。

（7）TCP连接释放。

（8）浏览器显示默认主页中的所有内容。

在整个过程中，HTTP的主要作用是在客户端与服务器之间建立TCP连接、客户端发送HTTP请求报文、服务器发送HTTP响应报文、释放TCP连接，如图6-4所示。

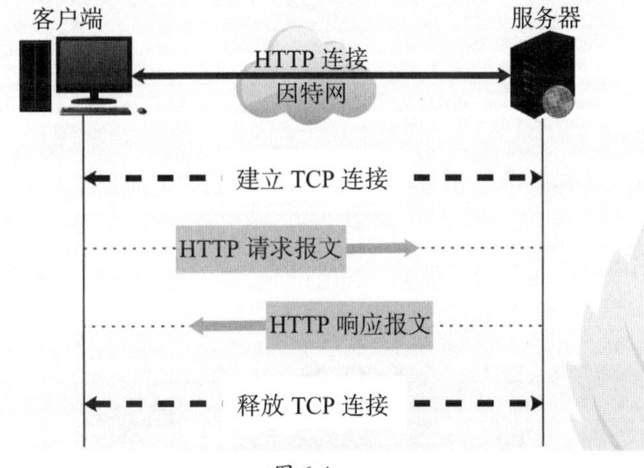

图 6-4

5. 代理服务器

代理服务器（Proxy Server）又称为万维网高速缓存（Web Cache），它代表浏览器发出HTTP请求。代理服务器把最近的一些请求和对请求的响应内容暂存在代理服务器的磁盘中。当与暂时存放的请求相同的新请求到达时，代理服务器就把暂存的响应发送出去，而不需要按URL的地址再去因特网访问该资源。代理服务器的工作原理如图6-5所示。使用代理服务器可以加快访问速度，并节约了主干的带宽。在局域网中，代理服务器的作用更为明显。

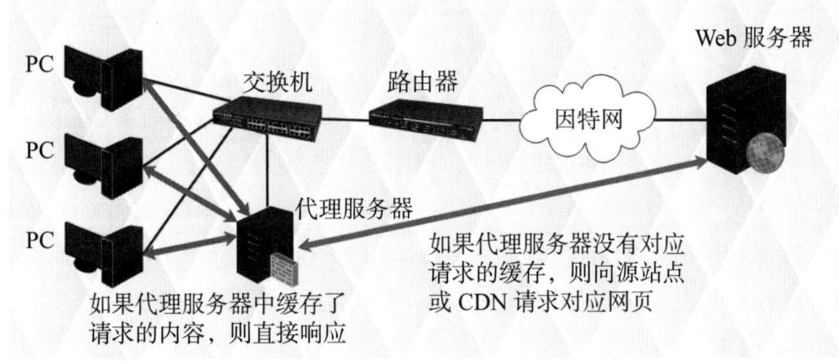

图 6-5

局域网中的PC主机与代理服务器建立TCP连接，并发出HTTP请求报文。如果代理服务器的高速缓存存放了请求的内容，则将对象放入HTTP响应报文中，返回到对应的请求主机的应用层—浏览器，用户就可以看到页面了；如果没有缓存请求的内容，代理服务器会代替用户与对应的Web网站的服务器建立TCP连接，并发送HTTP请求报文，服务器将请求对象放在HTTP响应报文并返回给代理服务器。代理服务器收到后，会保存一份副本在代理服务器的磁盘中，以方便响应同一网页请求。然后将对象放入HTTP响应报文中，返回给请求的计算机。这就是整个代理访问的过程。

知识点拨

CDN是代理服务器吗?

还记得前面介绍的CDN吗？它属于代理服务器的一种，是一类特殊的服务器，是针对源站点的一种网页资源的优化配给。也符合代理服务器的缓存和代替请求的作用。但从用户的角度来看，CDN服务器和源服务器并没有什么区别。平常提到的代理服务器，要么是本地代理，要么是远程的提供代理服务的服务器，和CDN还是有区别的。

6. HTTP 报文结构

HTTP报文分为客户发起的“请求报文”和服务器的“响应报文”。

（1）请求报文。

请求报文的结构如图6-6所示，包含“开始行”“首部行”“实体主体”3部分。

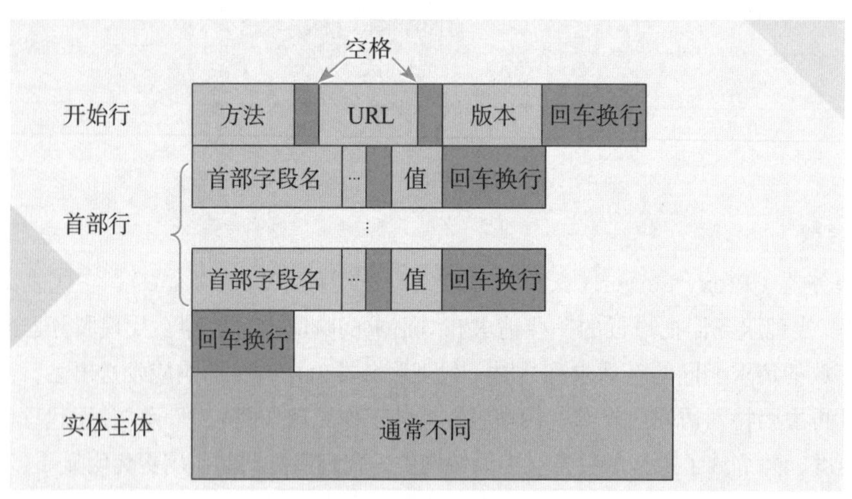

图 6-6

开始行包括：“方法”就是对所请求的对象进行的操作，这些方法实际上也就是一些命令。因此请求报文的类型是由它所采用的方法决定的。URL是请求的资源的URL。“版本”指是HTTP的版本。首部行对象包括：OPTION，请求一些选项的信息；GET，请求读取由URL所标志的信息；HEAD，请求读取由URL所标志的信息的首部；POST，给服务器添加信息（例如注释）；PUT，在指明的URL下存储一个文档；DELETE，删除指明的URL所标志的资源；TRACE，用来进行环回测试的请求报文；CONNECT，用于代理服务器。实体主体是实际网络交换中有意义的数据块。

（2）响应报文。

响应报文的结构如图6-7所示。其中包括了HTTP的版本、状态码，以及解释状态码的简单短语。状态码中，1××表示通知信息的，如请求收到了或正在进行处理。2××表示成功，如接受或知道了。3××表示重定向，表示要完成请求还必须采取进一步的行动。4××表示客户的差错，如请求中有错误的语法或不能完成。5××表示服务器的差错，如服务器失效无法完成请求。

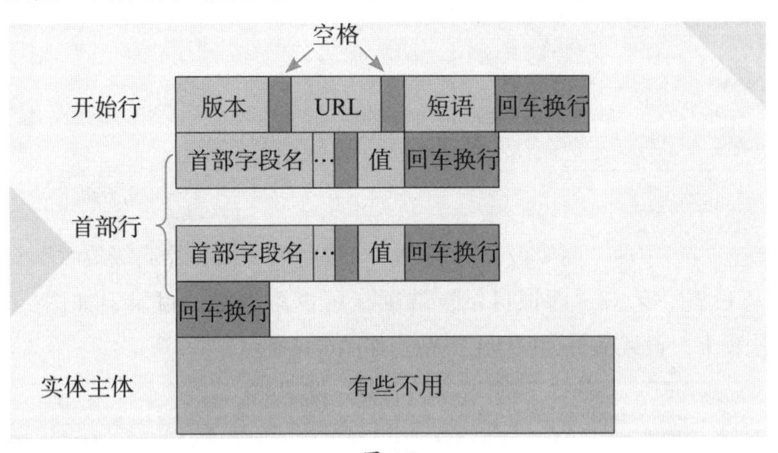

图 6-7

知识点拨

动态网站与静态网站的区别

静态网站都是由网页组合而成，是最初的建站方式，浏览者所看到的每个页面是建站者上传到服务器上的一个HTML（HTML）文件。静态网站每增加、删除、修改一个页面，都必须重新对服务器里的文件进行一次下载上传操作，是实实在在保存在服务器上的文件。每个网页都是一个独立的文件。静态网页的内容相对稳定，因此容易被搜索引擎检索。但没有数据库的支持，在网站制作和维护方面工作量较大，因此当网站信息量很大时，完全依靠静态网页制作方式比较困难。另外，由于网页交互性较差，在功能方面有较大的限制。

动态网站：根据不同的访问要求和环境，自动生成并返回不同的网页，这些网页也叫作动态网页。网页有独立的环境，有自己的数据库，会根据用户的要求和选择而动态地改变和响应，浏览器作为客户端，成为动态交流的桥梁。动态网页的交互性成为Web发展的潮流。动态网页可自动更新，即无须手动更新HTML文档而自动生成新页面，大大节省了工作量；此处还可因时因人而变，不同时间、不同用户访问同一网址时会出现不同的页面。

动手练 使用软件搭建简单的Web服务器

搭建Web服务器的软件有很多，如Windows Server系统的IIS、Linux的Apache等。其实使用一些小型软件临时搭建一台Web服务器用来测试，也是非常方便的。下面介绍具体步骤。

Step 01 下载“MyWebServer”，该软件是绿色软件，解压后即可使用。将其放置到磁盘D或其他磁盘，打开放置该软件的文件夹后，双击“MyWebServer.exe”文件启动软件，如图6-8所示。

Step 02 MyWebServer启动后，会自动启动Web服务，放置网页的目录是“web”。用户可以在该目录中放置用于测试的网页文件，然后通过IP地址访问，查看Web服务器是否工作正常，如图6-9所示。

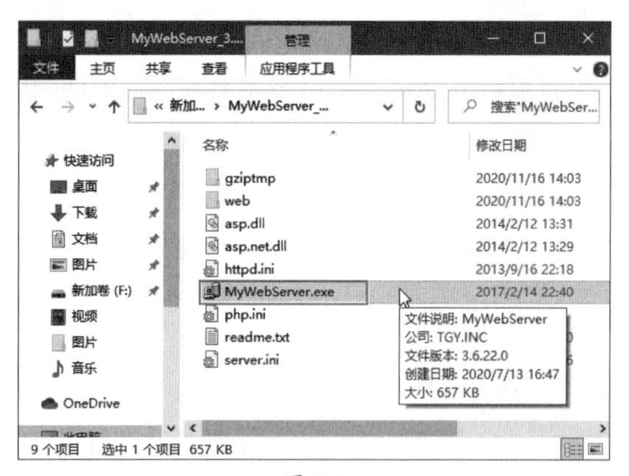
图 6-8

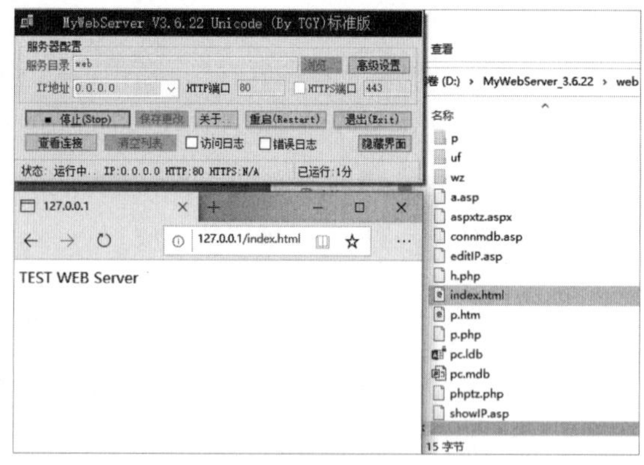
图 6-9

Step 03 单击图6-9中的“高级设置”按钮，可以进入“服务器高级设置”对话框，对Web服务器参数进行设置。单击“虚拟目录”选项卡可以添加虚拟目录，如图6-10所示；单击“MIME类型”选项卡，设置文件为MIME类型，如图6-11所示。

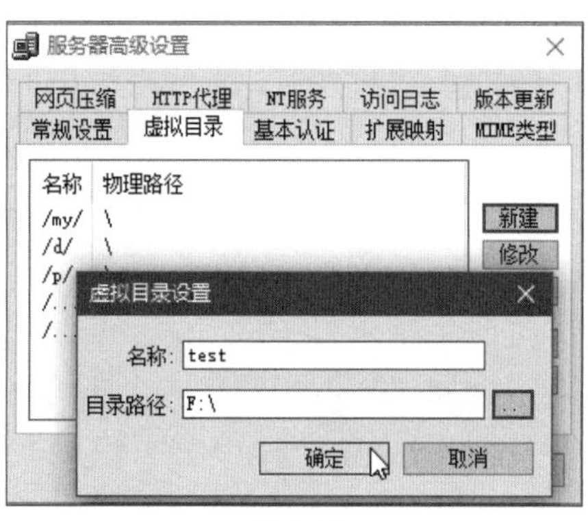

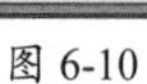
图 6-10

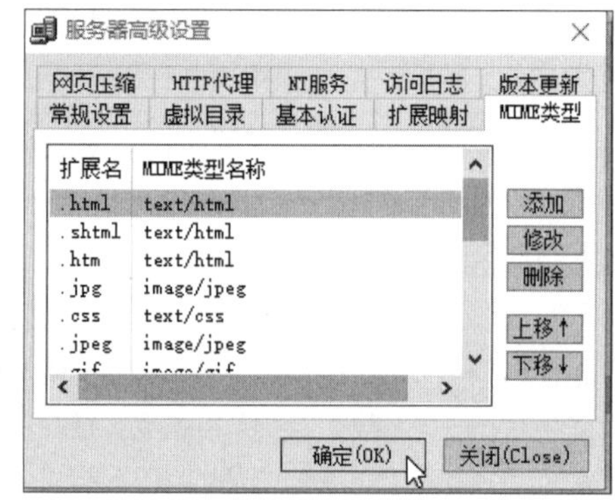

图 6-11

6.2.2 域名系统（DNS）

前面在介绍URL的格式时，介绍了FQDN，FQDN中就包含有域名。那么到底什么是域名系统（Domain Name System，DNS）呢？

1. 域名及DNS简介

最初，用户可以通过IP地址访问主机，当时由于服务器数量较少，可以通过记录一些常用的服务器IP地址，使用HTTP协议浏览服务器的网页资源或者使用FTP协议下载资源。而随着网络中的服务器越来越多，用点分十进制的数字表示的服务器IP地址不容易被记住，而且容易产生错误。所以人们发明了一种命名规则，用一个字符串来与某个IP地址相对应，然后通过字符串就可以访问该服务器资源了。这样的名称现在看来也不是特别好记，但相对于使用IP地址，还是有非常大的进步。这种有规则的字符串就称为域名。而记录域名与IP地址对应关系的表并提供域名与IP地址转换服务的服务器就称为DNS服务器。DNS服务器在全球范围内采用分布式布局，主要给访问提供域名转换服务，而且是由若干个服务器来完成。

2. 域名的结构

域名的定义有其特殊的规则：因特网的域名采用了树状层次结构的命名方法，任何一个连接在因特网上的主机或路由器，都有一个唯一的层次结构的名字即域名。域名的结构由标号序列组成，各标号之间用点隔开，其结构为主机名.二级域名.顶级域名。各标号分别代表不同级别的域名，整个域名的结构如图6-12所示。

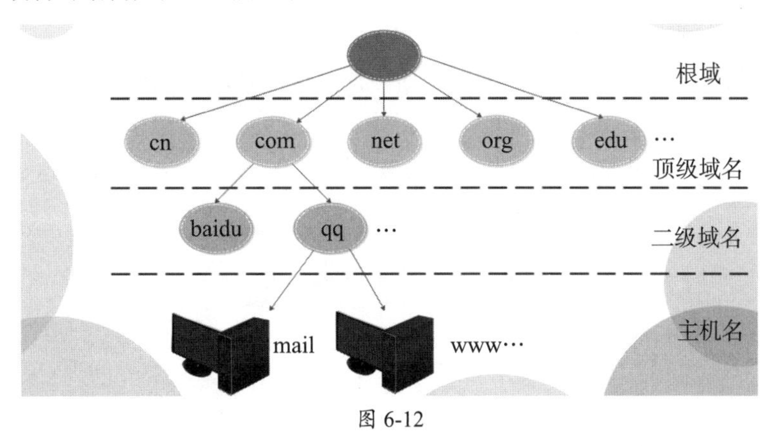

图 6-12

（1）根域及根域服务器。

根域由因特网名字注册授权机构管理，该机构负责把域名空间各部分的管理责任分配给连接到因特网的各个组织。根域名服务器是最重要的域名服务器。所有的根域名服务器都知道所有的顶级域名服务器的域名和IP地址。不管是哪一个本地域名服务器，若要对因特网上任何一个域名进行解析，只要自己无法解析，就首先求助于根域名服务器。

知识点拨

根域名服务器

全世界只有13台逻辑根域名服务器（这13台根域名服务器名字分别为A～M：a.rootservers.net……），由12个运营者运营，其中1个主根服务器在美国，12个为辅根服务器，其中美国9个，欧洲2个，位于英国和瑞典，亚洲1个，位于日本，而真正的主根服务器并未公开。

（2）顶级域名。

比较常见的顶级域名有：com（公司和企业）、net（网络服务机构）、org（非赢利性组织）、edu（教育机构）、gov（政府部门）、mil（军事部门）、int（国际组织）。另外顶级域名还有国家级别的，如cn（中国）、us（美国）、uk（英国）等。

（3）二级域名。

企业、组织和个人都可以去申请。常见的baidu、qq、taobao等都属于二级域名。

（4）主机名。

通过上面二者就可以确定一个域了。接下来通常输入的www，指的其实是主机的名字。因为习惯问题，常常将提供网页服务的主机标识为www；提供邮件服务的，叫作mail；提供文件服务的，叫作ftp。通过主机名加上域名，就是一个完整的FQDN了，如www.baidu.com、www.taobao.com等。

当然，在本域中，还可以继续划分域名，只要本地有一台DNS服务器并且能够提供三级、四级乃至更多级的域名转换就可以。

3. DNS 区域

上面介绍了域的概念，DNS域是域名空间中的连续的一部分。域名空间中包含的信息是极其庞大的，为了便于管理，可以将域名空间各自独立存储在服务器上。DNS服务器以区域为单位来管理域名空间区域中的数据，并保存在区域文件中。

比如一个二级域名test.com，该域可以包括各种主机，如Web服务器表示为www.test.com，也可以包括另一个子域，如abc.test.com，子域中如果有主机，可以表示为www.abc.test.com，整个结构如图6-13所示。只要test.com中有DNS服务器，就可以解析abc.test.com这个子域，还可以继续向下扩展。

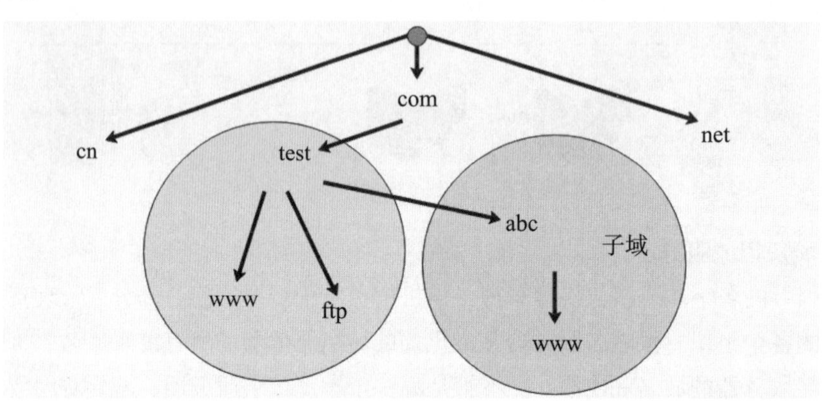

图 6-13

4. DNS 查询过程

下面以www.my.com.cn域名的查询过程为例进行讲解，如图6-14所示。

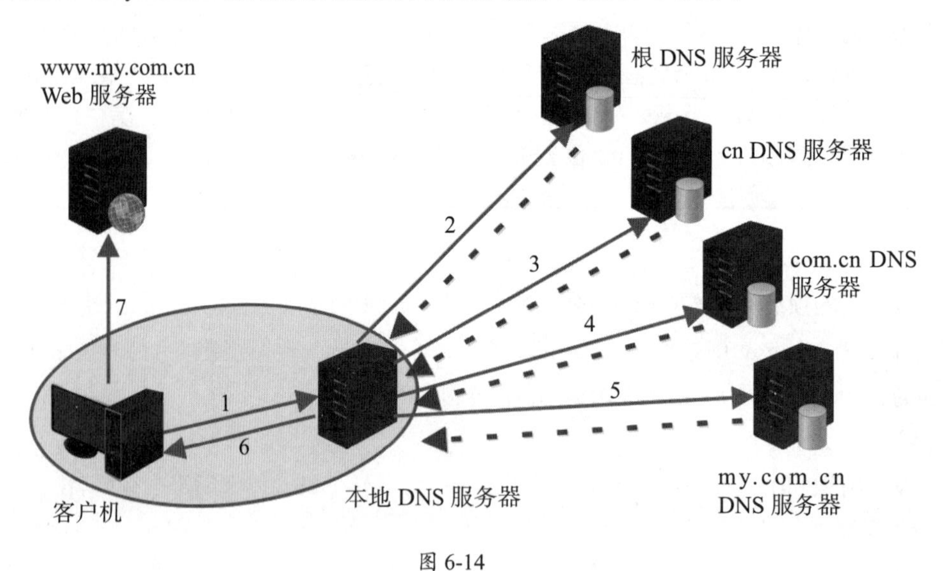

图 6-14

（1）客户机将对www.my.com.cn的查询传递到本地的DNS服务器。

（2）本地DNS服务器检查区域数据库，发现此服务器没有test.com.cn域的授权，因此，它将查询传递到根DNS服务器，请求解析主机名称。根DNS服务器把cn DNS服务器的IP地址返回给本地DNS服务器。

（3）本地DNS服务器将请求发送给cn DNS服务器，服务器根据请求将com.cn DNS服务器的

IP地址返回给本地DNS服务器。

（4）本地DNS服务器向com.cn DNS服务器发送请求，此服务器根据请求将my.com.cn DNS服务器的IP地址返回给本地DNS服务器。

（5）本地DNS服务器向my.com.cn DNS服务器发送请求，由于此服务器有该域名的记录，因此它将www.my.com.cn的IP地址返回给本地DNS服务器。

（6）本地DNS服务器将www.my.com.cn的IP地址发送给客户机。

（7）域名解析成功后，客户机可以根据IP地址访问目标主机。

为提高解析效率，减少开销，每个DNS服务器都有一个高速缓存，存放最近解析过的域名和对应的IP地址。这样，当用户下次再查找该主机时，可以跳过某些查找过程，直接从本地DNS服务器中找到该主机的IP地址，这样就大大缩短了查询时间，加快了查询过程。这和网页代理服务器的工作原理有些类似。

知识点拨

递归查询和迭代查询

在以上域名查询过程中，有两种查询类型：递归查询和迭代查询。

递归查询指当DNS服务器收到客户机的查询请求后，要么作出查询成功的响应，要么作出查询失败的响应。在上例中，客户机向本地DNS服务器查询，服务器给出解析的结果，就是递归查询。

而迭代查询指DNS服务器根据自己的高速缓存或区域的数据，以最佳结果作答，如果DNS服务器无法解析，它就返回一个指针。该指针指向有下级域名的DNS服务器，它继续该过程，直到找到拥有所查询名字的DNS服务器，或者直到出错或超时为止。上例中，本地DNS服务器向根等DNS服务器查询过程就是迭代查询。

正向查询与反向查询

由域名查询IP地址的过程称为正向查询，而由IP地址查询域名的过程称为反向查询。反向查询对每个域名进行详细搜索，这需要花费很长时间。为解决该问题，DNS标准定义了一个名为in-addr.arpa的特殊域。该域遵循域名空间的层次命名方案，它是基于IP地址，而不是基于域名。其中IP地址8位位组的顺序是反向的，例如，如果客户机要查找IP地址为172.16.44.1的FQDN客户机，就查询域名1.44.16.172.in-addr.arpa的记录即可。

动手练 在路由器设置DDNS

动态域名服务（Dynamic Domain Name Server，DDNS）是将用户的动态IP地址映射到一个固定的域名解析服务器上，用户每次连接网络时，客户端程序就会通过信息传递把该主机的动态IP地址传送给位于服务商主机上的服务器程序，服务器程序负责提供DNS服务并实现动态域名解析。通过设置DDNS，用户可以通过把域名解析到路由器，再通过端口映射其他用户就可以访问该主机了。该功能用于在局域网中发布Web服务器以及访问局域网中特定主机。在设置前，用户需要找一个提供DDNS服务的服务商，注册并获取域名，然后就可以在路由器上绑定该域名了。现在，知名的DDNS服务商就是花生壳了，并且路由器一般都支持绑定花生壳的DDNS服务。

Step 01 启动路由器到DDNS设置界面，添加服务，将服务商提供的用户名密码等信息添加到参数中，单击“确定”按钮，如图6-15所示，返回“服务列表”界面。

Step 02 在“服务列表”中可以手动启动服务，如果连接成功，会有提示信息，如图6-16所示。这样就可以解析到本地的路由器了。

图 6-15

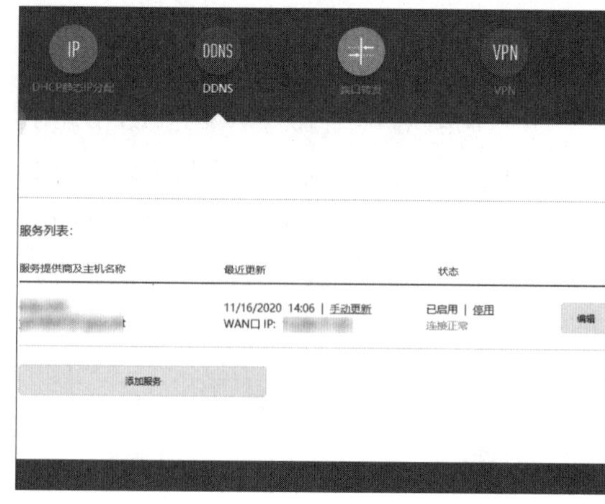

图 6-16

6.2.3 文件传输协议（FTP）

除了HTTP外，最常使用的协议就是FTP，也叫作文件传输协议。

1. FTP 概述

文件传输协议（File Transfer Protocol，FTP），顾名思义，就是专门用来传输文件的协议，它也是因特网上使用得最广泛的文件传输协议。用户联网的首要目的就是实现信息共享，文件传输对信息共享来说是非常重要的一项工作。

与大多数Internet服务一样，FTP也是一个客户机—服务器系统。用户通过一个支持FTP的客户机程序，连接到在远程主机上运行的FTP服务器程序。通过客户机程序向服务器程序发出命令，服务器程序执行用户所发出的命令，并将执行的结果返回到客户机。比如说，用户发出一条命令，要求服务器向用户传送某一个文件的一份副本，服务器会响应这条命令，将指定的文件送至客户机上。客户机程序代表用户接收到这个文件，将其存放在用户指定的目录中。

2. FTP 的端口与连接

FTP使用20号与21号端口对外界进行通信，21号端口属于连接控制端口，控制连接在整个会话期间一直保持打开，FTP客户发出的传送请求通过控制连接发送给服务器端的控制进程，但控制连接不用来传送文件。

实际用于传输文件的端口号是20。服务器端的控制进程在收到FTP客户发送来的文件传输请求后就创建“数据传送进程”和“数据连接”，用来连接客户端和服务器端并进行数据的传输。数据传送进程实际完成文件的传送，在文件传送完毕后关闭“数据传送连接”并结束运行。

当客户进程向服务器进程发出建立连接请求时，要寻找连接服务器进程的21号端口，同时还要告诉服务器进程自己的另一个端口号，用于建立数据传送连接。接着，服务器进程用自己传送数据的20号端口与客户进程所提供的端口号建立数据传送连接。由于FTP使用了两个不同的端口号，所以数据连接与控制连接不会发生混乱。

NFS与TFTP

网络文件系统（Network File System，NFS）允许一个系统在网络上与他人共享目录和文件。通过使用NFS，用户和程序可以像访问本地文件一样访问远端系统上的文件。其好处有：本地工作站使用更少的磁盘空间，因为数据可以存放在一台远程的计算机中并且这些数据可以通过网络访问。用户不必在每个网络上机器都有一个主目录。主目录可以放在NFS服务器上并且被在网络上的其他计算机使用。存储设备可以在网络中被别的计算机使用，这样可以减少整个网络中的可移动存储设备的数量。

简单文件传输协议（Trivial File Transfer Protocol，TFTP）是TCP/IP协议集中的一个用来在客户机与服务器之间进行简单文件传输的协议，提供不复杂、开销不大的文件传输服务。TFTP使用的端口号为69。该协议基于UDP协议实现。此协议设计的目的是实现小文件传输，因此不具备FTP的许多功能。它只能从文件服务器上获得或写入文件，不能列出目录，不进行认证，以传输8位数据。计算机的网络启动经常使用TFTP来传输小型操作系统，以进行GHOST系统的安装，有兴趣的读者可以自行了解。

动手练 FTP客户端的使用

在搭建了FTP服务器或者知道某FTP服务器的IP地址、用户名及密码后，可以连接该服务器并在其中上传或下载文件。使用命令行模式下载/上传文件对普通用户来讲不太直观，这时可以使用第三方软件，如FlashFXP来操作。

Step 01 启动FlashFXP，在“会话”选项卡中选择“快速连接”选项，如图6-17所示。

Step 02 输入连接的域名或IP地址、用户名称、密码后，单击“连接”按钮，如图6-18所示。

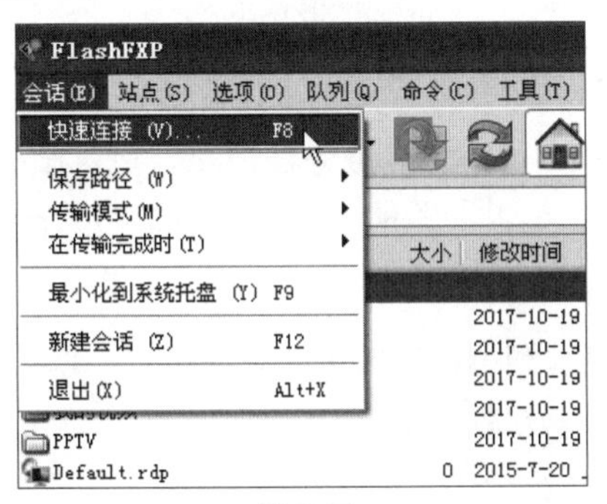

图 6-17

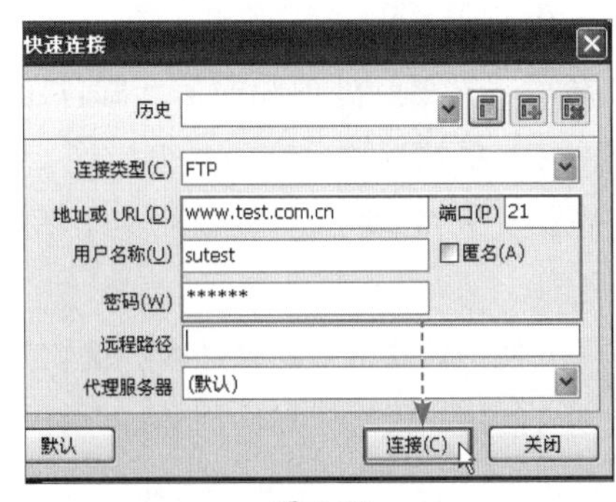

图 6-18

Step 03 连接到服务器后，可以查看服务器中的文件列表，之后通过鼠标拖曳就可以完成文件的上传和下载了，如图6-19所示。

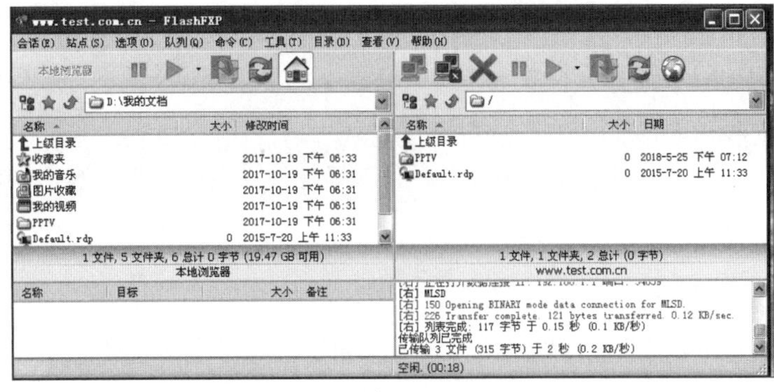

图 6-19

6.2.4 电子邮件

在即时交流软件出现前，人们最常使用的网络通信方式是电子邮件，现在，邮箱校验、工作汇报、工作安排、下达任务以及官方发布一些信息这样正式的场合，也都使用电子邮件。

1. 电子邮件概述

电子邮件（E-mail）是因特网上使用得最多和最受用户欢迎的一种应用。电子邮件程序把邮件发送到收件人使用的邮件服务器，并放在收件人的邮箱中，收件人可随时上网到自己使用的邮件服务器读取邮件。电子邮件不仅使用方便，而且还具有传递迅速和费用低廉的优点。现在电子邮件不仅可传送文字信息，而且还可附上声音和图像。

TCP/IP的电子邮件系统规定电子邮件地址格式如下：

收件人邮箱名@邮箱所在主机的域名

如testmail@163.com，其中，testmail相当于用户账号，在同一台邮件服务器，用户账号不能重名；163.com是邮箱所在主机域名，必须是符合FQDN的名称。

2. 电子邮件系统的组成及工作过程

电子邮件系统中使用了很多协议，包括发送邮件的协议简单邮件传输协议（Simple Mail Transfer Protocol，SMTP）；读取邮件的协议邮局协议第3版（Post Office Protocol Version 3，POPv3）和交互邮件访问协议（Interactive Mail Access Protocol，IMAP）。电子邮件系统的，如图6-20所示。

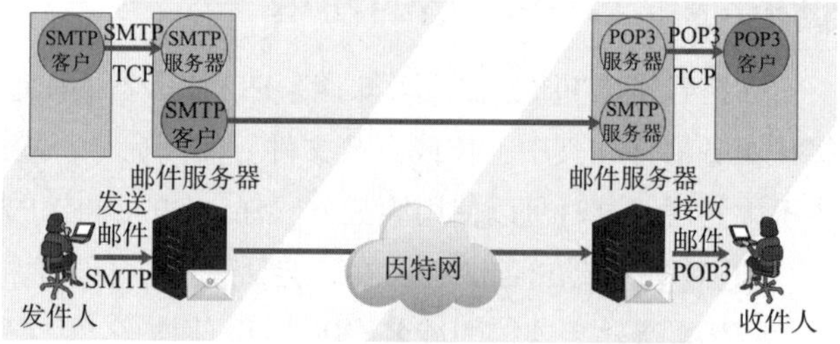

图 6-20

客户端工作原理与电子邮件系统连接，用来撰写、显示、处理和通信。邮件服务器的功能是发送和接收邮件，同时还要向发信人报告邮件传送的情况（已交付、被拒绝、丢失等）。邮件服务器按照客户—服务器方式工作。邮件服务器发送和读取邮件时使用两个不同的协议。一个邮件服务器既可以作为客户，也可以作为服务器。

（1）发件人使用计算机中的邮件客户端软件撰写和编辑要发送的邮件。

（2）发件人的用户代理把邮件用SMTP协议发给发送方邮件服务器。

（3）SMTP服务器把邮件临时存放在邮件缓存队列中，等待发送。

（4）发送方邮件服务器的SMTP客户与接收方邮件服务器的SMTP服务器建立TCP连接，然后就把邮件缓存队列中的邮件依次发送出去。

（5）运行在接收方邮件服务器中的SMTP服务器进程收到邮件后，把邮件放入收件人的用户邮箱中，等待收件人读取。

（6）收件人在打算收信时，就运行计算机中的邮件客户端软件，使用POPv3（或IMAP）协议读取发送给自己的邮件。

3. SMTP

SMTP是一种提供可靠且有效的电子邮件传输协议。SMTP是建立在FTP文件传输服务上的一种邮件服务，主要用于系统之间的邮件信息传递，并提供有关来信的通知。SMTP独立于特定的传输子系统，且只需要可靠有序的数据流信道支持。SMTP的重要特性之一是其能跨越网络传输邮件，使用SMTP，可实现相同网络处理进程之间的邮件传输，也可通过中继器或网关实现某处理进程与其他网络之间的邮件传输。SMTP所规定的就是在两个相互通信的SMTP进程之间应如何交换信息。SMTP协议使用25号端口。

知识点拨

SMTP的工作过程

SMTP的工作过程可分为如下三步：

（1）建立连接：在这一阶段，SMTP客户请求与服务器的25号端口建立一个TCP连接。一旦连接建立，SMTP服务器和客户就开始相互通告自己的域名，同时确认对方的域名。

（2）邮件传送：利用命令，SMTP客户将邮件的源地址、目的地址和邮件的具体内容传递给SMTP服务器，SMTP服务器进行相应的响应并接收邮件。

（3）连接释放：SMTP客户发出退出命令，服务器在响应命令后，关闭TCP连接。

4. POPv3

POPv3是TCP/IP协议集中的一员，由RFC1939定义。协议主要用于支持使用客户端远程管理存储在服务器上的电子邮件。提供了SSL加密的POPv3协议被称为POP3S。POPv3协议支持“离线”邮件处理。其具体过程是：邮件发送到服务器上，电子邮件客户端调用邮件客户机程序以连接服务器，并下载所有未阅读的电子邮件。这种离线访问模式是一种存储转发服务，将邮件从邮件服务器端送到个人使用的计算机中。POPv3协议默认使用的端口号是110，使用TCP传输。

5. IMAP

是一个应用层的协议，它的主要作用是允许邮件客户端通过这种协议从邮件服务器上获取邮件的信息及下载邮件等。IMAP运行在TCP/IP之上，使用的端口号是143。它与POPv3协议的主要区别是用户可以不必把所有的邮件全部下载，而是通过客户端直接对服务器上的邮件进行操作。

IMAP最大的好处是用户可以在不同的地方使用不同的计算机随时上网阅读和处理自己的邮件。IMAP还允许收件人只读取邮件中的某一个部分。例如，收到了一个带有视频文件的附件（此文件可能很大）的邮件。为了节省时间，可以先下载邮件的正文部分，待以后有时间再读取或下载附件。IMAP的缺点是如果用户没有将邮件复制到自己的计算机上，则邮件一直存放在IMAP服务器上。因此用户需要经常与IMAP服务器建立连接。

动手练 配置电子邮件客户端

使用在线电子邮件需要打开网页，如果某用户有多个邮箱，使用起来会非常麻烦。用户可以使用Foxmail客户端，通过Foxmail在本地绑定邮箱，实时收发信件，并在收到邮件时提醒用户。

Step 01 到Foxmail主页下载客户端程序，安装后启动会弹出登录对话框。这里以QQ邮箱为例，输入绑定的授权码和密码，如图6-21所示。

Step 02 进入到邮箱主界面中就可以收发邮件了，如图6-22所示。用户还可以绑定其他邮箱。

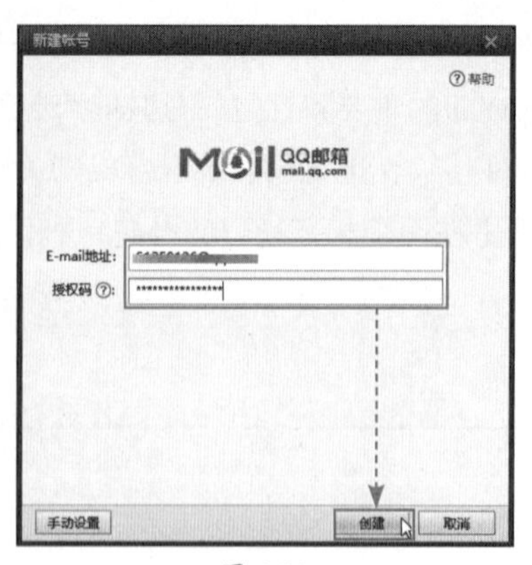

图 6-21

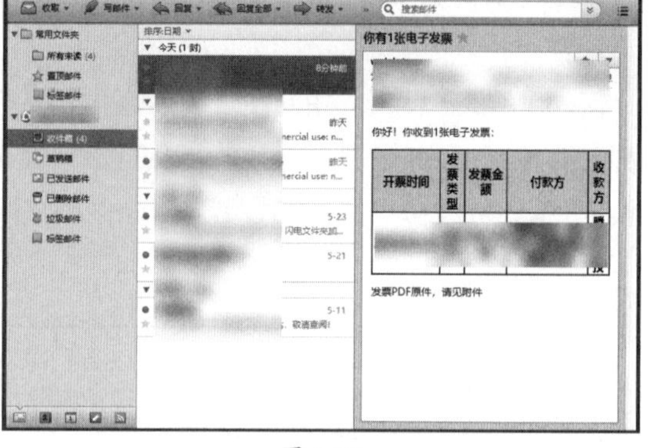

图 6-22

6.2.5 动态主机配置协议（DHCP）

动态主机配置协议（Dynamic Host Configuration Protocol，DHCP）用于自动分配IP地址，下面讲解DHCP的相关知识。

1. DHCP 简介

DHCP是属于局域网的网络协议。在DHCP服务器上配置好分配的IP地址范围、子网掩码、网关等信息后，当客户端联网时，DHCP服务器会自动给其分配这些网络参数。当客户端获取到这些信息后，就可以连接局域网，或者通过获取到的网关共享上网。

DHCP通常被应用在局域网中，采用客户—服务器方式，可以保证网络中的任一IP地址在同一时刻只能由一台DHCP客户机使用。通过使用DHCP，可以大大减轻局域网IP地址配置的烦琐性，减小了IP地址冲突的可能。

2. DHCP 协议的工作过程

下面介绍DHCP协议的工作过程，如图6-23所示。

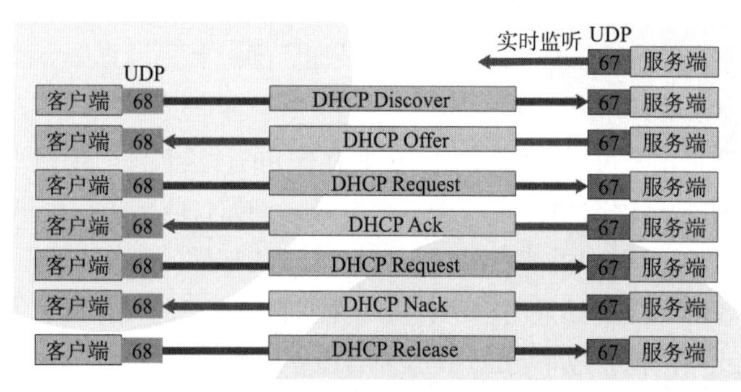

图 6-23

知识点拨

租用时间

DHCP服务器分配给DHCP客户端的IP地址是临时的，因此DHCP客户端只能在一段有限的时间内使用这个分配到的IP地址。DHCP协议称这段时间为租用期。租用期的数值由DHCP服务器决定。DHCP客户端也可在自己发送的报文中提出对租用期的要求。一般租约时长是2小时，快到期时，客户端会自动续约，否则服务器会认为租约到期，回收该IP地址。

（1）DHCP服务器打开UDP端口号67，并监听该端口，等待客户端发来的报文。

（2）DHCP客户端通过UDP端口号68发送DHCP Discover报文，该报文是以广播形式发送。

（3）网络上的所有DHCP服务器收到DHCP Discover报文，以单播形式发送DHCP Offer报文。DHCP Offer报文中“Your(Client) IP Address”字段就是DHCP服务器能够提供给DHCP客户端使用的IP地址，且DHCP服务器会将自己的IP地址放在“option”字段中以便DHCP客户端区分不同的DHCP服务器。DHCP服务器在发出此报文后会保存一个已分配IP地址的记录。

（4）客户端只能处理其中的一个DHCP Offer报文，一般的原则是处理最先收到的DHCP Offer报文。客户端会以广播形式发送一个DHCP Request报文。在选项字段中会加入选中的DHCP 服务器的IP地址和需要的IP地址。

（5）DHCP服务器收到DHCP Request报文后，判断选项字段中的IP地址是否与自己的地址相同。如果不相同，DHCP服务器不做任何处理，只清除相应IP地址分配记录；如果相同，DHCP 服务器就会向DHCP客户端响应一个DHCP ACK报文，并在选项字段中增加IP地址的使用租期信息。DHCP 服务器若不同意，则发回否认报文DHCP NACK。

（6）DHCP客户端接收到DHCP ACK报文后，检查DHCP 服务器分配的IP地址是否能用。如果可以使用，则DHCP客户端成功获得IP地址并根据IP地址使用租期自动启动续延过程；如果DHCP客户端发现分配的IP地址已经被使用，则DHCP客户端向DHCP服务器发出DHCP Decline报文，通知DHCP服务器禁用这个IP地址，然后DHCP客户端开始新的地址申请过程。

（7）DHCP 客户端在成功获取IP地址后，随时可以通过发送DHCP Release报文释放自己的IP地址，DHCP服务器收到DHCP Release报文后，会回收相应的IP地址并重新分配。

在使用租期超过50%时，DHCP客户端会以单播形式向DHCP服务器r发送DHCP Request报文来续租IP地址。如果DHCP客户端成功收到DHCP服务器发送的DHCP ACK报文，则按相应时间延长IP地址租期；如果没有收到DHCP服务器发送的DHCP ACK报文，则DHCP客户端继续使用这个IP地址。

在使用租期超过87.5%时，DHCP客户端会以广播的形式向DHCP 服务器发送DHCP Request报文来续租IP地址。如果DHCP客户端成功收到DHCP 服务器发送的DHCP ACK报文，则按相

知识点拨

DHCP中继代理

并不是每个网络上都有DHCP服务器，这样会使DHCP服务器的数量太多，但每一个网络至少有一个DHCP中继代理，它配置了DHCP服务器的IP地址信息。

当DHCP中继代理收到主机发送的发现报文后，就以单播方式向DHCP服务器转发此报文，如图6-24所示，并等待其回答。收到DHCP服务器回答的提供报文后，DHCP中继代理再将此提供报文发回给主机。

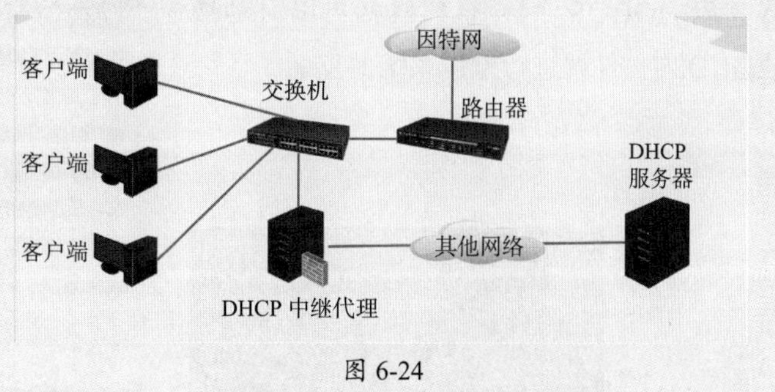

图 6-24

应时间延长该IP地址的租期；如果没有收到DHCP服务器发送的DHCP ACK报文，则DHCP客户端继续使用这个IP地址，直到IP地址使用租期到期时，DHCP客户端才会向DHCP服务器发送DHCP Release报文来释放这个IP地址，并开始新的IP地址申请过程。

动手练 计算机的网络启动

扫码看视频

这里不是专门讲计算机的启动，主要介绍DHCP服务器分发IP，并利用简单的文件传输协议传送操作系统，让计算机可以使用网络启动。从应用来说，可以进行GHOST系统的网络安装。对于大规模安装GHOST模式的系统是十分方便的。GHOST模式的操作系统是一种利用GHOST软件进行打包的操作系统，再通过GHOST还原来安装操作系统的方法。

Step 01 下载CXDN网刻工具，启动后载入GHOST镜像文件，启动网刻服务器程序，如图6-25所示。

Step 02 在Ting PXE Server界面中可以设置DHCP的相关参数，包括地址池、子网掩码等。还可以设置网络操作系统的镜像，用来在网络上启动，如图6-26所示。

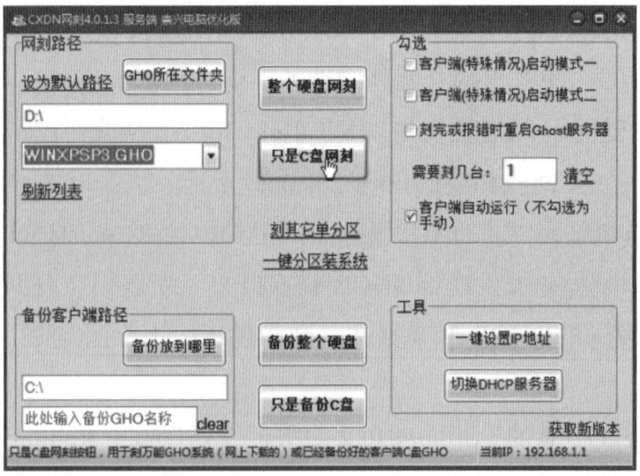

图 6-25

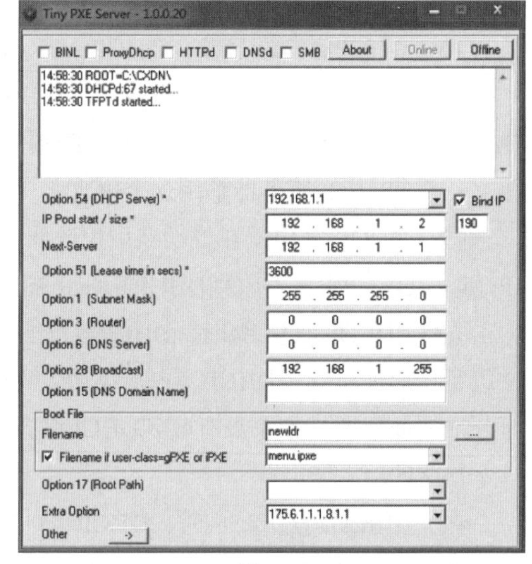

图 6-26

Step 03 开启客户机后，客户机会进入网络启动模式，首先收到DHCP服务器分配来的IP地址等信息，如图6-27所示，然后通过TFTP协议接收网络操作系统的文件存储在内存中，接收完毕后，读取完整的文件并启动该操作系统，如图6-28所示。该操作系统不仅可以启动计算机，还包含GHOST程序和硬件检测程序等。选择并启动GHOST后，客户机就可以自动接收GHOST文件并进行操作系统的安装了。

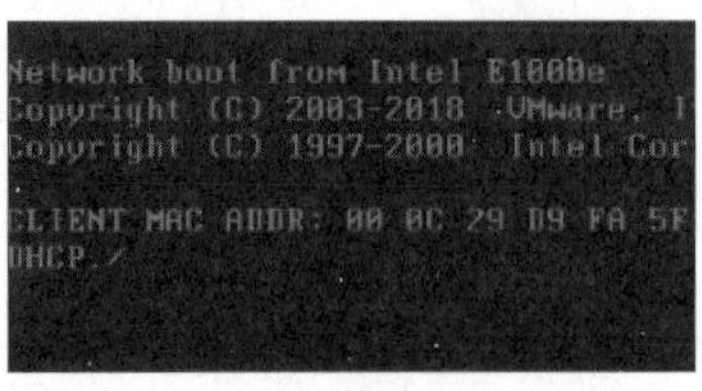

图 6-27

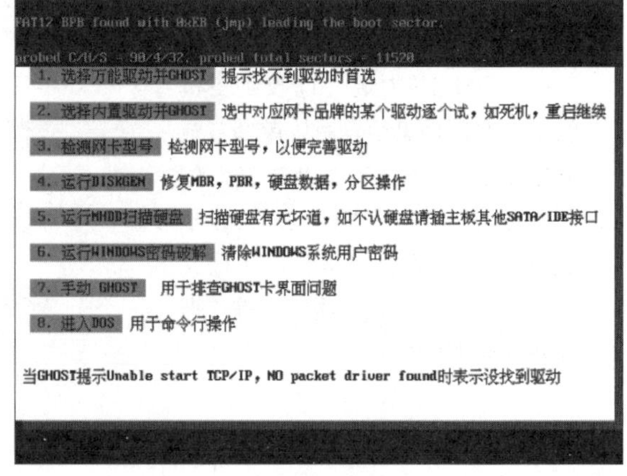

图 6-28

6.2.6 简单网络管理协议（SNMP）

简单网络管理协议（Simple Network Management Protocol，SNMP），需要对应的服务器端以及客户端程序才能使用。

1. SNMP 简介

SNMP是专门设计用于在IP网络管理网络节点（服务器、工作站、路由器、交换机等）的一种标准协议，它是一种应用层协议。SNMP使网络管理员能够管理网络效能，发现并解决网络问题以及规划网络增长。通过SNMP接收随机消息（及事件报告）网络管理系统能够获知网络出现的问题。

网络管理包括对硬件、软件的使用、综合与协调，以便对网络资源进行监视、测试、配置、分析、评价和控制，这样就能以合理的价格满足网络的一些需求，如实时运行性能、服务质量等。网络管理常简称为网管。网络管理的一般模型如图6-29所示。

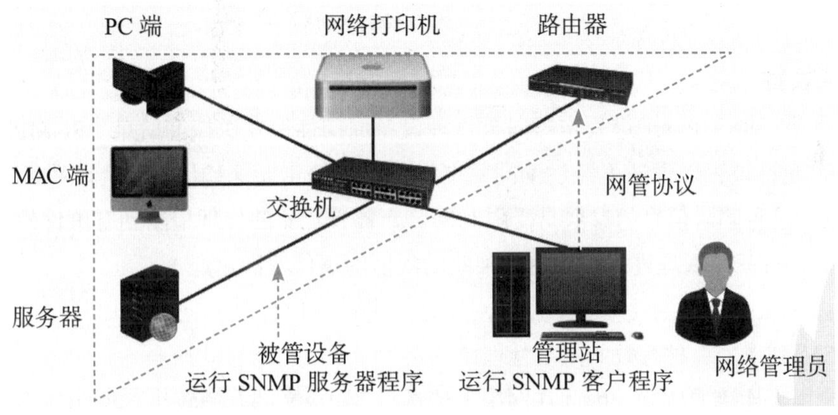

图 6-29

- 管理站也称为网络运行中心（Network Operations Center，NOC），是网络管理系统的核心。
- 管理程序在运行时称为管理进程。
- 管理站（硬件）或管理程序（软件）都可称为管理者（Manager），管理者不是指人而是指机器或软件。
- 网络管理员（Administrator）指的是人。大型网络往往实行多级管理，因而有多个管理者。

2. SNMP 的指导思想

SNMP最重要的指导思想就是要尽可能简单。SNMP的基本功能包括监视网络性能、检测分析网络差错和配置网络设备等。在网络正常工作时，SNMP 可实现统计、配置和测试等功能。当网络出故障时，可实现各种差错检测和恢复功能。

3. SNMP 的组成报文

SNMP系统的组成包括SNMP协议、结构管理信息（Structure of Management Information，SMI）以及管理信息库（Management Information Base，MIB）。

SNMP定义了管理站和SNMP代理服务器之间所交换的分组格式。所交换的分组包含各代理中的对象（变量）名及其状态（值）。SNMP负责读取和改变这些数值。

SMI定义了命名对象和定义对象类型（包括范围和长度）的通用规则，以及将对象和对象的值进行编码的规则。这样做是为了确保网络管理数据的语法和语义无二义性。SMI并不定义一个实体应管理的对象数目，也不定义被管对象名以及对象名及其值之间的关联。

MIB在被管理的实体中创建了命名对象并规定了其类型。

SNMP的报文格式如图6-30所示。

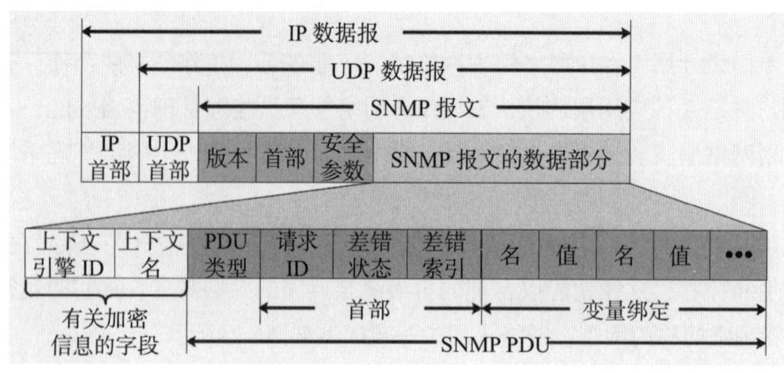

图 6-30

4. SNMP 的管理

探询操作是指SNMP管理进程定时向被管理设备周期性地发送探询信息。SNMP不是完全的探询协议，它允许被管理设备不经过询问就能发送某些信息。这种信息称为陷阱，表示它能够捕捉“事件”。这种陷阱信息的参数是受限制的。当被管对象的代理检测到有事件发生时，就检查其门限值。代理只向管理进程报告达到某些门限值的事件（即过滤）。

使用探询（至少是周期性地）以维持对网络资源的实时监视，同时采用陷阱机制报告特殊事件，使得SNMP成为一种有效的网络管理协议。

SNMP使用无连接的UDP，因此在网络上传送SNMP报文的开销较小。但UDP不保证可靠交付。在运行代理程序的服务器端用161号端口来接收get或set报文以及发送响应报文（与熟知端口通信的客户端使用临时端口）。运行管理程序的客户端则使用熟知端口号162来接收来自各代理的trap报文。

6.2.7 远程终端协议（Telnet）

一提到Telnet，有些读者就想到了黑客。其实Telnet本身是一个简单的远程终端协议。

1. Telnet 简介

Telnet协议是TCP/IP协议集中的一员，是因特网远程登录服务的标准协议和主要方式。它为用户提供了在本地计算机上控制远程服务器工作的能力。在终端用户的计算机上使用Telnet程序，终端用户可以在Telnet程序中输入命令，这些命令会在服务器上运行，就像直接在服务器的控制台上输入一样。Telnet可以在本地控制服务器。要开始一个Telnet会话，必须输入用户名和密码来登录服务器，Telnet使用的端口号是69。

Telnet也使用客户－服务器方式，在本地系统运行Telnet客户进程，而在服务器运行Telnet服务器进程。服务器中的主进程等待新的请求，并产生从属进程处理每一个连接。

（1）本地与远程服务器建立连接。该过程实际上是建立一个TCP连接，用户必须知道远程服务器的IP地址或域名。

（2）将本地终端上输入的用户名和密码及以后输入的任何命令或字符以NVT格式传送到远程服务器。该过程实际上是从本地主机向远程服务器发送一个IP数据包。

（3）将远程服务器输出的NVT格式的数据转化为本地所接受的格式送回本地终端，包括输入命令回显和命令执行结果。

（4）最后，本地终端对远程服务器连接进行撤销。该过程实际上是撤销一个TCP连接。

2. 安装 Telnet 客户端

Telnet服务端程序需要安装在对应的服务器中，如果要使用Telnet服务，本地的Windows需要安装Telnet客户端。用户可以进入“程序和功能”界面，单击左边的“启用或关闭Windows功能”按钮，如图6-31所示，然后在弹出的界面中找到并勾选“Telnet客户端”复选框，单击“确定”按钮，如图6-32所示。安装完毕后，就可以在命令行窗口，使用Telnet命令了。

图 6-31

图 6-32

动手练 Telnet的使用

扫码看视频

在安装好Telnet服务器端程序后，可以在服务器端新建一个用户，专门用来进行远程登录。

Step 01 在命令行窗口中，输入“Telnet＋IP地址”的方式来进入相应的Telnet服务器，如图6-33所示。

Step 02 接下来就可以像使用本地计算机一样，对远程主机进行各种操作了，如图6-34所示。

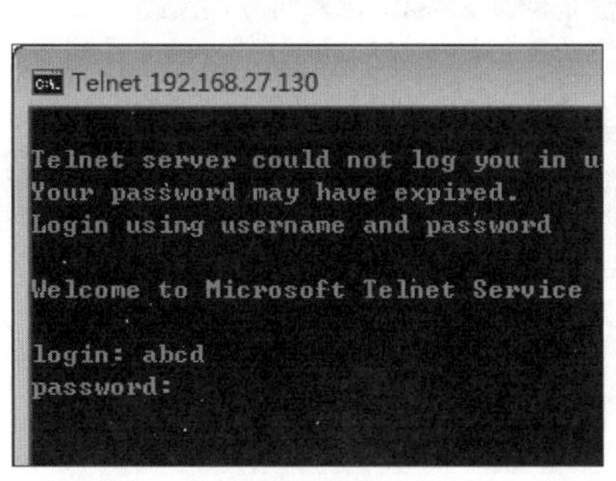

图 6-33

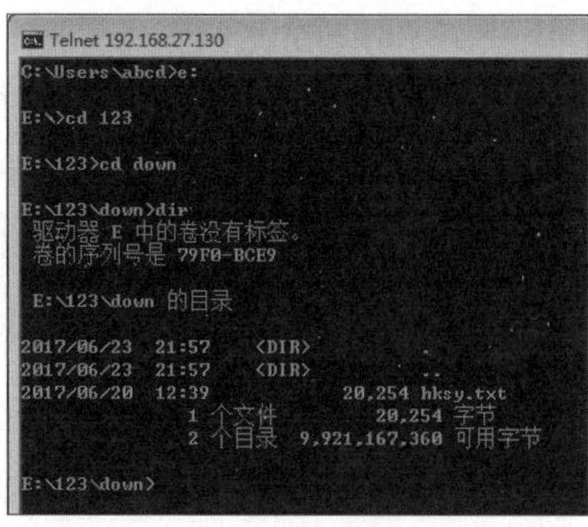

图 6-34

新手答疑

1. Q：为什么安装了网页服务器程序，但是该程序启动不了？

A：产生这个问题的原因有可能是读者的机器上已经启动了另外一个Web服务器，并占用了默认的80号端口。用户可以使用netstat去查看是什么进程占用了80号端口，然后结束相关程序或进程后，再启动网页服务器程序；或者更改成一个新的响应端口。

2. Q：怎么设置才能快速访问一些常用的网站？

A：可以修改系统的hosts文件。其作用就是将一些常用的网址与其对应的IP地址建立一个关联"数据库"，当用户在浏览器中输入一个需要登录的网址时，系统会首先自动从hosts文件中寻找对应的IP地址，一旦找到，系统会立即打开对应的网页，如果没有找到，系统会将网址提交给DNS服务器进行IP地址解析。通过设置，将域名和对应的IP输入到hosts文件中，可以快速访问对应的网站，定期检查hosts文件，也可以防止网页被黑客劫持。hosts文件一般在"C:\Windows\System32\drivers\etc"文件夹中，如果要修改hosts文件，需要先在其"属性"中的"安全"设置"Users的权限"列表中勾选"修改"复选框，如图6-35所示。然后通过记事本来修改hosts文件，输入域名和对应的IP地址输入后，保存即可，如图6-36所示。

图 6-35

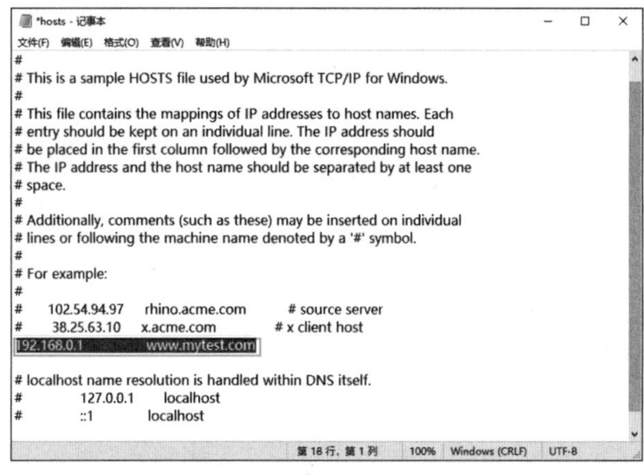

图 6-36

3. Q：常用的SNMP管理软件有哪些？

A：比较常用的SNMP管理软件有SolarWinds Network Performance Monitor（图6-37）、Net-SNMP、SugarNMSTool等。

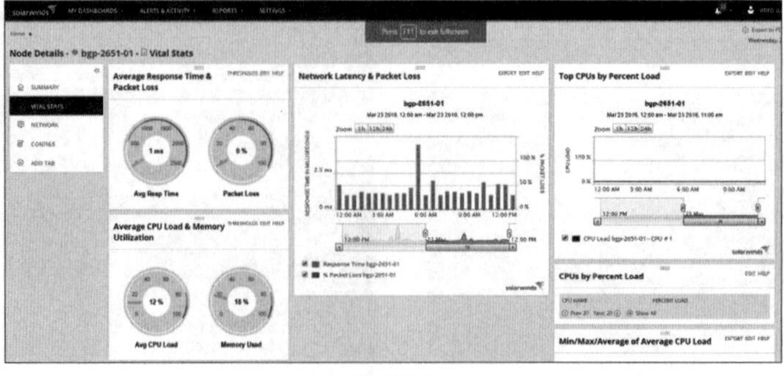

图 6-37

第7章 无线网络技术

前面几章介绍的主要是有线网络的知识。随着网络的发展，无线技术的发展也更加迅猛。新技术的应用，无线终端、智能家居的发展，加上无线网络的多种优势，使得无线网络有赶超有线网络的趋势。那么无线网络有哪些技术，优点有哪些，有哪些新设备等，本章将向读者介绍这些知识。

7.1 无线局域网

无线网络是相对有线网络而言的，日常我们接触最多的就是无线局域网。

7.1.1 认识无线网络

所谓无线网络，是指无须通过导线作为介质就能实现各种网络设备互联的网络。无线网络技术涵盖的范围很广，既包括远距离无线连接的全球语音和数据网络，也包括近距离的用于传输的红外线及射频技术。

1. 无线网络的分类

根据网络覆盖范围的不同，无线网络可以分为无线广域网、无线局域网和无线城域网。

（1）无线广域网。

无线广域网（Wireless Wide Area Network，WWAN）是基于移动通信基础设施，由网络运营商，例如中国移动、中国联通、中国电信等运营商所经营，负责一个城市所有区域甚至一个国家所有区域的通信服务。WWAN连接的地理范围广阔，常常是一个国家或是一个洲。它的结构分为末端系统（两端的用户集合）和通信系统（中间链路）两部分。

（2）无线局域网。

无线局域网（Wireless Local Area Network，WLAN）是一个负责在短距离、小范围内提供无线通信接入功能的网络。无线局域网以IEEE 802.11技术标准为基础，也就是所谓的WiFi。无线广域网和无线局域网并不是完全互相独立的，它们可以结合起来并提供更加强大的无线网络服务。

知识点拨

WiFi与WLAN的区别

现在将其看作一样的，但是两者有所不同。WiFi是一种可以将计算机、手持设备（如PDA、手机）等终端以无线方式互相连接的技术。WiFi技术与蓝牙技术一样，同属于适合在办公室和家庭中使用的短距离无线技术。无线局域网是工作于2.4GHz或5GHz频段，以无线方式构成的局域网。

WiFi包含于无线局域网中，但发射信号的功率不同，覆盖范围也不同。从包含关系上来说，WiFi是无线局域网的一个标准，WiFi包含于无线局域网中，属于采用无线局域网协议中的一项技术。WiFi的覆盖范围可达300英尺（约合90m），无线局域网（加天线）可达到5km。

（3）无线城域网。

无线城域网（Wireless Metropolitan Area Network，WMAN）是可以让接入用户访问到固定场所的无线网络，可将一个城市或者地区的多个固定场所连接起来。

2. 无线网络的介质和技术

无线网络可以使用的介质有无线电波、微波和红外线。现在可见光也可用于无线传输。

无线网络使用的技术非常多，如经常使用的蓝牙、3G、4G、5G，无线局域网使用的WiFi 6

等。因为无线网络涉及的技术种类多，专业性也比较强，下面以最常使用的无线局域网来向读者介绍相关知识。

7.1.2 无线局域网简介

无线局域网应用无线通信技术将多种终端设备互联起来，构成可以互相通信和实现资源共享的网络体系，其网络的构建和终端的移动更加灵活。

1. 无线局域网的优缺点

与有线局域网相比，无线局域网有以下优点：

- **灵活性和移动性**：在有线网络中，网络设备的安放位置受网络布线的限制，而无线局域网在无线信号覆盖区域内的任何一个位置都可以接入网络，而且接入设备即使在移动也能一直与网络保持连接。
- **安装便捷**：无线局域网可以最大程度地减少网络布线的工作量，一般只要安装一个或多个接入点设备，就可建立覆盖整个区域的局域网络。
- **易于进行网络规划和调整**：对于有线网络来说，办公地点或网络拓扑的改变通常意味着重新布线。重新布线是一项昂贵、费时、浪费和琐碎的工程，而无线局域网则避免或减少以上情况的发生。
- **故障定位容易**：有线网络一旦出现物理故障，尤其是由于线路连接不良而造成的网络中断，往往很难查明故障点，而且检修线路需要付出很大的代价。无线网络则很容易定位故障，只需更换故障设备即可恢复网络连接。
- **易于扩展**：无线局域网可以很快地从只有几个用户的小型局域网扩展到上千用户的大型网络，并且能够提供节点间“漫游”等有线网络无法实现的功能。

由于无线局域网有以上诸多优点，因此其发展十分迅速。但是事情都有两面性，无线技术也有其固有的缺点：

- **性能**：无线局域网是依靠无线电波进行传输的。这些电波通过无线发射装置进行发射，而建筑物、车辆、树木等障碍物都可能阻碍电磁波的传输，从而影响网络的性能。
- **速率**：无线信道的传输速率受很多因素影响，与有线信道相比要稍低，适合于个人终端和小规模网络应用。另外时延和丢包问题一直是困扰无线网络的因素。
- **安全性**：本质上，无线电波的传送不要求建立物理的连接通道，无线信号是发散的。从理论上讲，无线电波广播范围内的任何信号很容易被监听到，造成通信信息泄露。

2. 无线局域网的常见标准

现在的无线局域网主要以IEEE 802.11为标准。该标准定义了物理层和MAC层规范，允许无线局域网及无线设备制造商建立互操作网络设备。基于IEEE 802.11系列的WLAN标准已包括21个标准，其中802.11、802.11a、802.11b、802.11g、802.11n、802.11ac和802.11ax最具代表性。各标准的有关数据参见表7-1。

表 7-1

标　准	使用频率/GHz	兼容性	理论最高速率	实际速率
IEEE 802.11a	5		54 Mb/s	22 Mb/s
IEEE 802.11b	2.4		11 Mb/s	5 Mb/s
IEEE 802.11g	2.4	兼容802.11b	54 Mb/s	22 Mb/s
IEEE 802.11n	2.4/5	兼容802.11a/b/g	600 Mb/s	100 Mb/s
IEEE 802.11ac W1	5	兼容802.11a/n	1.3 Gb/s	800 Mb/s
IEEE 802.11ac W2	5	兼容802.11a/b/g/n	3.47 Gb/s	2.2 Gb/s
IEEE 802.11ax	2.4/5		9.6Gb/s	

知识点拨

WiFi 6

WiFi 6是第6代无线技术——IEEE 802.11ax。IEEE 802.11工作组从2014年开始研发新的无线接入标准802.11ax，并于2019年正式发布，是IEEE 802.11无线局域网标准的最新版本，提供了对之前的网络标准的兼容，也包括现在主流使用的802.11n/ac。电气电子工程师学会为其定义的名称为IEEE 802.11ax，负责商业认证的WiFi联盟为方便宣传而称其为WiFi 6。WiFi 6特点有：

- 速度：WiFi 6在160MHz信道宽度下，单流最快速率为1201Mb/s，理论最大数据吞吐量为9.6Gb/s。
- 续航：这里的续航针对连接上WiFi 6路由器的终端设备。WiFi 6采用目标唤醒时间（Target Wake Time，TWT）方式，路由器可以统一调度无线终端休眠和数据传输的时间，不仅可以唤醒、协调无线终端发送、接收数据的时机，减少多设备无序竞争信道的情况，还可以将无线终端分组到不同的TWT周期，增加睡眠时间，提高设备电池寿命。
- 延迟：WiFi 6平均延迟降低至20ms，而WiFi 5平均延迟是30ms。

当然，要使用WiFi 6，就需要使用支持WiFi 6的路由器和终端。

7.2　无线局域网常见设备

组建无线局域网肯定离不开无线网络设备。常见的无线网络设备有哪些？它们的作用又是什么呢？

7.2.1　无线路由器

无线路由器想必大家都不陌生，无论在公司、家庭、一些经营性的场所，都能看到其身影。大部分无线路由器主要起共享上网的作用。

1. 无线路由器概述

前面说过，路由器有寻址、转发等功能。小型的路由器如图7-1所示，主要在家庭和小型场所使用，一般具备有线接口和无线功能，可以连接各种有线及无线设备，起共享上网的作用，如图7-2所示。而大中型企业通常使用无线管理+无线接入点（AP）的模式来实现共享上网功能。

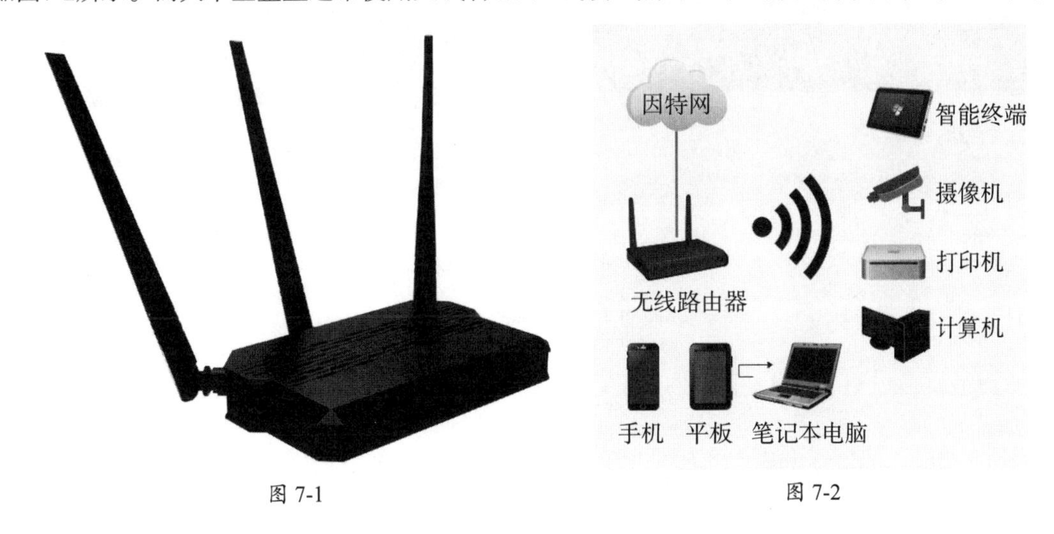

图 7-1　　　　图 7-2

2. 无线路由器的功能

现在的无线路由器有很多实用的功能可以帮助用户管理网络。常用的功能大家都知道，下面介绍一些其他的实用功能。

（1）接口自动识别。

现在的路由器配备的有线端口，包括对外的WAN端口和对局域网的LAN端口都可以自动识别，实现傻瓜式接入。

（2）碰一碰连接。

现在的很多路由器集成了近场通信（Near Field Communication，NFC）功能，启动后，只要用无线终端设备碰一碰就可以连接该路由器，不用输入连接密码，如图7-3所示。

图 7-3

（3）黑白名单及儿童模式。

黑白名单是指通过设置MAC地址绑定的方式来识别设备，然后根据不同的MAC地址制作名单，给予不同的权限。如图7-4和图7-5所示，将蹭网用户加入黑名单，禁止其访问；把信任的设备加入白名单，允许其访问；设置定时访问、是否允许其访问局域网资源；可以访问的网站；统计上网数据；等等。

图 7-4

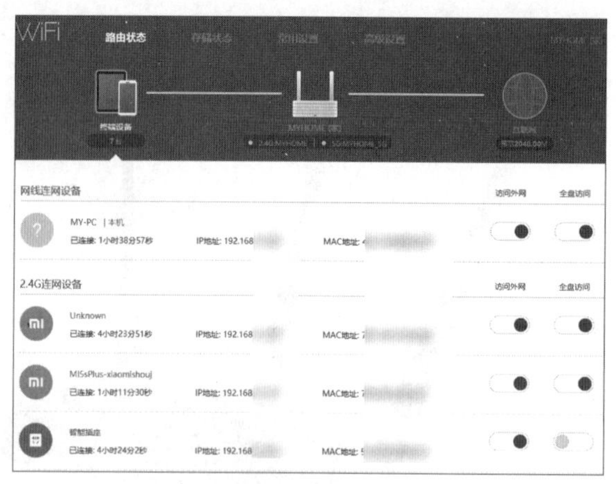

图 7-5

儿童模式用于设置儿童的上网时长、允许玩的游戏、可以看的网站、可以运行的即时通信软件，甚至可以禁止其使用支付宝、微信等支付功能。

（4）加速功能。

根据不同的服务等级，可以设置不同的优先级及QoS。和手机品牌配合，可以识别当前是进行游戏还是运行其他特殊的应用，并提供一条低时延通道为其服务。

（5）配置克隆。

以前的路由器设置比较烦琐，如果更换路由器，还需要从头设置一遍。现在的路由器提供克隆功能，可以一步将各种设置复制到新路由器中，非常方便。

（6）远程管理。

允许通过手机App远程管理家里的无线路由器，如图7-6所示，包括配置，或者访问局域网的共享资源。

（7）可扩展插件。

可以在智能路由器上安装各种扩展程序，以实现多种功能，比如远程唤醒，如图7-7所示。如果连接了存储设备，还支持远程下载、保存及读取文件，相当于一个自己的网盘。

图 7-6

图 7-7

（8）安全性。

无线传输一般都使用WPA2技术。现在新的无线路由器使用了WPA3安全加密方案，使无线安全等级进一步提高。

3. 无线路由器的主要参数与选购技巧

在选购无线路由器时，需要注意哪些参数，这些参数的含义是什么，如何影响路由器的功能的呢？

（1）端口。

现在的路由器一般都具备连接外网的WAN端口。而下行的LAN端口，一般提供2～4个。现在运营商提供的网络带宽，一般都是100Mb/s带宽起步，所以如果使用的是100Mb/s的带宽，可以选购100Mb/s端口的路由器，但大于100Mb/s的带宽，必须使用1000Mb/s的路由器才能享受到全部带宽。至于局域网，基本上带宽都是1000Mb/s起步了。所以建议读者购买时，选择全千兆的路由器，这样，能够在很长一段时间内满足家庭需要。在查看路由器参数时，一定要查看是否遵循IEEE 802.3ab标准，符合该标准的为千兆有线传输，如图7-8所示。此外，与端口相连的线材也应尽量使用6类及以上的网线，这样才能满足家庭千兆组网的要求。

整机接口	1个10/100/1000M 自适应 WAN口（Auto MDI/MDIX） 3个10/100/1000M 自适应 LAN口（Auto MDI/MDIX）
LED指示灯	7个（SYSTEM指示灯*1，INTERNET指示灯*1，网口灯*4，AIoT状态灯*1）
系统重置按键	1个
电源输入接口	1个
协议标准	IEEE 802.11a/b/g/n/ac/ax，IEEE 802.3/3u/3ab
认证标准	GB/T9254-2008；GB4943.1-2011
保修信息	整机保修1年

图 7-8

（2）无线标准。

WiFi 6将会是主流，速率可以达到3Gb/s，当然，不同的路由器，有不同的表现；而且并发高，支持的设备更多，网络延迟低，信号覆盖也强。这种高带宽还需要对应支持WiFi 6网络终端的支持，比如手机、智能家电等。所以用户在选购其他智能设备时，需要根据未来的发展方向进行选择，一定要至少符合802.11ax标准。

由于运营商带宽的限制，以及家庭局域网应用的关系，有些家庭可能不需要WiFi 6，那么仍然可以选择WiFi 5标准的路由器。选购时，一定要选择支持802.11ac，并且是AC1200的路由器。作为家庭网路中的核心设备，无线路由器的性能是十分重要的。

知识点拨

双频

在选购路由器时要看路由器的参数。比如双频1200M中的“双频”指路由器同时使用2.4GHz和5GHz两个频段传输信号，而1200M是指其最大支持1200Mb/s的带宽。一般1200Mb/s的带宽是由300Mb/s（2.4GHz）和867Mb/s（5GHz）共同构成的。2.4GHz的信号穿墙能力强，传播距离远，带宽相对较低，而5GHz的信号穿墙能力弱，传播距离相对较近，但是传输数据的带宽很高。这里有一点要注意，就是路由器是支持2.4GHz和5GHz频段一起工作的，而其他终端设备仅仅工作在一种模式下，所以有时用户反映手机速率达不到1000Mb/s，就是这个道理。在挑选路由器时，要注意分别查看2.4GHz和5GHz两个频段的数据传输带宽，如图7-9所示。现在有些路由器提供双频合一的功能，用户不用区分，设备会自动选择传输频率。

处理器	IPQ8071A 4核 A53 1.4GHz CPU
网络加速引擎	双核 1.7GHz NPU
ROM	256MB
内存	512MB
2.4G WiFi	2×2（最高支持IEEE 802.11ax协议，理论最高速率可达574Mb/s）
5G WiFi	4×4（最高支持IEEE 802.11ax协议，理论最高速率可达2402Mb/s）
产品天线	外置高增益天线6根+外置AIoT天线1根
产品散热	自然散热

图 7-9

（3）硬件参数。

用户感觉网络卡顿，通常会认为是运营商的问题，其实路由器的性能也在一定程度上影响手机等上网终端的上网速度。现在的路由器集成度很高，所以在挑选时需要注意以下几个方面。

- 路由器的运算芯片（CPU）的速度。主要查看其主频即可。
- 内存的大小。内存的大小影响速度和连接的设备数量。
- 信号放大器。信号放大器提高了穿墙能力、传播数据时的稳定性和覆盖范围的大小。
- 天线使用的传输技术。天线的多少，对穿墙能力、信号好坏、带宽等的影响，基本可以忽略不计。用户应该查看多天线使用的传输技术，比如常见的MIMO（多入多出）技术等。
- 散热。散热问题需要重点考虑。因为路由器在家中使用基本不会关闭，所以需要考虑其散热性，否则在长时间工作后，容易造成死机。

4. 无线路由器的组网方式

普通的无线路由器可以当作家庭无线中心使用。如果家里有多台路由器，可以将一些路由器作为中继器使用。可以设置为有线或者无线中继模式，扩大无线的覆盖面。

无线路由器组网可使用Mesh（网格）组网方式。Mesh组网方式其实已经出现了很多年，主要解决无线信号的覆盖问题，如图7-10所示。无线Mesh网络凭借多跳互连和网状拓扑特性，已

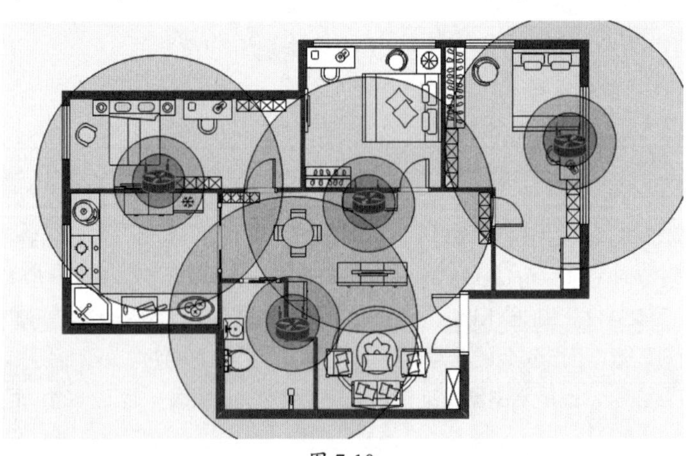

图 7-10

经演变为适用于宽带家庭网络、社区网络、企业网络和城域网络等多种无线接入网络的有效解决方案。无线Mesh路由器以多跳互连的方式形成组织网络，提供了更高的可靠性、更广的服务覆盖范围和更低的前期投入成本。Mesh组网分为单频Mesh组网与双频Mesh组网。

7.2.2 无线AP

无线接入点（Access Point，AP）是无线局域网的一种典型设备，也称为无线访问节点。无线AP是无线网和有线网之间沟通的桥梁，是组建无线局域网（WLAN）的核心设备。它主要提供无线工作站和有线局域网之间的互相访问。在AP信号覆盖范围内的无线工作站可以通过它相互通信。

无线AP是一个含义很宽泛的名称，它不仅包含单纯的无线接入点，还是无线路由器（含无线网关、无线网桥）等网络设备的统称。它的功能主要是提供无线工作站对有线局域网和有线局域网对无线工作站的访问，在访问接入点覆盖范围内的无线工作站可以通过它进行相互通信。常见的无线AP设备如图7-11所示。

图 7-11

1. 无线 AP 的主要作用

一般的无线AP，其作用有两个：

（1）单纯的无线AP相当于一个无线交换机，可以为各种无线终端提供接入服务：无论是仅局域网互访，还是共享上网都可以实现。

（2）通过对有线局域网提供长距离无线连接，或对小型无线局域网提供长距离有线连接，达到延伸网络覆盖范围的目的。

2. 胖 AP 与瘦 AP

胖AP除了能提供无线接入功能外，还具备WAN端口、LAN端口等，功能比较全，一台设备就能实现接入、认证、路由、VPN、地址翻译等功能，有些还具备防火墙功能，看到这里大家应该想到了，最常见的胖AP就是无线路由器。所以胖AP可以被简单地理解为具有管理功能的AP，本身具有自配置的能力，不仅可以存储自己的配置，还可以执行此配置，同时有广播服务集标识符（Service Set IDentifier，SSID）及连接终端的AP。

瘦AP，通俗地讲就是将胖AP瘦身，去掉路由、DNS、DHCP服务器等功能，仅保留无线接入的部分。瘦AP一般指无线网关或网桥，不能独立工作，必须配合无线控制器（Wireless Access

Point Controller，AC）的管理才能成为一个完整的系统，多用于要求较高的场合，要实现认证一般需要认证服务器或者支持认证功能的设备配合。瘦AP硬件往往会更简单，多数充当一个被管理者的角色，因为很多业务的处理必须要在无线控制器上完成，这样统一管理比单独管理要方便和高效很多。比如大企业或校园部署无线覆盖网络，可能需要几百个无线AP，如果采用胖AP需一个个地去设置，会非常麻烦，而采用瘦AP可以统一管理，统一设置，效率会高很多。

知识点拨

胖瘦AP的应用

胖AP不能实现无线的漫游，从一个覆盖区域到另一个覆盖区域需要重新认证，不能无缝切换。瘦AP从一个覆盖区域到另一个覆盖区域能自动切换，且不需要重新认证，使用较方便。AC+瘦AP的组网方式现在使用得比较多，一般企业都会选择这种方式，主要是后期的管理维护会方便很多；而胖AP的组网一般都是家庭在使用，一台AP就能覆盖所有的区域，不存在需要多台设备单独维护的情况。

3. 常见的AP样式

常见的AP样式有以下三种。

（1）吸顶式胖瘦一体AP。

这种AP安装在天花板上，提供2.4GHz和5GHz两个工作频段，提供1个千兆端口，有些还提供管理接口。一般可以使用电源适配器供电，或者使用PoE交换机供电。建议使用PoE供电，这样用一条网线就解决了数据传输和电源的问题。这种AP可以单独使用，也可由同一品牌的AC统一管理，通过功能调节按钮，设置工作模式。图7-12为吸顶式胖瘦一体AP的正面、图7-13为吸顶式胖瘦一体AP的端口。挑选时，需要查看其工作频段的带宽和带机量。

图 7-12

图 7-13

（2）AP胖瘦一体面板。

这种AP是有线与无线的结合体，布置在墙上，和信息盒类似，通过网线连接到无线控制器或者交换机，并对外提供有线与无线连接，用户可以选择无线的，支持AC1200以及最新的WiFi

6的产品。全千兆端口，也可以调节胖瘦模式，支持PoE供电，使用多个AP面板可以实现无缝漫游功能，如图7-14所示。通过无线控制器，可以实现瘦模式上网功能，如图7-15所示。有些AP面板产品还提供USB供电，或者提供两个网络端口，用户可根据需要购买。

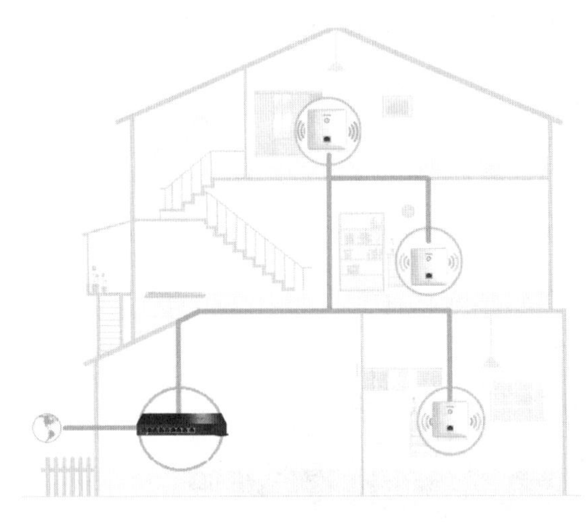

图 7-14

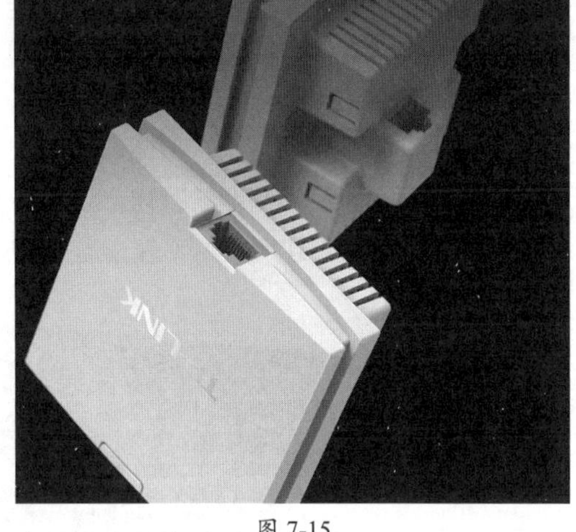

图 7-15

（3）室外AP。

上面的使用场景基本都在室内，而室外，如公园、景区、广场、学校等，使用的AP产品则需要带机量高、覆盖范围广、抗干扰强的产品，如图7-16所示。现在的室外AP，还提供智能识别、剔除弱信号设备、自动调节功率、自动选择信道、胖瘦一体、支持多个SSID号以设置不同的权限和策略等功能。在选购AP时，需要选择抗老化强、工业级防尘防水、稳定的散热以及长时间工作的稳定性。另外，还要考虑安装方便、供电方便的产品。有条件的用户在远距离传输时，还可以使用带有光纤端口的室外AP，如图7-17所示。

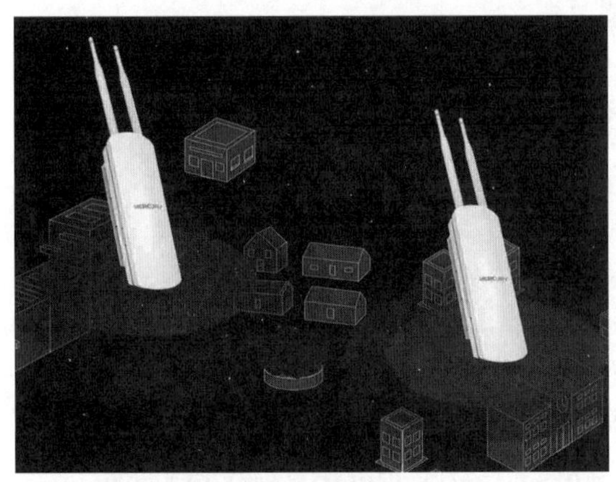

图 7-16

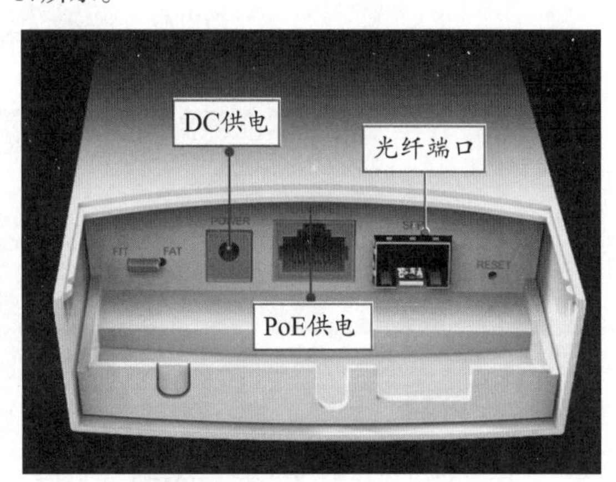

图 7-17

7.2.3 无线控制器

无线控制器是一种网络设备，用来集中化控制无线AP，是一个无线网络的核心，负责管理无线网络中的所有无线AP。

1. 无线控制器的功能

无线控制器的功能包括灵活的组网方式和优秀的扩展性；智能射频管理功能，自动部署和故障恢复；集中的网络管理；强大的漫游功能支持；负载均衡；无线终端定位，快速定位故障点和入侵检测；强大的接入和安全策略控制；QoS支持，优化WiFi语音及关键应用；下发配置、修改相关配置参数。

2. 单无线控制器

单无线控制器指的是单一功能的无线控制器，如图7-18所示，其仅具有集中管理所有AP的功能。建议挑选无线控制器的时候，要选择与使用的AP同品牌的产品，这样可以确保最大程度的兼容，而且可以实现所有的管理及AP集成的功能。

图 7-18

AC可以自动发现并统一管理同厂家的AP，可管理的AP根据不同型号有不同的带机量。例如TL-AC10000可以管理10000个AP。AC也可以采用旁挂组网，无须更改现有的网络架构，部署也方便，将AC直接连接到交换机即可使用，如图7-19所示。其特点有：

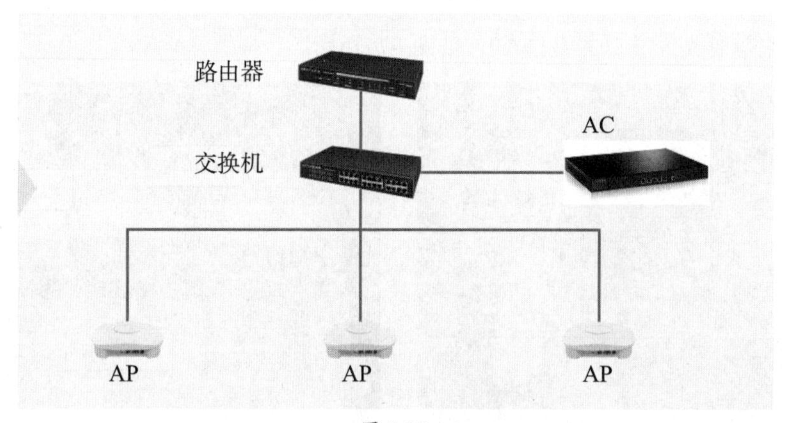

图 7-19

- 统一配置无线网络，支持SSID与Tag VLAN映射，也就是根据SSID号划分不同的VLAN。
- 支持MAC认证、Portal认证、微信连WiFi等多种用户接入认证。
- 支持AP负载均衡，均匀分配AP连接的无线客户端数量。该功能在大的场所，布置AP时经常使用。AP覆盖范围重叠时，可以进行连接端的透明分流。
- 禁止弱信号客户端接入和踢除弱信号客户端。
- 此外还提供DHCP功能、自动信道调整、WPA2安全机制、AP定时重启、AP自动统一升级、AP统一配置和管理、AP批量编辑、AP分组管理等功能。

AC的管理模式包括通过Web管理、串口CLI管理或Telnet管理。

3. AC、路由器一体式

如果是新的网络布设项目并想节约资金的话，也可以选购AC、路由器一体式的网关设备。该类设备不仅具有路由功能、防火墙功能、VPN功能，还自带AC功能，这样的组合产品性价比较高。如果是中小企业使用且网络中的AP较少，还可以使用PoE、AC一体化路由器，如TP-LINK的TL-ER6229GPE-AC，如图7-20所示。

图 7-20

该设备具有1个WAN端口、3个WAN/LAN端口和5个LAN端口，其中8个LAN端口均支持PoE供电，符合IEEE 802.3af/at标准，单口输出功率为30W，整机功率为240W。用户在使用PoE设备及PoE交换机时，一定要注意计算总功率以及查看PoE供电的标准，以防止不匹配而烧坏设备。

该设备内置的AC可以统一管理50台TP-LINK企业级AP，可以实现负载均衡。基本上上面提到的功能都有。

7.2.4　无线网桥

无线网桥就是无线网络的桥接，它利用无线传输方式实现在两个或多个网络之间搭起通信的桥梁。无线网桥按通信机制可分为电路型网桥和数据型网桥。无线网桥除了具备有线网桥的基本特点外，无线网桥工作在2.4GHz或5.8GHz的免申请无线执照的频段，因而比其他有线网络设备更方便部署。图7-21所示为TP-LINK公司的无线网桥产品。

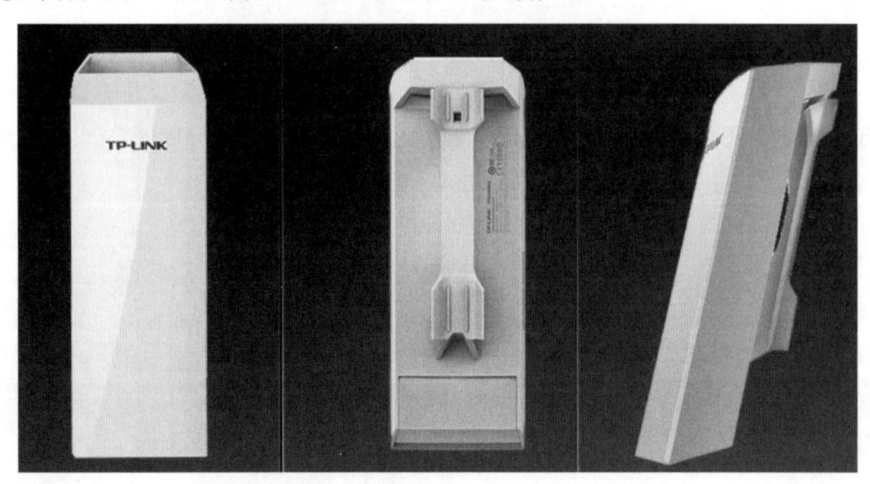

图 7-21

无线网桥根据不同的品牌和性能，可以实现几百米到几十千米的传输。很多监控设备使用无线网桥进行数据传输。

1. 无线网桥的主要应用场合

无线网桥的主要作用就是在不容易布线的地方，架设起可以收发信号的装置，如图7-22所示。这样，主网桥就能将信号通过无线网桥传输到子网桥处从而实现共享上网。

图 7-22

除了共享上网、传输数据外，无线网桥还用在视频监控方面，如图7-23所示，以及电梯监控中，如图7-24所示。

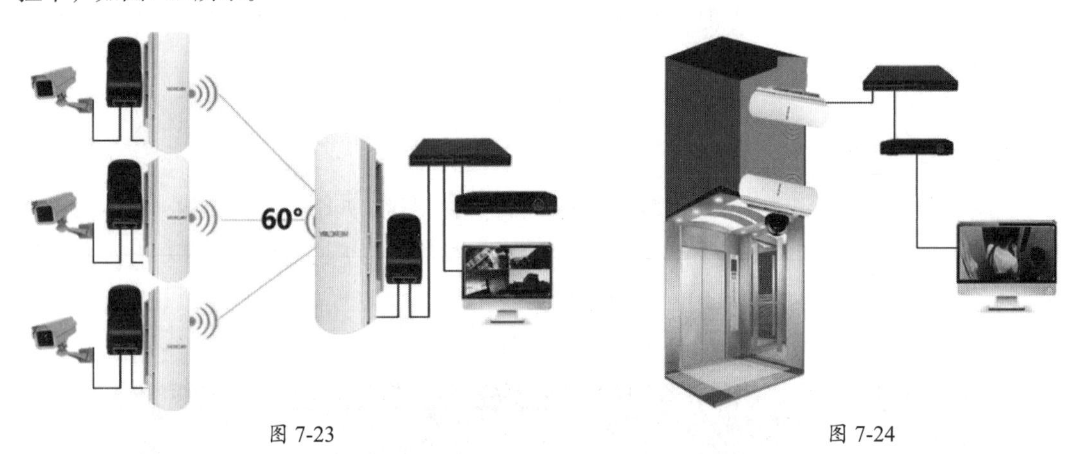

图 7-23　　图 7-24

在一定范围内，可以通过无线网桥和WLAN技术来实现大型的局域网，如图7-25所示。如果跨度过大，还可以使用无线网桥实现中继功能，如图7-26所示。

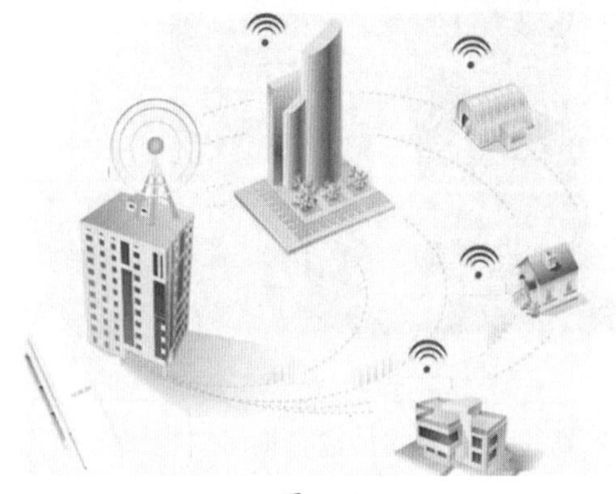

图 7-25

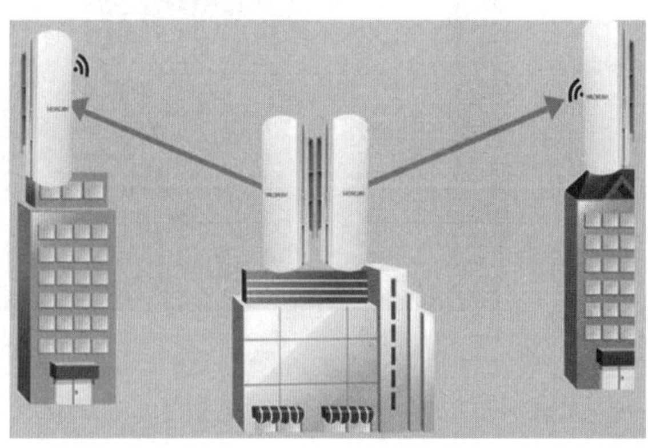

图 7-26

2. BS与CPE

BS（Base Station，基站），人们经常可以在楼顶等处看到它。CPE是一种接收WiFi信号的无线终端接入设备，可取代无线网卡等无线客户端设备。可以接收无线路由器、无线AP、无线基站等发射的无线信号，是一种新型的无线终端接入设备。同时，它也是一种将高速4G信号转换成WiFi信号的设备。CPE需要外接电源，支持同时上网的移动终端数量也较多。CPE可大量应用于农村、城镇、医院、单位、工厂、小区等场合的无线网络接入，能节省架设有线网络的费用。

与CPE不同，BS一般需外接天线，针对不同的应用场景，可接入碟形天线、扇区天线、全向天线。例如，使用碟形天线，进行点对点传输，距离可达30km，如图7-27所示；如果使用扇区天线，120° 点对多点无线传输，传输距离可达5km，如图7-28所示；如果使用全向天线，点对多点无线传输，传输距离可达1km，如图7-29所示。

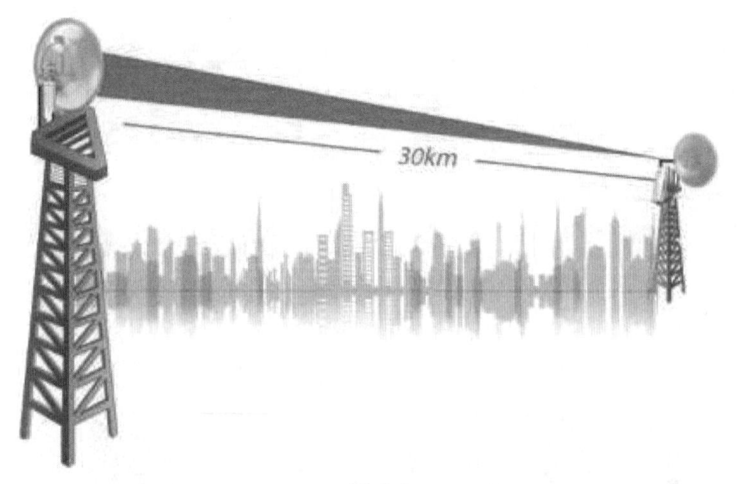

图 7-27

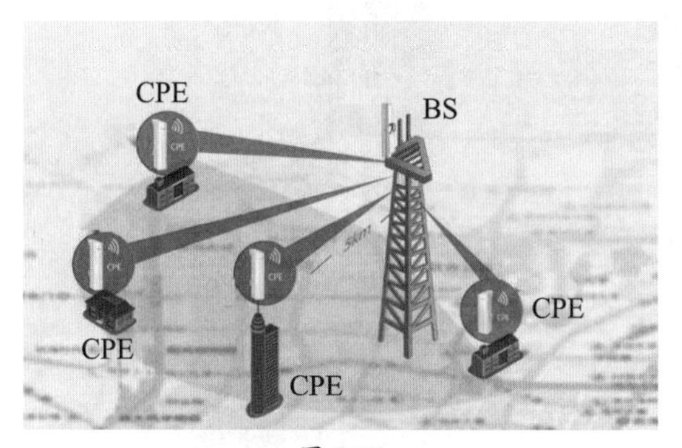

图 7-28

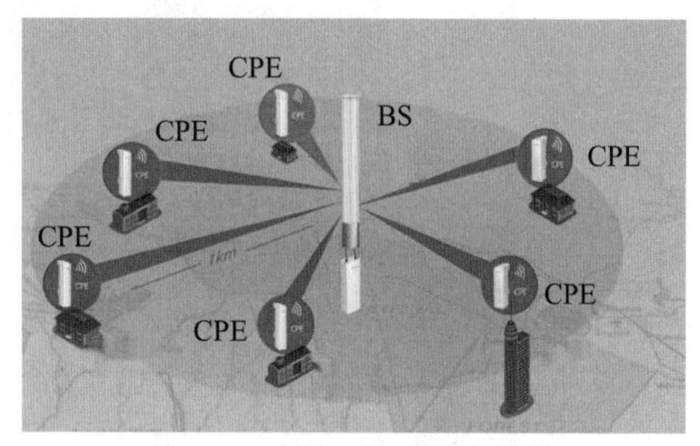

图 7-29

3. BS与CPE的常见功能

现在的BS都可以使用PoE供电，传输距离一般可达30km，外置高功率的独立元器件、支持各种天线BS的特点有：可以实现点对点、点对多点远距离无线传输；可以实现远距离视频监控无线回传；采用5GHz，高速率无线传输；安装维护都很方便；使用的材质基本上是专业室外壳体设计，适应各种恶劣环境；PoE供电距离可达60m；故障可远程复位。该类设备一般都有Web管理界面，提供了丰富的管理功能，如图7-30所示。

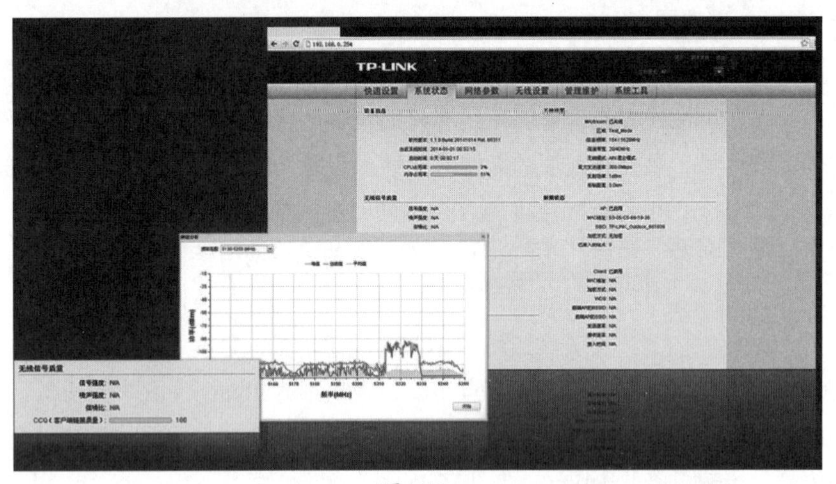

图 7-30

CPE根据具体型号，采用不同的天线技术，具有不同的传输距离；可以使用PoE或DC供电；可以在AP及Client之间快速切换；可以实现一键配对；可以和BS配合，也可以在CPE之间进行数据传输。有的CPE设备可以使用Passive PoE供电，组网成本低，如图7-31所示。另外，CPE可以使用Web管理系统对设备进行管理，如图7-32所示。

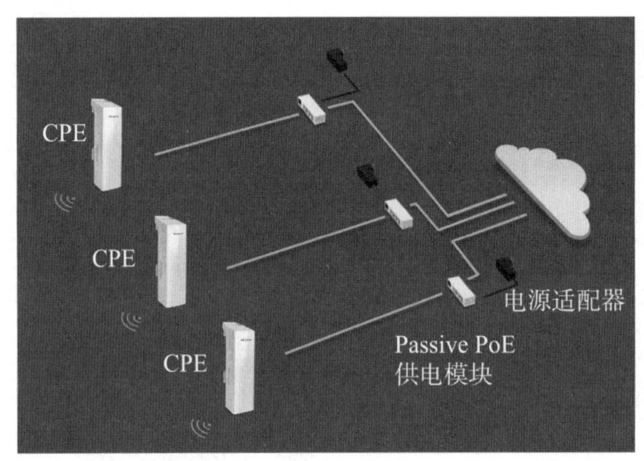

图 7-31

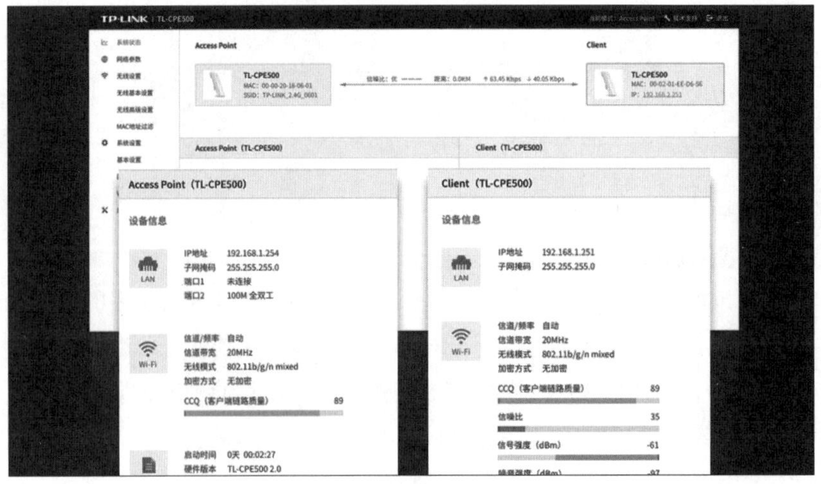

图 7-32

7.2.5 无线网卡

无线网络各终端中必备的设备就是无线网卡。和有线网卡相对应，无线网卡在无线局域网的覆盖下通过无线方式连接到网络。

无线网卡的种类较多，比如笔记本式计算机自带的无线网卡，如图7-33所示，以及常见的USB无线网卡，如图7-34所示。

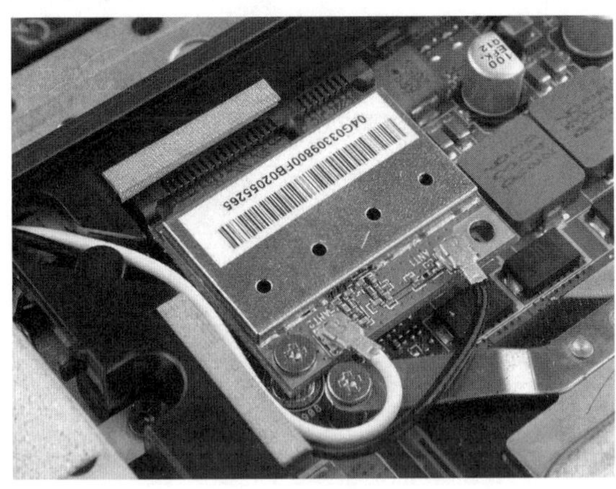

图 7-33

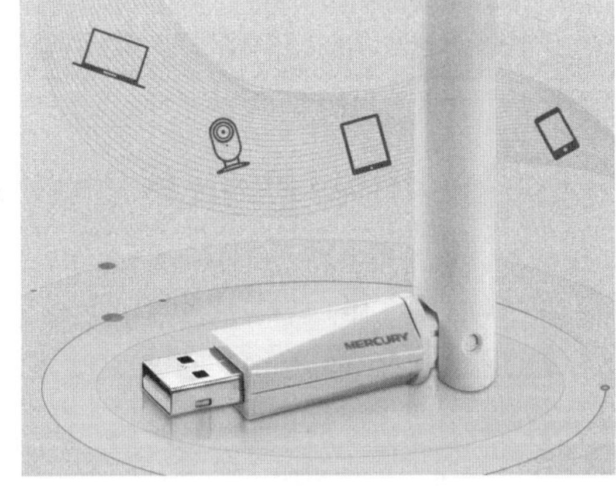

图 7-34

在挑选无线网卡的时候，需要注意其是否需要驱动程序，现在的新产品，一般都是免驱动设计的，而且，除了提供无线信号接收的功能外，无线网卡还可以当做随身WiFi使用。计算机使用有线网络接入因特网后，可以将无线网卡变为AP使用，非常方便。

在选择无线网卡时，还需要了解无线网卡支持的频段，如果是共享上网，那么普通的150Mb/s或300Mb/s的无线网卡基本可以满足需要。但如果要实现高速的5GHz频段传输，则要选择支持2.4GHz及5GHz频段的1200Mb/s无线网卡，如图7-35所示。如果台式机需要安装无线网卡，可以选择PCI-E千兆无线网卡，如图7-36所示。

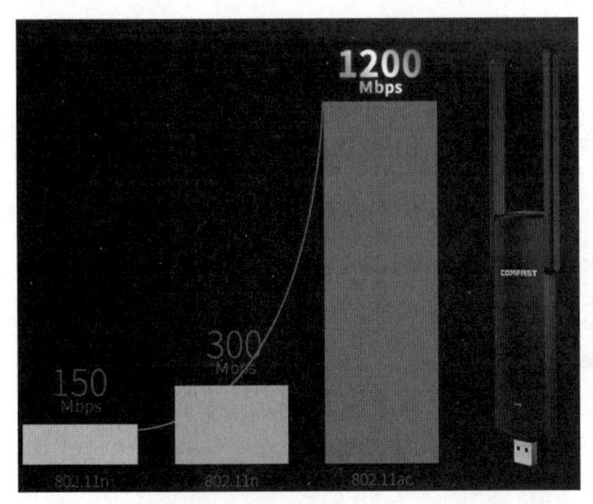

图 7-35

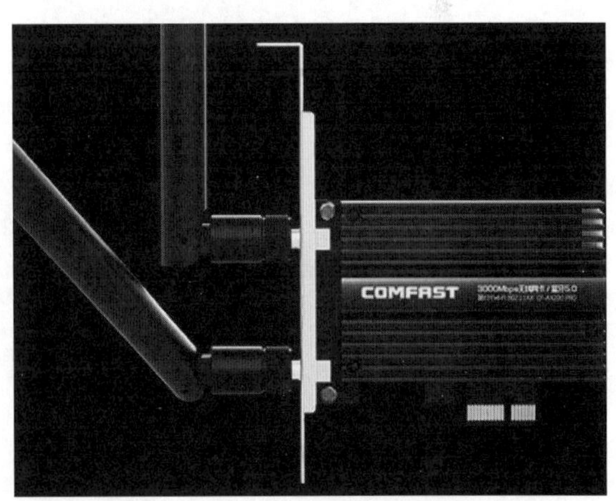

图 7-36

其他无线设备

除了上面提到的经常使用的网络设备，还有一些经常使用的无线设备，比如可以插入SIM卡，实现无线路由功能的随身WiFi。其他的还有智能家居中的无线插座、无线音箱、无线摄像头、智能电视、家庭智能中心、智能冰箱、智能空调、智能门禁系统、智能开关等。此外，包括手机也属于无线终端设备。

在挑选这些设备时，除了注重产品的质量外，还要查看其无线功能、连接方式、管理平台等。

动手练 使用计算机的无线热点功能

无线热点其实也可以理解成一个无线AP，使用带有无线网卡的计算机或者笔记本式计算机，配合Windows 10，就可以开启热点功能，供其他人访问。

Step 01 当前实验是用笔记本式计算机有线连接到Internet，用无线网卡实现热点功能。使用Windows+i组合键启动“Windows设置”窗口，单击“网络和Internet”按钮，如图7-37所示。

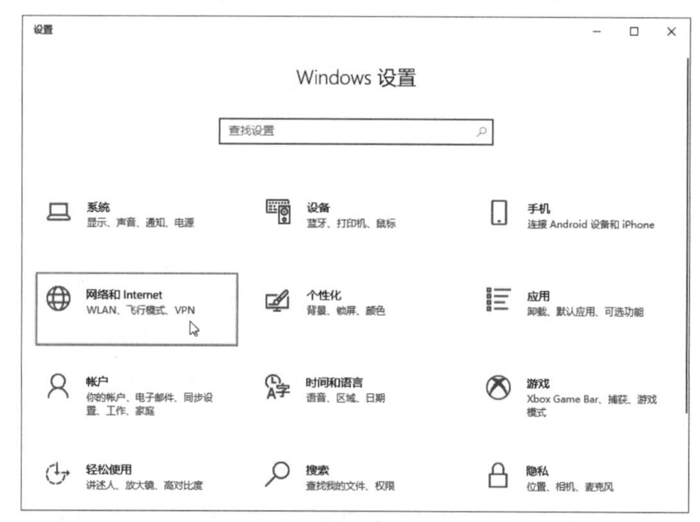

图 7-37

Step 02 可以看到当前的网卡状态是使用有线方式连接的“以太网专用网络”并已连接到Internet。选择“移动热点”选项，如图7-38所示。

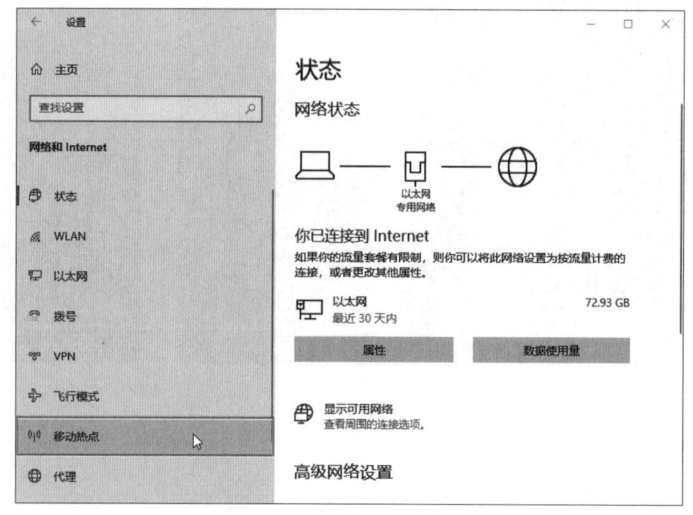

图 7-38

Step 03 在“与其他设备共享我的Internet连接”项下的按钮上单击，之后按钮的状态由“关”变为“开”，这样就启动了热点，如图7-39所示。单击“编辑”按钮可更改SSID号和密码，如图7-40所示。

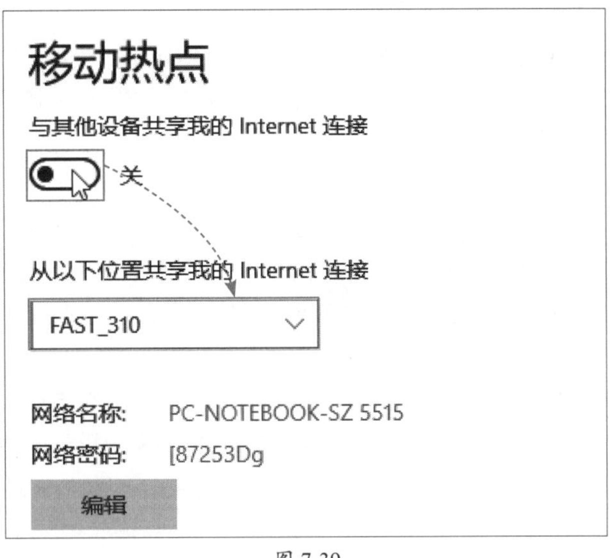

图 7-39

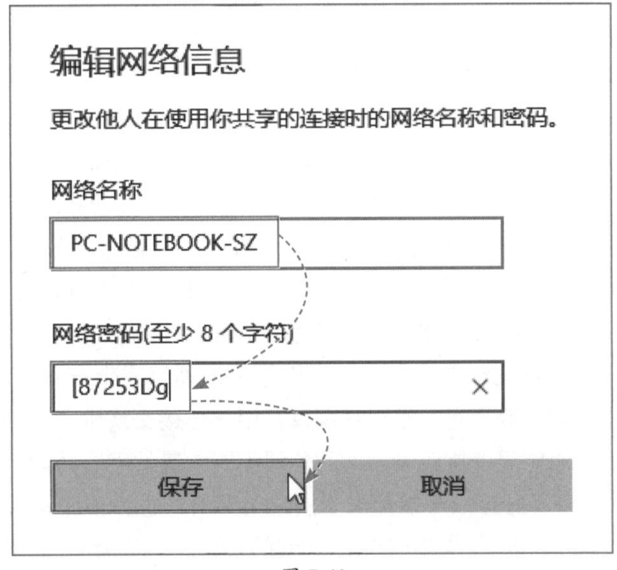

图 7-40

Step 04 按下“保存”按钮，用户即可通过其他无线终端连接该热点。

如果计算机中只配置了一块无线网卡，系统会在当前无线网卡的基础上，虚拟出一块无线网卡，然后两个无线逻辑网卡共用一块物理无线网卡，在一块网卡上，虚拟出两个IP地址，两个网段，从而实现单无线网卡既上网，又充当热点。如果计算机中配置了一块有线网卡、一块无线网卡，则可设置有线网卡上网，用无线网卡来搭建AP。

若有无线终端连接上热点，系统也会显示当前已连接的设备信息，包括设备名称、IP地址、MAC地址。Windows针对无线客户端管理这一部分的功能还较少，用户也可以使用第三方软件完成热点搭建并实现更复杂的管理功能。

新手答疑

1. Q：单频组网和双频组网有什么区别？

A：单频组网方案主要用于设备及频率资源受限的地区，分为单频单跳及单频多跳。单频组网时，所有的无线接入点Mesh AP和有线接入点Root AP的接入和回传均工作于同一频段，可采用802.11b/g标准的2.4GHz上的信道进行接入和回传。按照产品组网时环境及信道干扰的不同，各跳之间采用的信道可能是完全独立的无干扰信道，也可能是存在一定干扰的信道（实际环境中多为后者）。此时由于相邻节点之间存在干扰，所有节点不能同时接收或发送，需要在多跳范围内用CSMA/CA的MAC机制进行协商。随着跳数的增加，每个Mesh AP分配到的带宽将急剧下降，单频组网性能也将受到很大限制。

双频组网中每个节点的回传和接入使用两个不同的频段，如本地接入服务用802.11 b/g标准的2.4GHz信道，骨干Mesh回传网络使用5.8GHz信道，互不干扰。这样每个Mesh AP就可以在服务本地接入用户的同时，执行回传转发功能。双频组网解决了回传和接入的信道干扰问题，大大提高了网络性能。但在实际环境和大规模组网中，回传链路之间由于采用同样的频段，仍无法完全保证信道之间没有干扰，因此随着跳数的增加，每个Mesh AP分配到的带宽仍存在下降的趋势，离Root AP远的Mesh AP将处于信道接入劣势，故双频组网的跳数也应该谨慎设置。不过，Mesh AP的一键组网、无死角覆盖以及统一WiFi名称，无缝漫游确实是以后无线组网的发展方向。

2. Q：无线 AP 和无线路由器有什么区别？

A：简单来说无线AP，就是无线网络中的交换机，支持802.11X系列标准。一般的无线AP还带有接入点客户端模式，AP之间可以进行无线链接，从而可以扩大无线网络的覆盖范围。单一功能的AP由于缺少了路由功能，相当于无线交换机，仅提供一个无线信号发射功能。它的工作原理是将通过双绞线传送过来网络信号，经过无线AP将电信号转换成为无线信号发送出来，实现无线网络的覆盖。不同功率的无线AP设备，无线网络的覆盖范围也不同，一般无线AP的最大覆盖半径可达200m。

扩展型AP就是常说的无线路由器了。可以简单地理解成带有路由功能的AP。无线路由器的端口较多，AP一般只有一条网线端口，用来连接交换机或者路由器。

无线AP在大型公司应用得比较多，大的公司需要大量的无线访问节点来实现大面积的网络覆盖，同时由于所有接入终端都属于同一个网络，也方便公司网络管理员进行网络控制和管理。无线路由器一般应用于家庭和SOHO环境下的网络，这类环境一般覆盖面积不大、用户数也不多，只要一个无线AP就够用了。无线路由器可以实现ADSL网络的接入，同时转换为无线信号，比起买一个路由器加一个无线AP的方案，无线路由器是一个更为实惠和方便的选择。

3. Q：什么是 NFC？

A：近场通信（Near Field Communication，NFC）是一种新兴的技术。使用了NFC技术的设备（例如移动电话）可以在彼此靠近的情况下进行数据交换，是由非接触式射频识别（RFID）及互连互通技术整合演变而来的。NFC通过在单一芯片上集成感应式读卡器、感应式卡片和点到点通信功能，利用移动终端实现移动支付、电子票务、门禁、移动身份识别、防伪等应用。

第8章 小型局域网的组建

小型局域网的数量占据了局域网总数的80%左右，包括最常见的家庭局域网和小型企业局域网。近年来随着网络技术的发展，尤其是智能终端、智能家居的发展，使得小型企业，尤其是家庭用户，扮演着越来越重要的角色。小型企业和家庭的局域网应该怎样科学规划、合理组建显得越来越重要。只有进行详细地规划设计，按照规划及设计要求实施，才能有的放矢，满足组建的要求。本章将以小型局域网的组建为例，向读者介绍具体的组建方法。

8.1 小型局域网规划

小型局域网的覆盖范围一般不大，但使用场合非常广，实际上绝大多数的网络都是小型局域网。在局域网设计中，需要建立一个“系统”的概念，按照一定的技术方法，让这个系统在设计范畴内，有机地运转。在组建小型局域网时，需要考虑这几个问题。

1. 有什么

“有什么”指的是在进行网络规划前必须要知道局域网的使用环境和用户现有的设备。

2. 需要什么

“需要什么”是指在网络规划前必须知道用户的需求，这也是最重要的一部分。不考虑用户需求的网络规划，会产生很多问题。

3. 怎么做

在规划完成后，就需要对规划的内容进行细化及深入设计，也就是“怎么做”。规划是纲，和具体实施，比如设备选型、布线、连接等还是有区别的。只有可以落地，并且可以实现所有功能的设计才是好的规划设计。

8.2 小型局域网的需求分析

需求分析包括上面提到的“有什么”“需要什么”。需求分析对所有工程而言都是必须的。需求分析对工程目标的确定、新系统的设计和实施方案制定得越细致，后期实施中，出现的问题也就越少。

8.2.1 用户现状分析

用户现状分析是规划设计的第一步，需要了解的内容有以下三部分。

1. 环境现状

了解房间布置等基本信息，包括信息盒的位置、各信息点的位置等。例如，从图8-1所示的平面设计图中就可以了解房屋的结构等信息。如果是未装修房屋或需要改造的房屋，需要进行布线，要了解房间数量、房型、墙体材料、走线路径等信息。有必要的情况下，还要考虑强电的走线和强电接口位置，这是出于在施工中避免造成损失、干扰、引电与取电便利等方面的考虑。

2. 现有设备

在设计时，一方面要了解用户有哪些设备需要联网，同时要考虑设备的兼容性；另一方面，要考虑用户已经有的设备是否还能继续使用，是否需要更换为性能更好的设备，可以用在哪些地方，会不会对整套系统造成严重影响等。这一点需要事先与用户沟通好才能进行更换或者确定用在哪些地方，并尽量落实在纸上。在后续的施工中不可随意增加或替换设备。

3. 组网范围

确定组网范围，同一建筑中，同一层上和跨楼层、跨建筑的组网方式是有区别的。如果建

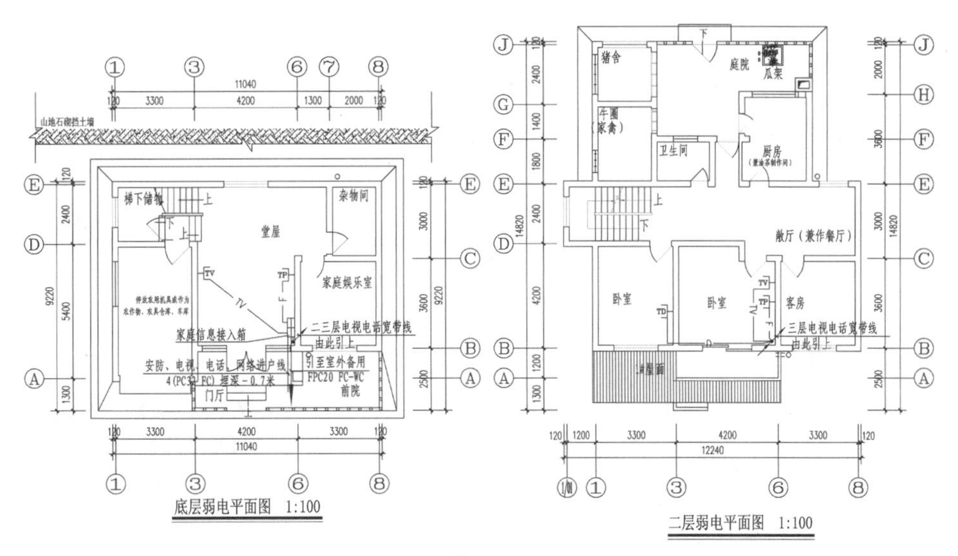

图 8-1

筑物的跨度比较大，网络对吞吐量的要求较高，那就需要考虑使用前面提到的光纤了，如图8-2所示。有些特殊的环境，实现通信还需要室外网桥或者无线AP的支持，如图8-3所示。

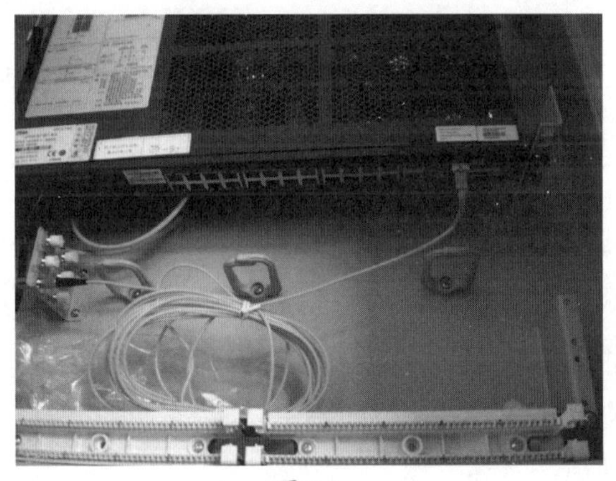

图 8-2

图 8-3

8.2.2 用户的功能需求

功能需求是设计的基础，网络本身的搭建就是为了解决用户出现的问题或者满足用户需要，而不同的用户有着不同的需求。在规划设计前需要和用户沟通，确定了用户的需求才能开始设计。常见的需求有如下几项。

1. 共享上网

家庭用户组建局域网都需要共享上网功能，而小型公司，除一些特殊行业仅允许局域网访问，也基本需要共享上网。

现在，共享上网是比较普遍的需求，现在人们不仅使用计算机、手机查询资料、沟通交流、上网娱乐等，而且一些智能设备，如互联网电视、智能插座、智能冰箱、智能安防等也都需要联网才可以使用。用户可远程进行设备管理、获取监控状态，设备也能向用户提供报警。当然，如果用户不想让某些设备联网，可以通过技术手段禁止其联网，如图8-4所示。

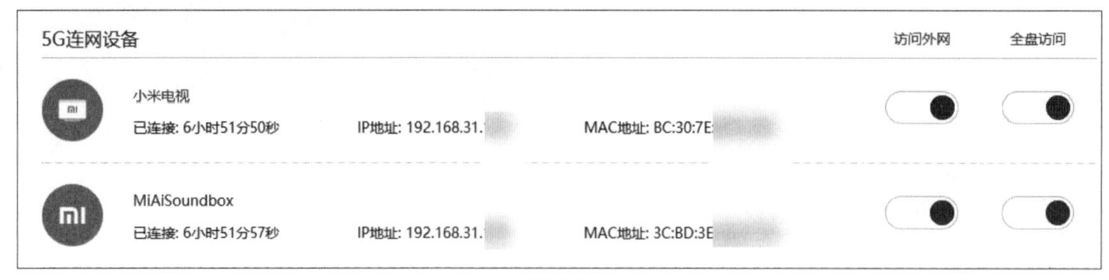

图 8-4

2. 共享资源，传递文件

局域网的另一个重要作用是资源共享，例如共享本地主机的文档、视频、照片等资源给其他主机或者设备访问，如图8-5所示。用户也可以专门搭建一台NAS服务器，用于各种文件的存储，并供局域网内部及互联网上的用户远程访问，如图8-6所示。因为局域网内部的速度一般是快于外网速度，所以局域网资源共享的一大优势就是高速。

图 8-5

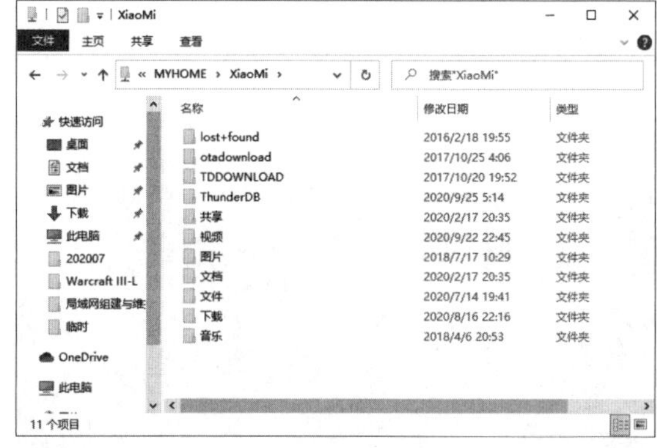

图 8-6

至于传递文件，可以使用上面的方法，也可以用第三方工具进行文件的发送与接收。使用第三方工具，如QQ进行文件传输时，软件会判断双方是否在一个局域网中，如果在，那么会使用局域网模式，使速度可以达到交换机或路由器的最大速度。

知识点拨

离线传输与离线下载

在传递文件时，如果双方不在同一个局域网中，此时若采用在线传输方式，可能会因为上传的速度、网络本身的拥堵情况、双方的运营商不同而存在速度慢的问题。此时，可以采用离线传输模式，发送方将文件单方上传至服务器暂存。而接收方在接收时，就不受发送方上传速度和双方速度匹配的影响，可以做到满速下载。这样的非即时性传输，不但节约了时间，而且接收方可以随时下载上传的文件。

3. 网络控制

局域网的网络控制包括：哪些设备可以上网、设备上网的限速、上网时间限制、可以浏览的网站、可以玩的游戏、可以访问的资源等。需要这些功能的用户，可以使用第三方管理软件来实现，如图8-7所示，也可以使用路由器自带的网络控制功能来完成，如图8-8所示。

图 8-7

图 8-8

4. 无线网络

对于家庭用户一般考虑的是无线信号的穿墙性能、无线信号的传输速度和稳定性。应尽可能少的使用无线路由器覆盖整个住宅，并能兼容家庭所有终端。

小型企业的需求也基本类似，并且还要考虑带机量。经营性场所还要考虑无线信号的安全和速度要求。面积稍大的场所有可能还要考虑专业级的AP布设方案。

5. 设备兼容性

家庭用户使用的智能产品较多，因此要考虑网络对于这类设备的支持。小企业可能还使用了安防系统，如监控探头，这就需要考虑探头的位置和接入方式。

6. 操作简单

无论多么实用的功能，还是需要用户来控制。普通用户不是网络专家，所以在用户接口这一部分，要力求做到简单明了，使用方便，操作简洁。可适当考虑把网络管理高级功能，化繁为简，这样也方便后期的维护。

7. 安全

家庭用户和小型企业用户都要考虑网络安全问题，除了物理性能上的安全，包括弱电的接地、接头、防水等。在系统及网络层面的安全更加重要，包括加密方式的选择、是否隐藏无线信号等。

知识点拨

小企业的高级需求

对于小型企业，除了需要上面的需求外，还可能需要搭建各种服务器，例如Web服务器、FTP服务器、文件打印服务器、OA服务器等，这些都需要提前进行规划。

另外，企业可能还需要智能会议、投影仪、远程电视电话会议系统、企业监控系统。对于外出的人员，还需要搭建VPN服务器使他们能访问内网。

8.2.3 用户预算

用户的预算是一切设计的前提条件。可以在规划前和用户进行沟通，确定用户的预算，这样在施工布线、设备和线缆的选型以及后期维护等方面，有一个大致的方向。

也可以先做个简单规划，然后根据使用的设备价格，给用户做个预算表，然后再和用户进行沟通。

切记不可自作主张，购买超出预算过高的设备和产品，以免产生不必要的麻烦和矛盾。在施工过程中及设备到位后，最好制作清单，由用户签字确认，以避免此后产生问题。

在整个施工过程中，一定要避免以次充好或者擅自变更条款。弱电工程和设备的价格都比较透明，积累口碑和市场是一个长期的过程。

售后也是一件比较麻烦的事情，为了保证双方的利益，有些事情一定要和用户提前说清楚，并尽可能地落实到书面文件。

8.3 完成总体规划

在完成了上面的工作后，就可以进行总体规划了。总体规划其实就是将上面的问题的解决方案落实到图纸和文件中。用户同意后，就可以采购设备并进行施工了。

8.3.1 家庭局域网的总体规划原则

家庭局域网的总体规划需要说明并注意以下6个问题。

1. 功能性

功能性需要结合用户提出的要求，对这些要求分析后，设计出满足用户要求的网络。没有了功能性也就谈不上进行网络设计了。

2. 可靠性

家庭局域网的可靠性没有企业级要求的高，但也要满足一定的可靠性。可靠性主要表现在连接互联网的稳定性上，而这主要取决于选择的无线路由器的质量。在选择无线路由器时，应该选择质量过硬的品牌，这样在产品成熟度及售后服务上有一定优势。另外，在布线时，需要选择合格产品，并按专业标准来安装。

3. 性能

通常的网络设备基本上能满足家庭局域网对性能的需求。但是对于游戏级的用户来说，低时延依然是主要的性能指标。家庭局域网规划除了要求设备的转发能力要达到要求，对于宽带本身，选择合适的运营商更加重要。此外，带宽大小和宽带的时延并不成正比，而是和运营商之间互联的出口大小以及游戏的分区选择有关系。有可能10M的网络宽带的延时比500M的网络宽带的延时要低得多。

4. 可扩展性和可升级性

家庭局域网的可扩展及可升级性要求比企业级的要低，满足起来也简单得多，但是在基础布线及网络产品的选择上，应该根据网络发展趋势及未来添加网络产品留出一定的余量。

5. 易管理、易维护

家庭局域网产品的管理控制方式有很多，例如使用浏览器来配置或者手机APP来控制。除非发生重大网络问题，用户一般都不会过多地关注配置问题，只有设备损坏或者升级后，需要重新配置时才需要用户关注，这就要求用户要懂得一些基本的配置方面的知识。

6. 安全性

家庭局域网的安全性问题主要表现在系统漏洞、人为损坏和设备故障上，尤其是要防范网络摄像机恶意开启、计算机木马、计算机病毒等泄露个人隐私情况的发生。提高安全性的方法有采用高品质的线缆和网络设备；在计算机上，应配置防火墙和杀毒软件；用户应尽量多了解设备使用说明；有人时主动关闭摄像头等。

产品的美观性

现在家庭用户比较注重居家环境的美观，在布线或后期改造走线时，需要结合美观的要求，不能只图省事。而无线产品的大量使用，也使得大部分家庭局域网都是以无线网为主。

8.3.2 小型企业局域网的总体规划原则

小型企业局域网的总体规划也有一些要注意的地方。

1. 层次清晰

小型企业局域网的规模一般在50个节点左右，是一种结构简单、应用简单的小型局域网。通常由少数多口接入级交换机以及一个核心交换机或企业级路由器组成，通常没有汇聚层交换机，有些还可能是一个没有层级结构的仅由交换机作为核心的纯局域网环境。网络拓扑一般为星状结构，但跨楼层的也有可能采用混合网络结构。所以设备端口数量的选择应尽量与员工数相符，略有冗余即可。

2. 核心设备选型

出于实际需求以及成本考虑，不必追求高新技术，只需采用分类双绞线与千兆核心交换机连接、百兆位到桌面的以太网接入技术即可。虽然当前的以太网技术可以达到1Gb/s、10Gb/s的传输速度，但这类高带宽设备相对于小型企业局域网来说并不具价格优势。核心交换机只需要选择普通的100Mb/s设备，有需求和条件的企业可选择千兆以太网端口交换机。但无论哪种选择，都应以最大限度地节约企业的投资为根本。如果核心层交换机选择的是普通的100Mb/s快速以太网交换机，在网络规模扩大，需要用到千兆位连接时，原有的核心交换机可降为汇聚层，或者边缘层使用；而如果核心交换机选择的是支持千兆连接的，在网络规模扩大时，仍可保留在核心层使用。

3. 合理搭配软件实现功能

出于成本和应用需求的考虑，对于那些价格昂贵，又对网络应用实际影响不是很大的路由器和防火墙，可以采用软件实现。在与因特网连接方面，可以采用路由器、软件网关和代理服务器方案。当然有条件也有需求的企业可以选择入门级的边界路由器方案，防火墙产品通常也是采用软件防火墙。

小型企业局域网没有必要配备专业的服务器、机柜、UPS等。出于成本考虑，一般使用普通计算机安装服务器程序，稍作配置后作为服务器使用，有必要的话也可以把服务发布到外网中。普通计算机也可以作为监控主机使用，这样可以节约一部分资金。

4. 适当考虑扩展性

网络扩展方面的考虑主要体现在交换机端口和所支持的技术上。在端口方面要留有一定余量。对于主交换机，最好选择千兆以太网交换机，至少有两个以上的双绞线千兆端口，也可选择支持光纤模块接口的企业级交换机，方便以后扩展。

知识点拨

小型网吧需要注意的地方

现在的网吧大部分采用的都是无盘工作站，无盘环境更依赖于网络。所以要按照网吧的规模，选择网吧使用的专业多出口设备；核心或汇聚级交换中心设备；多口接入级别专业交换。从拓扑及使用的网络技术而言，小型网吧和小型企业的局域网基本一致。主要区别就是网吧中使用了无盘工作站技术（无盘服务器）以及管理计费系统（管理服务器）和资源发布系统（影视、游戏服务器）等行业专业软件。

5. 划分 VLAN

小型企业基本上不需要划分子网，如果有特别需要的，也可以使用可管理型交换机，划分不同的VLAN提供给需要互相隔绝的终端。关于VLAN的划分将在第9章介绍。

8.4 设备的选型

这里的设备主要指的是网络设备。根据不同的场景可以选择不同的设备。家庭宽带设备的选择和小型企业的略有区别。

8.4.1 家庭局域网的设备选型

家庭局域网设备的选择，对稳定性的需求不太高，一般是围绕着路由器来搭建，所以路由器的选择比较重要。

1. 无线路由器的选择

无线路由器是家庭局域网的核心设备，在选择时要考虑很多方面，下面以华为AX3 Pro WiFi 6（以下简称为AX3 Pro）为例，如图8-9所示，向读者进行介绍。

（1）高带宽、高并发、低时延、低功耗。

这些性能主要是和WiFi 5相比较的。AX3 Pro支持160MHz频宽，其理论速度两倍于80MHz频宽（相同MU-MIMO数），通过芯片协同加速，AX3 Pro实际速度更是远高于其他AX 3000M路由器。单

图 8-9

流可以达到1.2Gb/s，5GHz频段可以支持多个设备并发连接，并且时延可以控制在10ms。终端设备按需唤醒，功耗降低近30%。

（2）芯片级协同，动态窄频宽，多穿一堵墙。

AX3 Pro外置四根高性能天线，天线增益为5dB，通过自研芯片协同，大幅提升WiFi 6手机信号质量（最大可提升6dB），解决跨少量障碍、路由信号差的问题，实现多穿一堵墙的效果。

（3）超高下载速度。

AX3 Pro支持的传输标准为802.11ax/ac/n/a2 × 2，802.11ax/n/b/g2 × 2，多用户-多输入多输出（Multi User-Multiple Input Multiple Output，MU-MIMO）。AX3 Pro支持1024-QAM和160MHz频宽，双频并发；理论连接速率高达2976Mb/s（2.4GHz 574Mb/s+5GHz 2402Mb/s）；四核强劲性能，充分发挥WiFi 6速度，连接5GHz频段实际下载速率可超过1Gb/s；提供4个10M/100M/1000M自适应速率的以太网端口，支持WAN/LAN自适应（网口盲插），支持的有线标准为802.3、802.3u、802.3ab。

（4）强劲CPU。

凌霄四核1.4GHz CPU，如图8-10所示，性能强劲，算力高达12 880DMIPS[7]；四核智能调度、分工协同，能有效降低负载，保障多设备连接不卡。配合256MB的RAM及128MB的Flash芯片，WiFi 6智能分频可让多设备同时并发连接，其中2.4GHz支持4个并发、5GHz支持16个并发，双频总接入设备数量高达128个。

图 8-10

（5）四颗独立放大器，信号更强。

2.4GHz和5GHz分别配备两颗独立信号放大器，支持WiFi 6和WiFi 5的设备均能享受到更好的信号。

（6）一碰连网，革命性新体验。

AX3 Pro支持NFC功能。手机解锁屏幕后，碰一碰路由器顶部，无须输入密码，即可轻松连接WiFi，如图8-11所示。

（7）TrustZone安全方案，金融级安全水平。

通过凌霄CPU的独立安全区域（TEE可信任执行环境）和微内核，构建TrustZone安全解决方案，并且获得CC（全球权威IT产品安全认证）EAL5级认证，达到金融级安全水平，如图8-12所示。

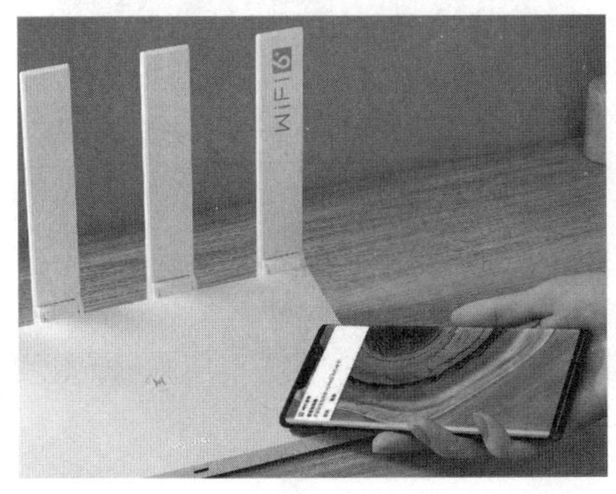

图 8-11

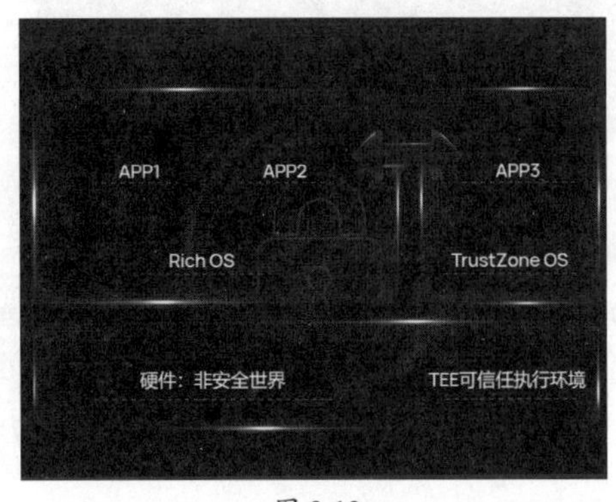

图 8-12

（8）网课加速、防沉迷系统，保护儿童上网。

通过华为智慧生活APP，可以对儿童使用的设备进行时长、支付（微信、支付宝、华为钱包）、游戏、视频、社交软件等限制，合理规划儿童上网时长，对色情、暴力、博彩等不良网站进行过滤。通过智能业务识别，保障网课数据优先转发，大幅减少WiFi丢包和时延，支持与VIPKID服务器协同，自动选择更优线路，提升网课稳定性。

（9）支持手游加速，时延降低20%。

WiFi 6与WiFi 5相比时延更低。凌霄WiFi芯片更是拥有一个独立的、高优先级的低时延通道，当华为手机开启手游时，路由智能识别，将游戏数据送入低时延通道，从而大幅降低游戏延迟。

2. PoE 交换机

家庭用户使用交换机的情况较少，但是有些特殊场景，如需要使用PoE交换机给监控等设备供电，这时可以选择TP-LINK的TL-SG1005PB型，如图8-13所示。

图 8-13

- 4个10/100/1000Base-T RJ-45端口，支持PoE++供电。
- 1个10/100/1000Base-T RJ-45上联端口。
- 支持IEEE 802.3 bt/at/af PoE供电标准。
- 整机最大PoE供电功率达242W，单端口最大PoE供电功率为90W。
- PoE供电端口支持优先级机制。

3. 有线网卡

家庭使用的计算机主要使用的是板载的网卡。有线设备使用的都是100M/1000M自适应网卡。当然，有需要的用户也可以购买独立网卡，如图8-14所示的USB 3.0的千兆网卡，或者选择PCI-E接口的万兆网卡，如图8-15所示。

图 8-14

图 8-15

4. 无线网卡

无线网卡的选择，需要根据实际情况来选择。在选择无线网卡时主要查看其是否支持双频，尤其是5GHz频段的速率。用户可以选择USB接口的无线网卡，如图8-16所示，也可以选择台式机使用的PCI-E接口的无线网卡，如图8-17所示。

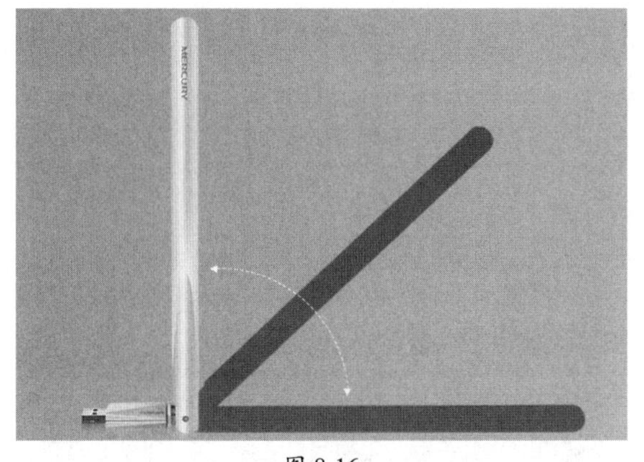

图 8-16

图 8-17

5. 网线

当路由器支持1000Mb/s，网卡也支持1000Mb/s的速率后，网线也支持1000Mb/s的速率时才能在局域网内实现千兆网速。下面介绍一些常用的网线品牌及产品。

知识点拨

网线的标准

在之前的章节中，已经向读者介绍了网线的相关知识。网线需要支持1000-BASE的标准，应该选择超5类及以上的网线。超5类网线支持的效果不是特别稳定，如果家庭使用，应该尽量选择一些高质量的6类网线。

（1）AMP。

AMP又称安普，是美国TE Connectivity公司的品牌，该公司是一家全球化的公司。AMP网线传输性能优越、机械性能强、电气性能稳定、传输时延低、阻抗性好、具有优异的串扰、回损、隔离以及低插损耗。

（2）康普。

康普6类网线的传输频率为1MHz～250MHz，6类布线系统在200MHz时综合衰减串扰比（PS-ACR）应该有较大的余量。康普6类网线提供2倍于超5类的带宽，最适用于传输速率高于1Gb/s的应用。康普6类网线改善了在串扰以及回波损耗方面的性能，主要应用于千兆以太网。

知识点拨

成品跳线的选择

专业用户可以手动制作跳线，但如果是普通家庭用户，可以购买成品跳线来连接设备，避免由于手工制作原因造成网线不符合标准，最终导致网速较低或者出现网络问题。

山泽6类千兆高速跳线来用优质无氧铜线芯，耐磨、耐弯折、耐拉伸、阻抗低、抗干扰能力强、网络传输信号损耗小；RJ-45接头采用镀金金属头外壳，抗干扰、耐插拔、韧性佳，采用三叉式芯片，保证针片与线缆更好接触与传导性能；PVC线背采用柔软PVC环保新料，具有耐磨、耐弯曲、耐拉扯等特点。

8.4.2 小型企业局域网设备选择

小型企业组建局域网也可以使用上面介绍的产品，如果更偏向企业级的应用，可以选购一些更加专业的产品。

1. 小型企业级路由器

小型企业局域网也可以采用家庭用路由器，当然要性能相对好一点的。当然，最好使用入门级企业路由器，以达到安全性与功能性的双重要求。例如，企业可以选择AX6000双频WiFi 6无线VPN路由器（2.5G网口）TL-XVR6000L，如图8-18所示，其主要性能指标如下。

图 8-18

- 11AX双频并发，最高无线速率可达5952Mb/s，具有更高的带机量。
- 支持OFDMA、MU-MIMO、160MHz频宽等WiFi 6新特性。
- 企业级性能，多用户、大空间、高负载环境下稳定运行。
- 1个2.5G WAN/LAN可变端口，外接高宽带/内网传输灵活两用。3个千兆WAN/LAN可变端口，一个千兆LAN端口，支持多宽带混合接入。
- 支持AP管理、认证、DDNS等企业级软件功能。
- 支持IPSec、L2TP、PPTP多种VPN功能，保证用户数据安全。
- 支持应用限制、网站过滤、智能带宽、网页安全、访问控制列表等上网行为管理。
- 支持ARP防护、DoS防护、扫描类攻击防护等多种网络安全功能。
- 支持TP-LINK商用网络云平台、APP集中管理。

2. 小型企业级交换机

小型企业如果使用环境不复杂，信息点也不多，选用普通的交换机即可，配合上面提到的PoE交换机，就完全满足要求了。如果有更高需求，也可以选择企业级多口交换机，如TL-SG3428 24GE+4SFP全千兆网管交换机，如图8-19所示，其主要性能指标如下。

图 8-19

- 24个10/100/1000 Base-T RJ-45端口。
- 4个独立千兆SFP端口。
- 支持四元绑定、ARP/IP/DoS防护、802.1X认证。
- 支持IEEE 802.1Q VLAN、QoS、ACL、生成树、组播功能。
- 支持端口安全、端口监控、端口隔离功能。
- 支持Web网管、CLI命令行、SNMP功能。

四元绑定

四元绑定指的是MAC地址、IP地址、端口、VLAN四个元素的绑定，绑定后，验证通过才能通信，增强了网络中设备的安全性。

3. 小型企业级服务器

小型企业网中，可能需要运行OA系统、打印服务器、文件服务器、Web服务器等。要满足这些需求，用户可以选择DELL T30塔式服务器，如图8-20所示。它是DELL公司为小型企业打造的专业级服务器，用户可以使用远程管理功能来完成桌面登录、安装配置各种服务等工作。它采用至强E3-1225v5系列CPU，它可兼容奔腾、酷睿系列桌面级CPU。外型小巧、噪音低，可无中断运行。

图 8-20

8.5 项目实施

项目实施就是正式施工，并进行设备的安装及调试。由于篇幅有限，这里仅介绍一些实施中的注意事项。

8.5.1 布线的注意事项

家庭局域网在施工中需要注意以下几个问题。

1. 美观

家居布线更注重美观，因此，布线施工应当与装修同时进行，尽量将电缆管槽埋于地板或装饰板之下，信息点也要选用内嵌式，将底盒埋于墙壁内。

2. 综合考虑，远离干扰源

在布线设计时，应当综合考虑电话线、有线电视电缆、电力线和双绞线的布设。弱电线和电力线不能离双绞线太近，以避免对双绞线产生干扰，但也不宜离得太远，相对位置保持在20cm左右即可。如果在房屋建设时已经布好网络，并在每个房间预留了信息点，则应根据这些信息点的位置，考虑和计算机的位置的配对关系等要求。

3. 信息点数量、适当冗余

通常情况下，家庭用户拥有的计算机的数量少，大部分使用的是无线连接方式，但应该在每个房间至少留下一个信息点以满足未来智能设备的使用需要。如果有条件，可以在厨房、阳台、浴室等留下信息点以及低压电源线路，保障以后的智能设备安装升级的需要。例如组建家庭背景音乐系统、网络监控系统、智能安全传感系统、智能家电系统等。

4. 信息点位置

在选择信息点的位置时，要注意既要便于使用，不能被家具挡住，又要比较隐蔽，不太显眼。在卧室中，信息点可位于床头的两侧；在客厅中可位于沙发靠近窗口的一端；在书房中，则应位于写字台附近，信息点与地面的垂直距离不应小于20cm。

8.5.2 设备的连接

设备的连接需要根据拓扑图来进行。家庭网络的拓扑图可以参考图8-21，而小型企业可以参考图8-22。

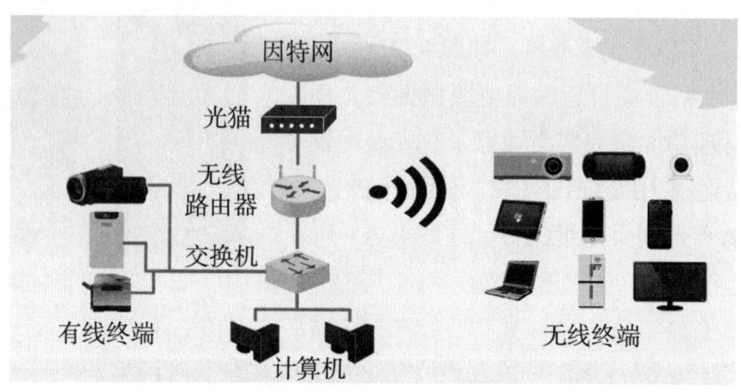

图 8-21

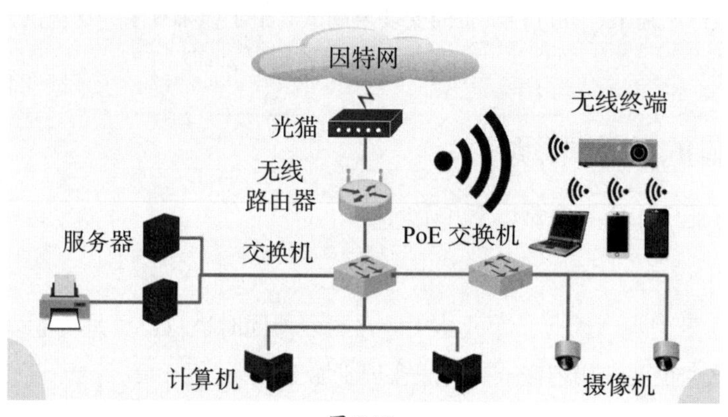

图 8-22

1. 家庭网络设备的连接

一般光猫放置在进户后的信息盒中。将从光猫接出的网线接入路由器的WAN端口，将房间的网线接入路由器的LAN端口。然后使用制作好或者购买好的跳线，将房间中的信息盒上的网络端口同设备的网络端口连接即可。无线设备基本不需要进行设置。连接后，路由器拨号上网成功，其他设备通过DHCP获取网络参数后就可以上网了。

2. 小型企业网络设备的连接

小型企业网络设备的连接和家庭设备的连接基本一样，方案说明如下。

因为办公室面积不大，无线设备数量也不多，使用无线路由器即可满足要求。因为无线应用较多，而且加入了PoE网络摄像机，网速就需要达到千兆了，所以要使用全千兆交换机。公司有2台服务器，其中一台作为打印服务器，并设置网页服务和共享服务，因为网络摄像机比较占用磁盘空间，因此单独使用一台服务器做监控服务器。访问服务器可以使用远程桌面。

知识点拨

其他注意事项

该方案使用了PoE供电的网络摄像机，如果后期使用了无线AP，路由器也必须支持无线AP的管理功能。用户可以使用光纤及转接器连接两台交换机，当然交换机本身要自带光纤端口，配置光纤模块就可以使用了，这样可以实现千兆传输。用户在挑选PoE设备时，一定要看清参数，是不是支持IEEE 802.3at和 802.3af标准，这两个标准规定的安全性较高。

8.5.3 网络设备的参数设置

网络设备的参数设置是使用设备的必备工作，只有进行了设置，设备才能正常工作。

1. 路由器的设置

路由器的设置要从创建管理员密码开始，如图8-23所示，接下来设置宽带的上网方式、宽带账号、宽带密码，如图8-24所示。如果使用了固定IP地址，则需要手动输入。

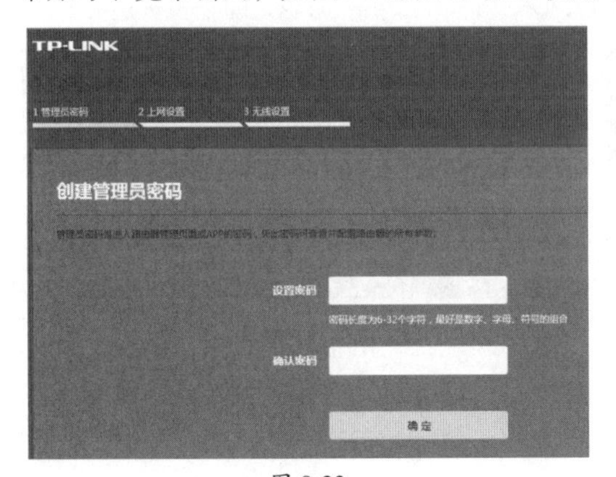

图 8-23

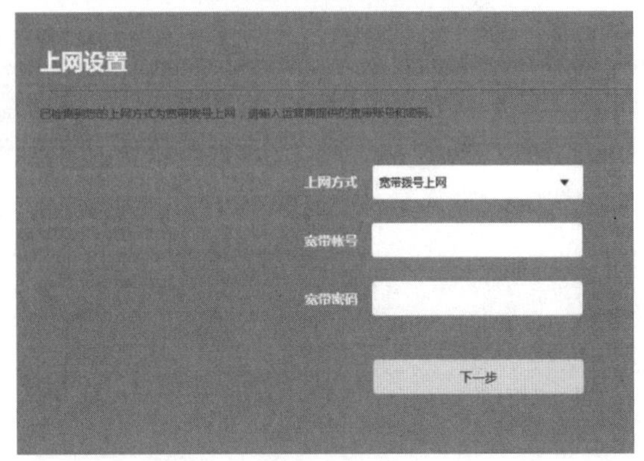

图 8-24

设置无线名称（SSID）以及无线访问的密码，如图8-25所示，完成后，可以查看当前的网络状态，如图8-26所示。

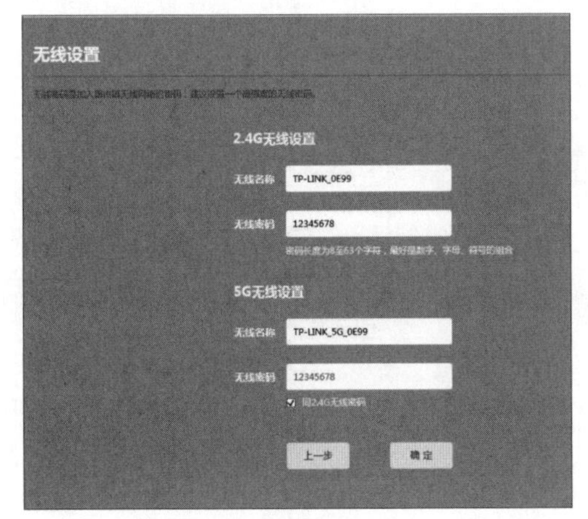

图 8-25

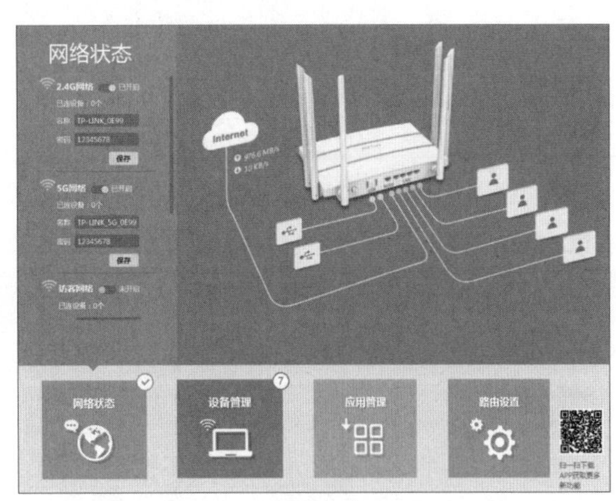

图 8-26

为了防止被人蹭网，可以进行高级设置，如管理已经联网的终端，设置速度或者禁止其联网，如图8-27所示，也可以设置访问时间，如图8-28所示。

图 8-27

图 8-28

此外，还可以设置网络访问的黑白名单，禁止访问某些网站，如图8-29、图8-30所示。

图 8-29

图 8-30

2. 网卡的设置

对网卡可以设置IP地址、子网掩码、网关和DNS等，如图8-31所示。当然，计算机如果直接连接到光猫的LAN端口，则可以设置拨号连接，如图8-32所示。

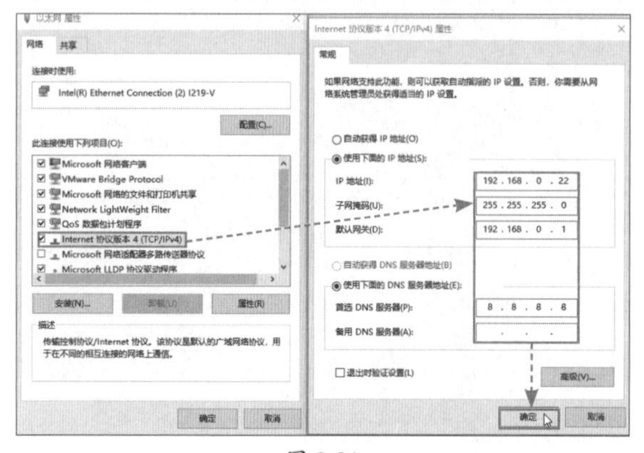

图 8-31

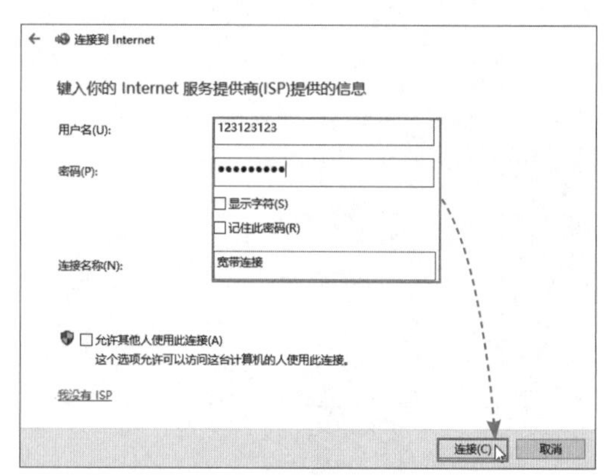

图 8-32

动手练 设置计算机的共享

如果家庭局域网要共享计算机上的文件夹，可以按照下面的步骤进行。

Step 01 启动共享。进入网络和共享中心，启动高级共享设置，将所有的共享及网络发现都打开，最关键的是关闭密码保护共享，如图8-33所示。这样其他设备就不用输入本机账号和密码了。

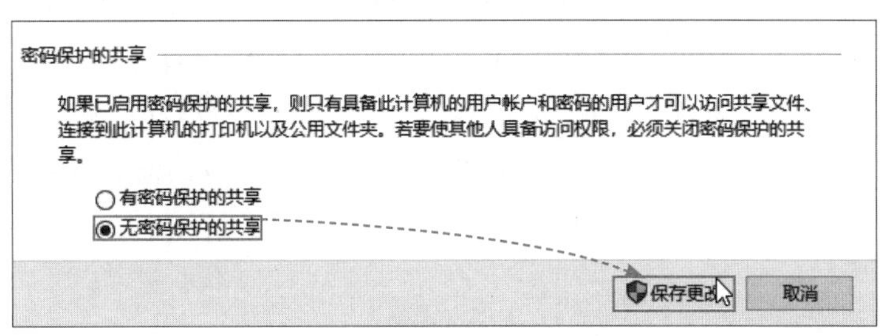

图 8-33

Step 02 启动共享。找到需要共享的文件夹，添加共享用户并设置权限后，单击“共享”，启动共享，如图8-34所示。

Step 03 设置权限问题。如果共享还不成功，用户需要去“安全”选项卡中查看是否是存在NTFS权限问题，如图8-35所示。

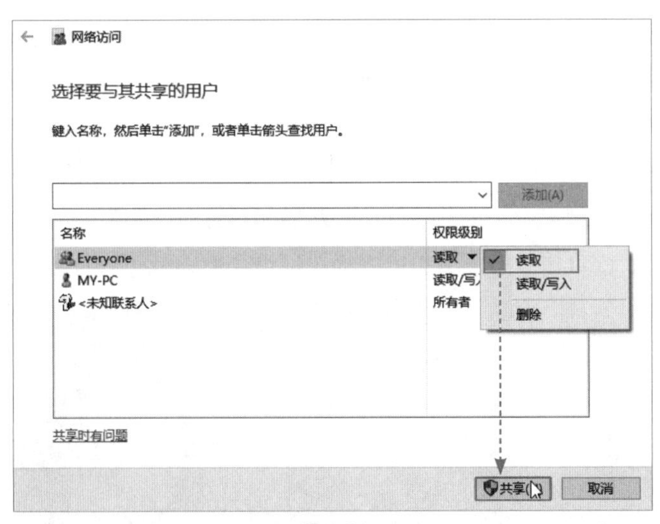

图 8-34

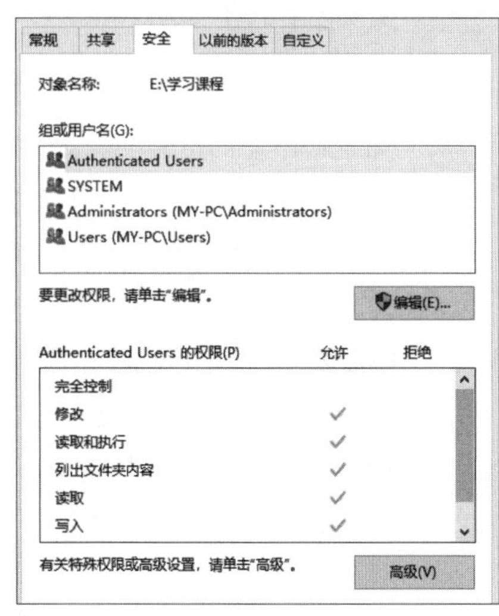

图 8-35

Step 04 启动服务。如果客户机访问不了电脑的共享文件或者在“网络”中找不到设备，可以在客户机的“程序和功能”中安装并启动Windows的SMB功能，如图8-36所示。

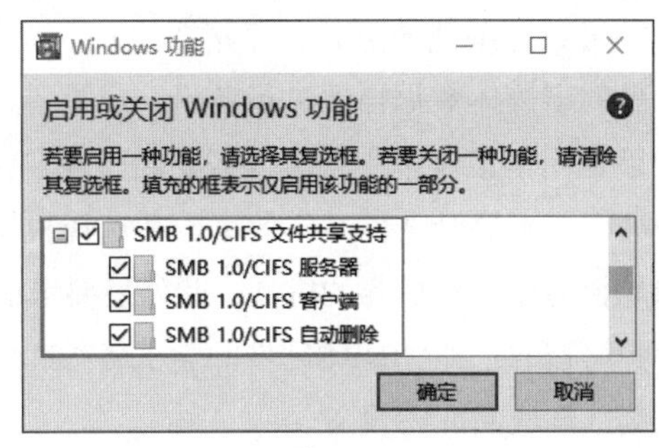

图 8-36

新手答疑

1. Q：PoE 设备的供电有什么标准？

A：标准PoE供电符合IEEE 802.3af或者IEEE 802.3at（at兼容af）标准，规定了握手协议（2～10V检测电压），握手（终端设备支持PoE）之后才会进行升压供电；非标准PoE供电不支持握手协议，不管终端设备是否支持PoE，强制使用48V或其他电压值输出供电。标准PoE供电：IEEE 802.3af标准，PSE端为15.4W，PD端为12.95W；IEEE 802.3at标准，PSE端为30～36W，PD端为25.5W。标准PoE供电设备由PSE芯片智能控制，具有检测功能。非标准PoE供电设备无PSE芯片，直接将48V或其他电压值供电给PD端。PoE设备一般使用4、5、7、8号线供电。

2. Q：信息盒中的无线路由器信号较弱怎么办？

A：如果信息盒中的无线信号较弱，可以在客厅布置无线AP。无线路由器放置在信息盒中的优点是可以直接使用路由器的接口为各个房间的信息点提供服务；缺点是无线功能要大打折扣。也可以将光猫出来的网线连接到客厅的无线路由器，然后使用一根网线连接无线路由器，另一端返回到信息盒中，用于连接小型交换机，再从小型交换机引到各个房间。该方案的优点是无线路由器的无线功能能完全使用，缺点就是需要加个小型交换机，交换机上的有线端口被浪费了。

3. Q：无线路由器的信号非常弱怎么办？

A：无线路由器的信号弱，如果是硬件原因，就需要更换为更优的天线，也可以更换路由器试试。如果使用的是双频路由器，可以切换到2.4GHz的频段，试试信号如何，因为5GHz的频段虽然带宽高，但是信号穿墙能力较差。当以上方案都不行时，查看是否可以通过有线线路，或者使用电力猫进行信号的传输。电力猫可以使用电力线进行传输，不需要布置新的线路。电力猫要成套使用，支持有线及无线共同访问，如图8-37、图8-38所示。

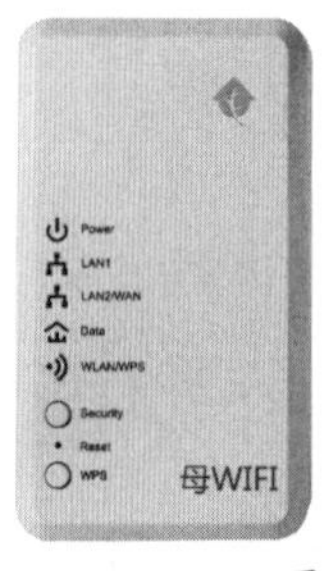

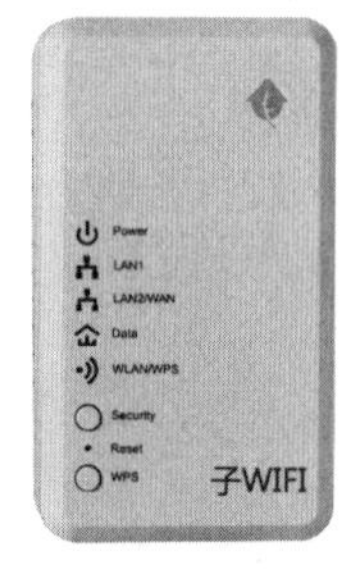

图 8-37

图 8-38

4. Q：NAS 设备有什么选购技巧？

A：在选购NAS产品时，如果只是单纯的下载和存储文件，不需要太高级的产品；如果希望搭建影音中心、有大量的多媒体数据需要进行备份，或是搭建虚拟机，就需要性能更好、内存更大的机型；如果是用于工作室中且多人需要同时存取文件，建议选择支持链路聚合和SSD缓存加速的机型，来提升文件共享效率。在选择机型时，也需要考虑2～3年后的数据增长量，考虑是否需要支持扩容的机型，此外还要考虑NAS操作系统的易用性。有一定动手能力的用户可以自己组建NAS硬件并尝试各种NAS系统。不喜欢动手，追求稳定的用户，可以直接选购成品NAS设备。

第 9 章 大中型企业局域网的组建

前面介绍了小型局域网的组建，包括家庭局域网和小型企业局域网。大中型企业局域网的组建就复杂多，需要考虑规划组建、设备选型、服务器搭建、设备功能配置等，这些都需要专业的技术和经验。本章将介绍大中型企业局域网的组建。

9.1 大中型企业局域网的规划设计

大中型企业局域网的规划设计分为几个方面，下面进行重点介绍。

9.1.1 大中型企业组建局域网的总体步骤

大中型企业组建局域网的总体步骤。

（1）构思阶段。

构思阶段的工作包括：用户调查、需求分析、系统规划、资金落实、组织实施人员。

（2）准备阶段。

准备阶段的工作包括：网络系统初步设计、系统招标和标书评审、确定集成商和供货商、合同谈判。

（3）设计阶段。

设计阶段的工作包括：网络系统详细设计、端站点详细设计、中继站点详细设计。

（4）部件准备阶段。

部件准备阶段的工作包括：机房装修、设备订货、设备到货验收、电源的准备和检查、网络布线和测试、远程网络线路租借。

（5）安装调试阶段。

安装调试阶段的工作包括：计算机安装和分调、网络设备安装和分调、网络系统调试、软件安装分调、系统联调。

（6）测试验收阶段。

测试验收阶段的工作包括：系统测试、系统初步验收、系统最终验收。

（7）用户培训阶段。

（8）系统维护管理阶段。

9.1.2 需求分析

需求分析永远是重要的一个环节。大中型企业的需求分析包括以下10个方面：

（1）对现行企业环境和业务现状进行调查和分析。调查和分析的内容主要包括建设目标、企业地理布局、现有状况以及预算经费。

（2）整理用户的需求和存在的问题，研究解决的办法。每个企业已有的网络都存在这样那样的问题，通过对网络进行改造，解决存在的问题，这也是改造的优势所在。

（3）提出实现网络系统的设想，对系统做概要设计。可以提出多个方案。

（4）计算成本。成本包括硬件成本和软件成本，需要估算系统建设的总体投资，并结合建成后的各种功能，突出建成后带来的经济上的优势。

（5）设计人员内部对所设想的网络系统进行评价，给出多种设计方案的比较。

（6）编制系统概要设计书——纲要性文件，对网络系统进行分析和说明。用户需求分析的主要结果就是“系统概要设计”，这是组网工程的纲要性文件。

（7）概要设计审查。验证与用户需求是否一致，重点对系统概要设计进行汇报及审查，要求设计、管理、质量管理人员共同参与。

（8）把基本调研情况连同系统概要设计书提交给用户，并进行说明。

（9）用户对基本调研的工作和系统概要设计书进行评价，提出意见。

（10）确认系统概要书。设计人员对系统概要设计书进行修改。用户负责人应在系统概要设计书上签字。

9.1.3 规划设计原则

大中型企业的规划设计原则需要按照以下8个方面进行考虑。

1. 先进性

先进性是指设计思想、网络结构、软硬件设备、系统的主机系统、网络平台、数据库系统、应用软件均应使用目前国际上较先进、较成熟的技术，符合国际标准和规范，满足未来3～5年的需求。

2. 标准性

采用标准化技术，可以保证网络发展的一致性，增强网络的兼容性，以达到网络的互连与开放。为确保将来不同厂家的设备、不同的应用、不同协议的连接，整个网络从设计、技术、设备的选择，必须支持国际、国内标准的网络接口和协议，保持高度的开放性。

3. 兼容性

网络规划要与企业现有的传输网络及将要建造的网络有良好的兼容性，在采用先进技术的前提下，最大限度地保护已有投资，并能在已有的网络上扩展多种业务。

4. 可升级和可扩展性

随着技术不断发展，新的标准和功能不断增加，网络设备应支持通过网络进行升级，以提供更先进、更丰富的功能。在网络建成后，随着应用和用户的增加，核心骨干网络设备的交换能力和容量必须能满足线性增长。设备应能提供高端口密度、模块化的设计以及多种类接口、技术的选择，以方便企业在未来能更灵活地扩展。

5. 安全性

网络的安全性对企业是非常重要的。合理的网络安全控制，可以使应用环境中的信息资源得到有效保护，可以有效控制对网络的访问，灵活地实施网络安全控制策略。

知识点拨

常见的安全性策略

在大中型企业局域网中，对于关键应用服务器、核心网络设备，只有系统管理人员才有操作、控制的权力。应用客户端只有访问共享资源的权限，网络应该能够阻止任何的非法操作。在企业网络设备上应该可以进行基于协议、基于MAC地址、基于IP地址的包过滤控制功能。在大规模企业网络的设计上，应考虑划分虚拟子网，这样一方面可以有效地隔离子网内的大量广播，另一方面可以隔离网络子网间的通讯，既控制了资源的访问权限，又提高了网络的安全性。设计企业局域网原则上必须强调网络的安全控制能力，使网络用户正常的连接不受阻碍，又可以从第二层、第三层控制对网络的访问。

6. 可靠性

通常企业的网络系统是7×24小时连续运行的，因此需要从硬件和软件两方面来保证系统的高可靠性。对于硬件可靠性可以从以下几方面考虑：系统的主要部件采用冗余结构，如传输方式的备份，提供备份组网结构；主要的计算机设备（如数据库服务器），支持双机或多机高可用结构；配备不间断电源等。对于软件可靠性，要充分考虑异常情况的处理，具有较强的容错能力、错误恢复能力、错误记录及预警能力并给用户以提示；要具有进程监控管理功能，保证各进程的可靠运行。

网络结构的稳定性：当增加或扩充应用子系统时，不影响网络的整体结构以及整体性能，对关键的网络连接采用主备方式，以保证数据传输的可靠性。另外，网络还应具有较强的容灾容错能力，具有完善的系统恢复和安全机制。

7. 易操作性

操作界面应提供中文的图形用户界面，简单易学，方便使用。

8. 可管理性

网络中的任何设备均可以通过网络管理平台进行控制，如网络的设备状态、故障报警等都可以通过网络管理平台进行监控。通过网络管理平台可简化管理工作，提高网络管理效率。

知识点拨

网络管理软件的使用

在进行网络设计时，选择先进的网络管理软件是必不可少的。网络管理软件可实现对网络设备的配置、网络拓扑结构表示、网络设备的状态显示、网络设备的故障事件报警、网络流量统计分析以及计费等。网络管理软件的应用可以提高网络管理的效率，减轻网络管理人员的负担。网络管理是通过制定统一的策略，由管理策略服务器进行全局控制的。在设计企业网的设备选择上，应要求网络设备支持标准的网络管理协议SNMP，核心设备要求支持RAP（远程分析端口）协议，以便充分地实施网络管理功能。

9.1.4 规划设计要点

在网络的规划设计中，有以下关键点需要注意。

1. 分层设计的思想

和OSI七层模型一样，在大型项目中，对于复杂的网络需求，也可以使用分层设计的思想来解决，即按照核心层、汇聚层、接入层进行考虑。在局域网的三层结构中，数据被接入层接入网络，被汇聚层汇聚到高速链路上，由核心层处理后返回汇聚层和接入层，最终到达目的设备。核心层负责数据交换；汇聚层负责聚合路由路径，收敛数据流量；接入层负责接入设备以及网络访问控制等网络边缘服务。一般企业局域网的三层结构如图9-1所示。

（1）核心层。

核心层是大中型企业局域网的核心部分，主要目的是尽可能快地交换数据。核心层不应该涉及数据包操作或者减慢数据交换的处理速度。应该避免在核心层中使用像访问控制列表和数

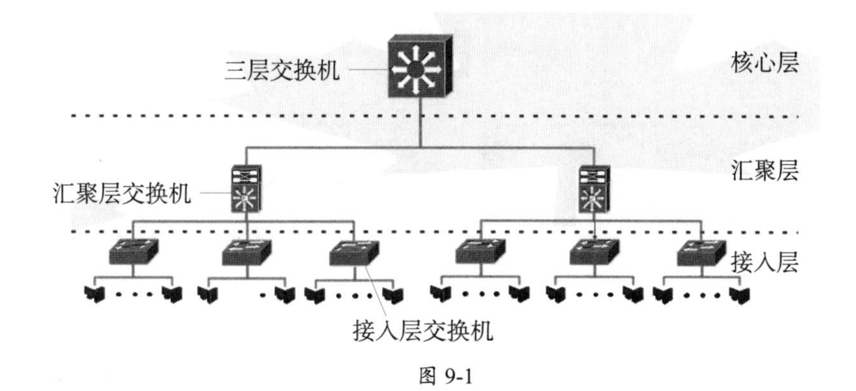

图 9-1

据包过滤之类的功能。核心层主要负责以下几项工作：

- 提供交换区块间的连接。
- 提供到其他区块的访问。
- 尽可能快地交换数据帧或数据包。
- VLAN间路由。

（2）汇聚层。

汇聚层也叫分布层，是网络接入层和核心层之间的分界点。该层提供了边界定义，并在该层对数据包操作进行处理。在局域网中，汇聚层能执行众多功能，其中包括：

- VLAN聚合。
- 部门级和工作组接入。
- 广播域或组播域的定义。
- 介质转换。
- 安全功能。

总之，汇聚层可以被归纳为能提供基于策略的连通性的分层。它可将大量接入层过来的低速链路通过少量高速链路导入核心层，实现通信量的聚合。同时，汇聚层可屏蔽经常处于变化中的接入层对相对稳定的核心层的影响。

（3）接入层。

接入层的主要作用有：

- 将流量导入网络。
- 访问控制。
- 提供第二层服务，比如基于广播或MAC地址的VLAN成员资格和数据流过滤。

VLAN的划分一般是在接入层实现的，但VLAN之间的通信必须借助于核心层的三层设备才得以实现。由于接入层是用户接入网络的入口，所以也是黑客入侵的门户。接入层通常用包过滤策略提供基本的安全性，保护局部网免受网络内外的攻击。接入层的主要准则是能够通过低成本、高端口密度的设备提供这些功能。相对于核心层采用的高端交换机，接入层使用的是相对“低端”的设备，常称之为工作组交换机或接入层交换机。因为局域网接入层往往已连到用户桌面，所以有人又称接入层交换机为桌面级交换机。

当然，并不是所有的局域网都是三层结构，也有可能只有核心层和接入层，如图9-2所示。而一些复杂的网络可能还有第四层结构，又或者是在高层采用了冗余备份，如图9-3所示。

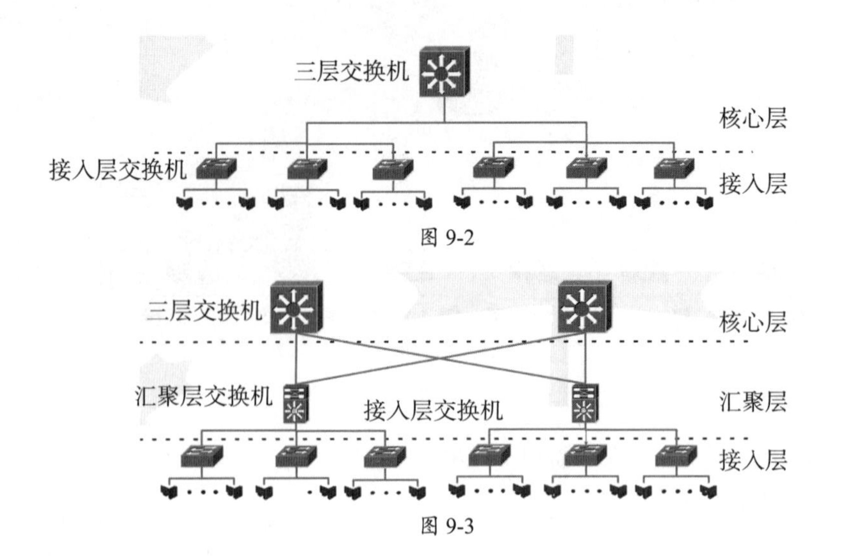

图 9-2

图 9-3

2. IP 地址的规划

IP地址作为网络传输的基础，所以在企业中IP地址的划分有着重大的意义。

在规划前需要确定IP地址按什么原则进行划分，比如按部门、建筑、楼层等。然后将IP地址的信息，包括网段、子网掩码、网关、主机地址、服务器地址等信息，综合到一张IP地址表中。使整个网络的结构清晰，路由信息明确，也能减小路由器的路由表复杂性；每个区域的地址与其他区域的地址相对独立，也便于灵活管理。

对于不需要外网访问的设备，配置私有IP地址即可。对有外网访问需求的部门，可以使用NAT技术，使多个设备共用一个公网IP地址进行对外通信即可。企业的Web服务器、邮件服务器等需要对外提供服务的，应使用固定的公网IP地址。

3. 布线设计及施工

大中型企业的网络布线设计需要考虑很多因素：怎样设计布线系统；这个系统有多少信息量，多少语音点，怎样通过水平干线、垂直干线、楼宇管理子系统把它们连接起来；需要选择哪种传输介质（线缆），需要哪种线材（槽管）及其材料价格如何；施工费用需多少等。一般的线路系统由以下几种子系统组成。

- **工作区子系统：** 信息插座到用户终端设备这一段。
- **水平布线子系统：** 楼层配线间到信息插座这一段。通常采用超5类双绞线，需要高速的可采用6类及以上网线，过远的可以考虑使用光纤。
- **建筑物主干子系统：** 整栋楼的配线间至各楼层配线间这一段，包括配线架、跳线等。一般采用光纤或者超6类及以上的双绞线。
- **建筑群布线子系统：** 建筑群配线间至各建筑总配线间这一段，多采用光纤。

知识点拨

施工中的注意事项

仔细查阅其他专业的施工图纸；建议在施工中应满足设计裕量；采用质量可靠的管路和线缆，以避免日后的麻烦；严格遵守综合布线系统规范；选材标准必须一致。

4. 系统安全设计

系统安全设计是指网络系统的硬件、软件及其系统的数据受到保护，不受偶然的或恶意的原因而遭到破坏、更改、泄露，系统能够连续可靠地正常运行。广义上说，凡是涉及网络上信息的保密性、安全性、可用性、真实性和可控性的相关技术和理论都是网络安全所要研究的领域。网络安全的内容既有技术方面的问题，也有管理方面的问题，两方面相互补充，缺一不可。技术方面主要侧重于防范外部非法用户的攻击，管理方面则侧重于内部人为因素的管理。如何有效地保护重要的信息数据、提高计算机网络系统的安全性已经成为所有计算机网络应用必须考虑和必须解决的重要问题。

9.2 大中型企业局域网案例分析

大中型企业局域网根据不同的企业，按照需求不同，所采用的组网方案也不同。常见的一种方案，如图9-4所示。下面介绍该方案设备的选型和特点，以及该方案的优势如下。

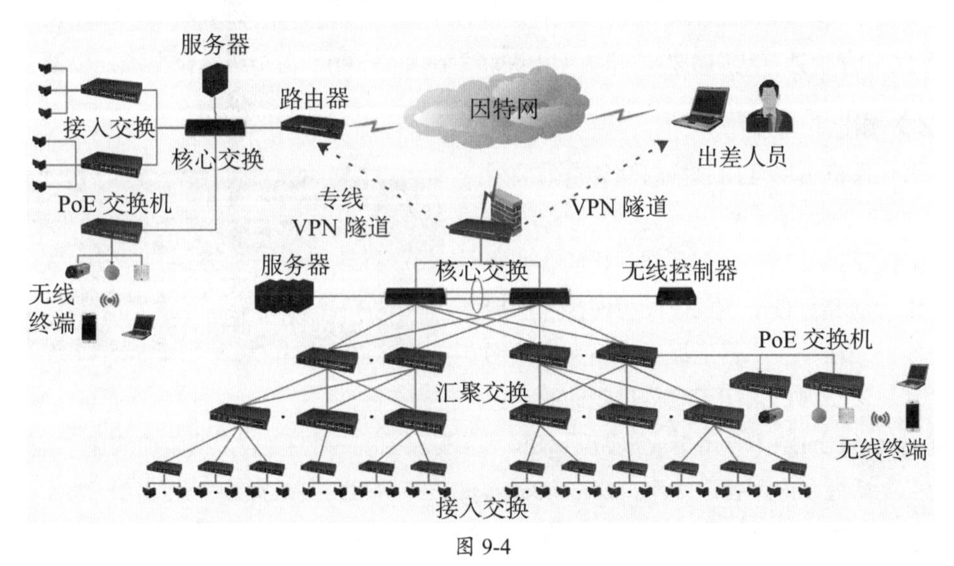

图 9-4

9.2.1 方案的主要产品选型及特点

在该方案中，用到了接入层交换机、汇聚层交换机、核心层交换机、PoE交换机、企业级路由器、无线AP、无线控制器，以及各种服务器等。

1. 核心交换机

相对于路由器来说，核心交换设备在整个网络产品中的价格及作用比重是比较高的。对于大型企业来说，可以考虑思科Catalyst 9600系列交换机，如图9-5、图9-6所示。

作为业界首批专为企业园区量身打造的模块化40和100每秒千兆位以太网交换机，Catalyst 9600系列交换机可为企业应用提供无与伦比的表规模（MAC表、路由表、访问控制列表）及缓冲性能。思科Catalyst 9606R机箱的硬件最多可支持25.6Tb/s的有线交换容量，每个插槽最高可提供6.4Tb/s的带宽。支持通过精细的端口密度满足不同的园区需求，包括非阻塞40和100每秒千兆位以太网（GE）四通道小型封装热插拔（QSFP+、QSFP28）及1、10、25GE增强型小型

图 9-5

图 9-6

封装热插拔（SFP、SFP+、SFP28）。该系列交换机还支持高级路由和基础设施服务（例如多协议标签交换（Muti-Protocol Label Switch，MPLS）第2层和第3层VPN、组播VPN、网络地址转换）；思科软件定义接入功能（例如主机跟踪数据库、跨域连接、VPN路由和转发感知、定位/ID 分离协议）；基于思科 StackWise虚拟技术的网络系统虚拟化（对于将这些交换机部署到园区核心至关重要）。思科Catalyst 9600系列还支持所有基本的高可用性功能，例如修补、平稳插入和移除（GIR）、具有状态切换功能的无中断转发(NSF/SSO)、白金级冗余电源，以及电风扇。

2. 汇聚交换机

汇聚交换机可以选用思科的3850系列交换机，如图9-7所示。

图 9-7

Cisco Catalyst 3850系列是新一代的企业级可堆叠以太网和每秒千兆位级以太网接入和聚集层交换机，在单一平台上提供有线和无线网络的融合。该交换机采用了思科最新的统一接入数据层面（UADP）专用集成电路（ASIC），实现了统一的有线/无线策略实施、应用程序监控能力、灵活性和应用程序优化。Cisco Catalyst 3850系列交换机支持完整的IEEE 802.3at以太网供电增强版（PoE+）、思科通用以太网供电（Cisco UPOE）、模块化和可现场更换网络模块、RJ-45和光纤下行链路端口，以及冗余电风扇和电源。Cisco Catalyst 3850每秒千兆位级以太网交换机提供高达10Gb/s的速率，可在现有布线基础设施上支持现有和新一代无线速度及标准（包括IEEE 802.11ac第2代技术）。

3. 接入层交换机

接入层交换机可以采用思科2960-X系列交换机，如图9-8所示。

图 9-8

该系列的设备适用于企业网和分支机构应用的企业级可堆叠式L2/L3固定配置交换机，配备了每秒千兆位以太网下行端口链路。以超值的价格获得所需要的企业级功能。思科2960-X系列交换机是堆叠式每秒千兆位以太网第2层和第3层接入交换机，可全面简化部署、管理和故障排除。该交换机不仅支持自动化的软件安装和端口配置，而且能够通过其他节能功能帮助用户降低成本。

4. 路由器

路由器可以采用思科4000系列集成多业务路由器，如图9-9所示。

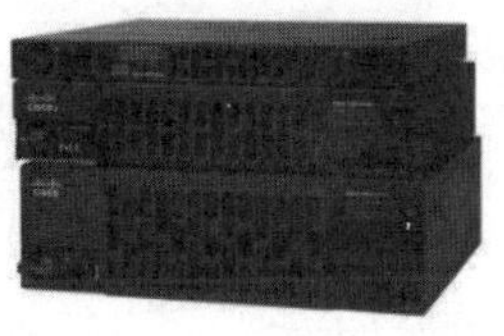
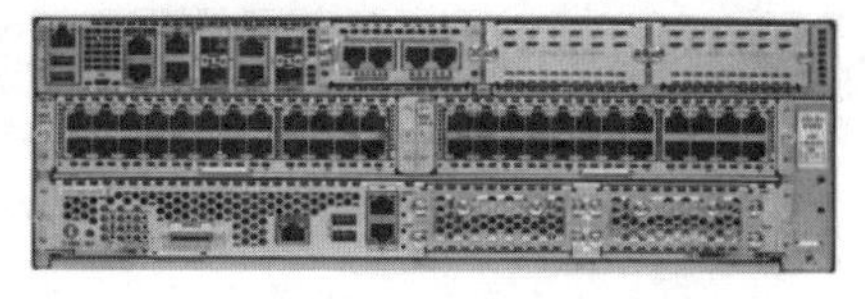

图 9-9

思科4000系列集成多业务路由器（ISR）可改变企业分支机构的通信方式，专用于满足分布式企业站点对应用感知型网络不断增长的需求。这些位置的资源往往比较有限。但是在这些位置，与私有数据中心和公共云通过不同的链路直接通信的需求也与日俱增。思科4000系列包含以下平台：4461、4451、4431、4351、4331、4321和4221 ISR。

5. 其他设备

防火墙可以选用思科的2100系列防火墙。

无线控制器可以选用思科5520系列，该系列的产品适用于大中型企业和园区网络，支持集中管理、分布式和网状部署，面向支持第二代IEEE 802.11ac技术的下一代网络而优化，最多支持1500个接入点和20000个客户端。无线网络可以使用的介质有无线电波、微波和红外线。现在可见光也可以进行无线传输。

无线接入点可以选用思科Catalyst 9130无线接入点，该设备支持WiFi 6。

9.2.2 方案简介

本方案主要选用的思科公司的网络产品，这些设备在性能及稳定性上均有强大的表现。

（1）在核心交换上，采用了双核心交换，并使用了链路聚合技术，提高了性能和安全性，防止由于外部损坏带来的整个局域网故障。

（2）全千兆有线网络，冗余备份，高速稳定。设备支持全千兆线速转发，核心交换机更是提供万兆转发。核心层交换机支持堆叠功能，提供更多端口，结合端口汇聚可轻松实现线路冗余备份。汇聚层和接入层支持端口汇聚，成倍提高上联端口传输速率，解决了上联端口传输瓶颈问题。

（3）使用三层路由、VLAN、DHCP中继等丰富网管功能，可清晰划分部门权限。支持DHCP Sever、VLAN、L2～L4的ACL等功能，实现部门、VLAN、IP地址一一对应，清晰划分了部门权限，简化管理。支持三层静态路由，实现服务器资源共享。支持DHCP中继，使不同网段的DHCP客户端能共享一台DHCP服务器，减少服务器的数量。

（4）有线网络支持四元绑定、IEEE 802.1X认证。无线网络支持多种认证方式：支持IP-MAC-端口-VLAN四元绑定；支持IP源防护、MAC地址泛洪攻击防护；支持MAC认证、Web认证、微信认证等多种用户接入认证方式，防止非法设备接入无线网络。支持客户端隔离，将AP内部用户隔离。

（5）室内室外无线全覆盖。

（6）统一配置，集中管理，支持AC备份，AP离线自管理功能。

（7）VPN互联，实现服务器共享和远程办公。总部和分支机构的路由器均支持IPSec VPN，可实现VPN互联，实现总部服务器共享，提高企业沟通效率。总部路由器支持PPTP/L2TP VPN，出差员工可随时访问总部服务器，实现远程办公。

9.3 大中型企业局域网设备配置高级技术

在完成物理连接后，大中型企业局域网中的设备同样需要进行设置，但是这种设置需要专业人员来完成。下面向读者介绍一些最常用的功能的配置步骤。

9.3.1 三层交换技术

三层交换技术是指二层交换技术+三层转发技术。它解决了局域网中网段划分之后，网段中子网必须依赖路由器进行管理的局面，解决了传统路由器低速、复杂所造成的网络瓶颈问题。

知识点拨

三层交换技术原理分析

假设两个使用IP协议的站点A、B通过第三层交换机进行通信，发送站A在开始发送时，把自己的IP地址与B站的IP地址比较，判断B站是否与自己在同一子网内。若目的站B与发送站A在同一子网内，则进行二层的转发；若两个站点不在同一子网内，发送站A要向三层交换机的三层交换模块发出ARP（地址解析）封包。三层交换模块解析发送站A的目的IP地址，向目的IP地址网段发送ARP请求。B站得到此ARP请求后向三层交换模块回复其MAC地址，三层交换模块保存此地址并回复给发送站A，同时将B站的MAC地址发送到二层交换引擎的MAC地址表中。以后，发送站A向B站发送的数据包便全部交给二层交换处理，信息得以高速交换。可见，由于仅在路由过程中才需要三层处理，绝大部分数据都通过二层交换转发（三层交换机的速度很快，接近二层交换机的速度）。这就是“一次路由，多次交换”的原理。

9.3.2 VLAN技术

虚拟局域网（Virtual Local Area Network，VLAN）是一种通过将局域网内的设备逻辑地而不是物理地划分成一个个网段的技术。这里的网段是逻辑网段，而不是真正的物理网段。在逻辑网段中的设备和用户不受物理位置的限制，可以根据功能、部门及应用等因素将它们组织起来，逻辑网段间的通信就好像它们在同一个物理网段中一样，由此得名虚拟局域网，如图9-10所示。

VLAN是一种比较成熟的技术，工作在OSI参考模型的第2层和第3层。一个VLAN就是一个广播域。在计算机网络中，一个二层网络可以被划分为多个广播域，一个广播域对应一个特定的用户组，默认情况下这些广播域是相互隔离的。不同的广播域之间想要通信，需要通过一个或多个路由器。VLAN的好处有：增加了网络的灵活性，减少网络设备的移动、添加和修改的管理开销。可以控制广播活动，每个VLAN为一个网段，广播只在一个网段内泛洪，而不会传播并影响其他网段，减少了广播风暴的波及面，可提高网络的安全性。划分VLAN后，各VLAN

间隔离，彼此依靠路由或三层交换进行通信，而通过设置后，还可以禁止某些VLAN与其他VLAN通信，增加了安全性。

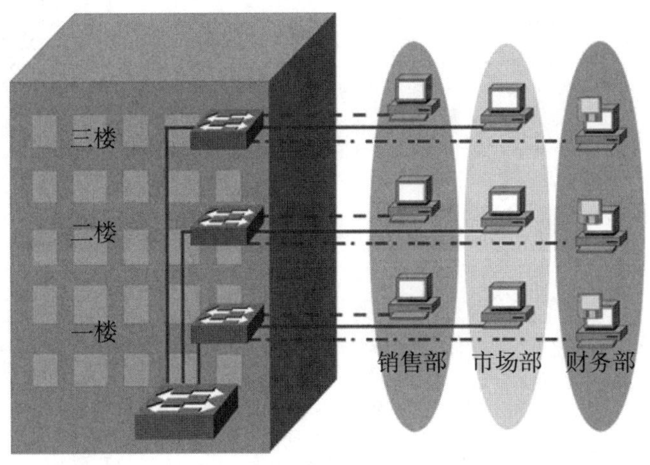

图 9-10

知识点拨

Trunk

提到VLAN，就不得不提到Trunk链路。Trunk指VLAN的端口聚合，是用来在不同的交换机之间进行连接，以保证跨越多个交换机上建立的同一个VLAN的成员能够相互通信。其中交换机之间互联用的端口称为Trunk端口。要两台交换机之间只需有一条级联线，并将对应的端口设置为Trunk，这条线路就可以承载交换机上所有VLAN的信息。

下面介绍VLAN的配置步骤，其拓扑图如图9-11所示。

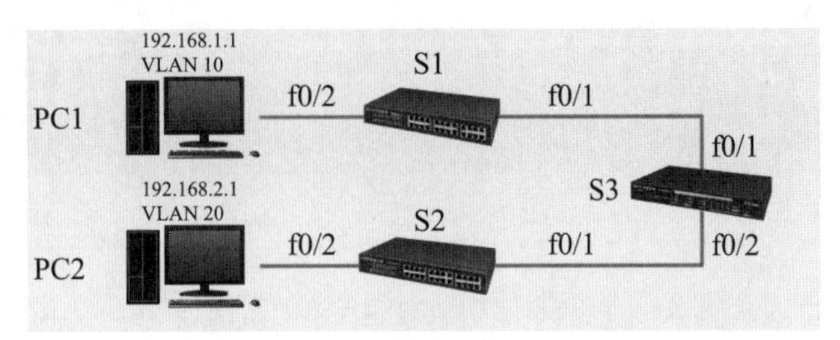

图 9-11

Step 01 使用Console线连接计算机与网络设备，进入计算机的超级终端后，开始进行配置。

```
Switch1#conf ter                                          //进入配置模式
Enter configuration commands,  one per line.  End with CNTL/Z.
Switch(config)#hostname S1                                //命名交换机为S1
S1(config)#vlan 10                                        //创建VLAN 10
S1(config-vlan)#exit                                      //退出VLAN设置模式
S1(config)#vlan 20                                        //创建VLAN 20
S1(config-vlan)#exit
S1(config)#interface f0/2                                 //进入f0/2端口
S1(config-if)#switchport  access vlan 10                  //端口加入VLAN 10
```

```
S1(config-if)#no shutdown                                    //开启端口
S1(config-if)#exit                                           //退出端口模式
S1(config)#in f0/1
S1(config-if)#switchport mode trunk                          //开启Trunk模式
S1(config-if)#no shutdown
S1(config-if)#exit
```

Step 02 按照同样方法，配置交换机S2。

Step 03 配置三层交换机S3。

```
Switch(config)#hostname S3
S3(config)#vlan 10
S3(config-vlan)#exit
S3(config)#vlan 20
S3(config-vlan)#exit
S3(config)#in f0/1
S3(config-if)#switchport trunk encapsulation dot1q          //选择封装模式
S3(config-if)#switchport mo trunk
S3(config-if)#no shutdown
S3(config-if)#exit
S3(config)#in f0/2
S3(config-if)#switchport trunk encapsulation dot1q
S3(config-if)#sw mo trunk
S3(config-if)#no shutdown
S3(config-if)#exit
S3(config)#in vlan 10
S3(config-if)#ip address 192.168.1.10 255.255.255.0     //配置VLAN 10 IP地址
S3(config)#in vlan 20
S3(config-if)#ip address 192.168.2.10 255.255.255.0
S3(config)#ip routing                                    //开启三层交换路由模式
```

完成后，测试两台计算机之间是否能使用ping命令连通，正常情况，如图9-12所示。

```
FastEthernet0 Connection:(default port)

   Link-local IPv6 Address.........: FE80::210:11FF:FE6C:705C
   IP Address......................: 192.168.1.1
   Subnet Mask.....................: 255.255.255.0
   Default Gateway.................: 192.168.1.10

PC>ping 192.168.2.1

Pinging 192.168.2.1 with 32 bytes of data:

Reply from 192.168.2.1: bytes=32 time=10ms TTL=127
Reply from 192.168.2.1: bytes=32 time=2ms TTL=127
Reply from 192.168.2.1: bytes=32 time=13ms TTL=127
Reply from 192.168.2.1: bytes=32 time=0ms TTL=127

Ping statistics for 192.168.2.1:
    Packets: Sent = 4, Received = 4, Lost = 0 (0% loss),
Approximate round trip times in milli-seconds:
    Minimum = 0ms, Maximum = 13ms, Average = 6ms
```

图 9-12

9.3.3 链路聚合/端口聚合技术

链路聚合/端口聚合是指，将多个物理端口捆绑在一起，成为一个逻辑端口，以实现出/入流量在各成员端口中的负荷分担，如图9-13所示。交换机根据用户配置的端口负荷分担策略决定报文从哪一个成员端口发送到对端的交换机。当交换机检测到其中一个成员端口的链路发生故障时，就停止在此端口上发送报文，并根据负荷分担策略在剩下的链路中重新计算报文发送的端口，待故障端口恢复后再次重新计算报文发送端口。链路聚合/端口聚合在增加链路带宽、实现链路传输弹性和冗余等方面是一项很重要的技术。

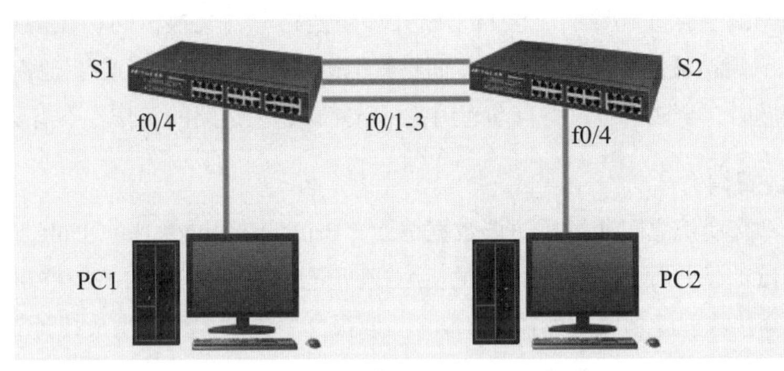

图 9-13

```
Switch>en
Switch#configure terminal
Enter configuration commands,  one per line.  End with CNTL/Z.
Switch(config)#hostname S1
S1(config)#in range f0/1 - 3                        //进入聚合端口
S1(config-if-range)#channel-group 1 mode on         //将1号通道在这3个端口开通
S1(config-if-range)#no shut
S1(config-if-range)#switchport mode trunk
```

完成后，可以查看到当前的聚合状态，如图9-14所示。

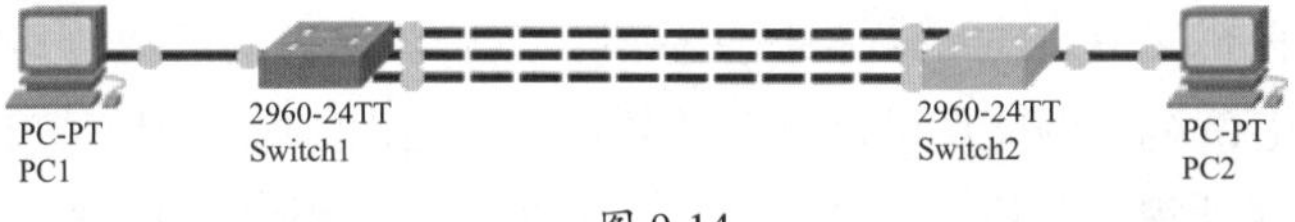

图 9-14

9.3.4 生成树协议

简单地说，生成树协议是在出现环路后，智能交换机通过算法，屏蔽某条线路，将环形拓扑改成非环形拓扑，而被屏蔽的线路在其他线路出故障时，会自动启动，形成冗余，如图9-15所示。

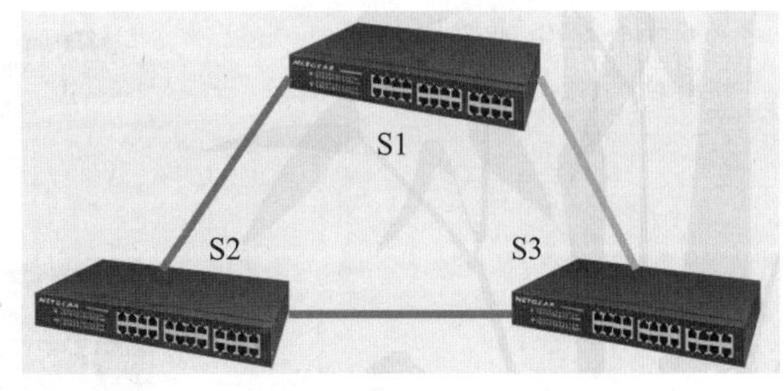

图 9-15

1. 形成环路的危害

形成环路后会产生广播风暴。交换机可以隔绝冲突域，但不会隔绝广播域，所以广播会在三台交换机的端口间进行传递，然后由链路传导至下一交换机，反复传导，造成网络设备资源被耗尽。同时还会存在多帧复制以及MAC地址表不稳定等情况。

2. 生成树协议简介

生成树协议（Spanning Tree Protocol，STP）的作用是通过阻断冗余链路，将一个有回路的桥接网络修剪成一个无回路的树形拓扑结构。

STP检测到网络上存在环路时，会自动断开环路链路。当交换机间存在多条链路时，交换机的生成树算法只启动最主要的一条链路，而将其他链路都阻塞掉，将这些链路变为备用链路。当主链路出现问题时，生成树协议将自动起用备用链路接替主链路的工作，不需要任何人工干预。

3. 生成树协议计算简介

要实现STP，交换机之间通过桥协议数据单元（Bridge Protocol Data Unit，BPDU）进行信息交流。STP BPDU是一种二层报文，目的MAC地址是组播地址01-80-C2-00-00-00，所有支持STP的交换机都会接收并处理收到的BPDU报文。该报文中包含了用于生成树计算的基本信息。

知识点拨

快速生成树协议

STP协议的缺陷主要表现在收敛速度上，当拓扑发生变化，新的BPDU要经过一定的时延才能传播到整个网络，这个时延称为Forward Delay，协议默认值是15s。在所有交换机收到这个变化的消息之前，若旧拓扑结构中处于转发的端口还没有发现自己应该在新的拓扑中停止转发，则可能存在临时环路。

快速生成树协议（Rapid Spanning Tree Protocol，RSTP）在IEEE 802.1d协议的基础之上，进行了一些改进，产生了IEEE 802.1w协议。作为对IEEE 802.1d标准的补充。RSTP在STP基础上做了重要改进，使得收敛速度快得多（最快是在1s以内）。

STP首先根据交换机MAC地址选择根桥交换机，然后计算根端口到达其他交换机的路径带价，找出代价低的路径。到达的交换机端口为指定端口，发出的端口为根端口。最后肯定有线路未使用，或者说端口为非根、非指定端口，这时交换机就会禁用该端口，然后通过BUDU通知其他所有交换机。同步后，所有的交换机就都知道了，这样就完成了STP收敛，之后，环路消失。

4. 生成树协议配置

下面介绍生成树协议的配置步骤，其拓扑图如图9-16所示。

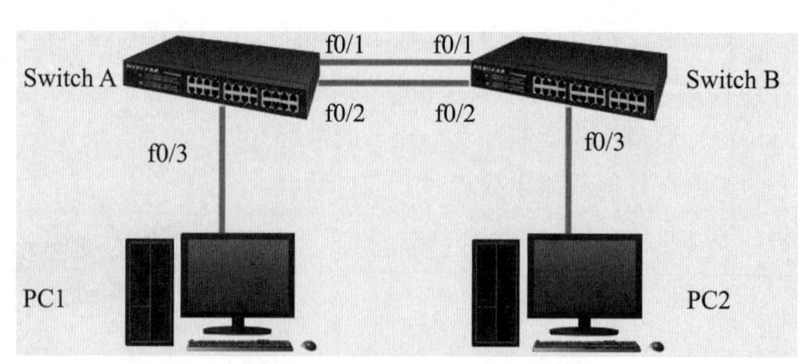

图 9-16

Step 01 交换机A的基本配置如下，交换机B的配置与交换机A相同。

```
Switch>en
Switch#config ter
Enter configuration commands, one per line.  End with CNTL/Z.
Switch(config)#hostname SwitchA
SwitchA(config)#vlan 10
SwitchA(config-vlan)#exit
SwitchA(config)#interface f0/3
SwitchA(config-if)#no shutdown
SwitchA(config-if)#switchport access vlan 10
SwitchA(config-if)#exit
SwitchA(config)#interface range f0/1-2
SwitchA(config-if-range)#no shutdown
SwitchA(config-if-range)#switchport mode trunk
%LINEPROTO-5-UPDOWN: Line protocol on Interface FastEthernet0/1, changed
state to down
%LINEPROTO-5-UPDOWN: Line protocol on Interface FastEthernet0/1, changed
state to up
%LINEPROTO-5-UPDOWN: Line protocol on Interface FastEthernet0/2, changed
state to down
%LINEPROTO-5-UPDOWN: Line protocol on Interface FastEthernet0/2, changed
state to up
SwitchA(config-if-range)#exit
```

Step 02 启用快速生成树协议的配置如下。交换机A与交换机B相同。

```
SwitchA(config)#spanning-tree
SwitchA(config)#spanning-tree mode rstp
SwitchA#show spanning-tree
```

Step 03 设置交换机优先级，指定交换机A为根交换，配置如下。

```
SwitchA(config)#spanning-tree priority 4096
```

Step 04 验证交换机B的端口1、端口2的状态。

```
SwitchB#show spanning-tree interface f0/1
SwitchB#show spanning-tree interface f0/2
```

如果交换机A与交换机B的f0/1链路断掉，验证交换机B端口2的状态，并观察状态转换时间。

```
SwitchB#show spanning-tree interface f0/2
```

使用计算机检测是否依然能够通信。需要注意的是最好先配置交换机后，再连接交换机，否则容易产生广播风暴，影响实验结果。

9.3.5 静态路由与默认路由配置

简单来说，静态路由是指用户手动给路由器设置路由表项，将符合条件的数据交给指定的下一跳路由器。默认路由是指将所有不知道该发向何处的包，全部交给默认路由器与在计算机上设置网关类似。下面直接以案例的形式向读者进行讲解。案例使用的拓扑图如图9-17所示。

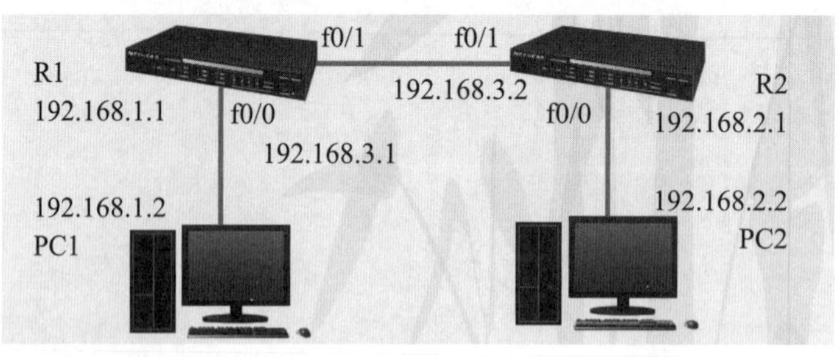

图 9-17

Step 01 路由器R1的配置如下。

```
Router>en
Router#conf ter
Enter configuration commands, one per line. End with CNTL/Z.
Router(config)#in f0/0
Router(config-if)#no shut
Router(config-if)#
%LINK-5-CHANGED: Interface FastEthernet0/0, changed state to up
%LINEPROTO-5-UPDOWN: Line protocol on Interface FastEthernet0/0, changed
state to up
Router(config-if)#ip address 192.168.1.1 255.255.255.0          //配置IP地址
Router(config-if)#in f0/1
Router(config-if)#ip address 192.168.3.1 255.255.255.0
Router(config-if)#no shut
%LINK-5-CHANGED: Interface FastEthernet0/1, changed state to up
Router(config-if)#exit
Router(config)#
```

Step 02 路由器R2的配置与路由器R1一样，注意IP地址不要配置错端口即可。此时用计算机测试计算机之间的连接是不通的，PC1最多可以使用ping命令连通到192.168.3.1。因为路由器R1路由表只有192.168.1.0及192.168.3.0直连网段，如图9-18所示。而路由器R2也是一样。

```
Gateway of last resort is not set

C    192.168.1.0/24 is directly connected, FastEthernet0/0
C    192.168.3.0/24 is directly connected, FastEthernet0/1
Router#
```

图 9-18

这时需要在路由器R1配置默认路由，指向路由器R2。

```
Router(config)#ip route 192.168.2.0 255.255.255.0 f0/1
```

该命令是要去192.168.2.0网段的数据包都走f0/1这个端口。完成后，查看路由表，可以看到增加了一条192.168.2.0的静态路由，使用“S”标识，如图9-19所示。

```
Gateway of last resort is not set

C    192.168.1.0/24 is directly connected, FastEthernet0/0
S    192.168.2.0/24 is directly connected, FastEthernet0/1
C    192.168.3.0/24 is directly connected, FastEthernet0/1
Router#
```

图 9-19

在该命令中，也可以使用下一跳“192.168.3.2”代替“f0/1”。路由器会自动使用该IP地址所在端口代替该IP地址。这时，两台计算机还是ping不通，因为仅仅配置了路由器R1，数据包可以传过去，但路由器R2没有配置静态路由，数据包传不回来。所以为路由器R2也配置静态路由，命令为：

```
Router(config)#ip route 192.168.1.0 255.255.255.0 192.168.3.1
```

完成后，两台计算机就可通信了。从以上步骤可以看出配置静态路由是一件很烦琐的事，一旦配置出错网络就不会通了，排查错误也很麻烦。

9.3.6 内部网关协议IGP

路由信息协议（Routing Information Protocol，RIP）是内部网关协议（Interior Gateway Protocol，IGP）中最先得到广泛使用的协议。RIP是一种分布式的基于距离向量的路由选择协议，是因特网的标准协议，其最大优点是简单，启动路由器的自动设置功能，路由器间根据该协议会自动生成并宣告网络模型，自动形成路由表并转发包，不需要人为干涉。下面介绍具体配置，其拓扑图和图9-17相同。

Step 01 基础配置。在路由器R1中配置好端口的IP地址信息，路由器R2的配置过程与路由器R1相同。

```
Router>en
Router#conf ter
Enter configuration commands, one per line.  End with CNTL/Z.
Router(config)#in f0/0
Router(config-if)#no shut
Router(config-if)#
%LINK-5-CHANGED: Interface FastEthernet0/0, changed state to up
%LINEPROTO-5-UPDOWN: Line protocol on Interface FastEthernet0/0, changed
state to up
Router(config-if)#ip address 192.168.1.1 255.255.255.0
Router(config-if)#in f0/1
Router(config-if)#ip address 192.168.3.1 255.255.255.0
Router(config-if)#no shut
%LINK-5-CHANGED: Interface FastEthernet0/1, changed state to up
Router(config-if)#exit
Router(config)#
```

Step 02 配置RIP协议，在路由器R1中进行如下配置，在路由器R2中也进行相同配置，但宣告1.0和3.0网络。

```
Router(config)#router rip                          //启动RIP配置
Router(config-router)#network 192.168.1.0          //宣告直连网段192.168.1.0
Router(config-router)#network 192.168.3.0          //宣告智联网段192.168.3.0
Router(config-router)#version 2                    //定义RIP协议V2
Router(config-router)#no auto-summary              //关闭路由器自动汇总
Router(config-router)#exit
```

完成后，等待片刻，即可查看路由表，可以看到此时有个“R”标识的路由条目，是RIP协议互相通告得到的，具体意思是数据包传到192.168.2.0这个网段后由f0/1端口发出即可，如图9-20所示。

```
Gateway of last resort is not set

C    192.168.1.0/24 is directly connected, FastEthernet0/0
R    192.168.2.0/24 [120/1] via 192.168.3.2, 00:00:04, FastEthernet0/1
C    192.168.3.0/24 is directly connected, FastEthernet0/1
Router(config)#
```

图 9-20

同样，路由器R2也有相关1.0网段的RIP条目出现，这时网络就畅通了。

动手练 设置内部网关协议OSPF

扫码看视频

开放最短路径优先（Open Shortest Path First，OSPF）协议是为克服RIP的缺点在1989年开发出来的。下面介绍该协议的具体配置，拓扑图如图9-21所示。

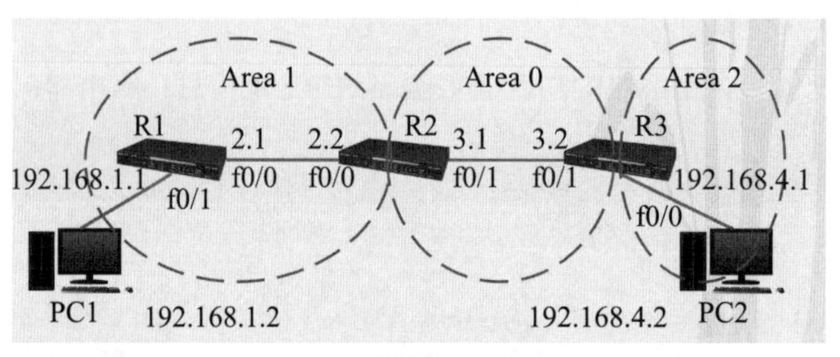

图 9-21

Step 01 首先进行路由器R1的基础配置，主要是配置2个端口的IP地址。

```
Router>en
Router#config ter
Enter configuration commands, one per line.  End with CNTL/Z.
Router(config)#hostname R1
R1(config)#in f0/1
R1(config-if)#ip address 192.168.1.1 255.255.255.0
R1(config-if)#no shut
R1(config-if)#in f0/0
R1(config-if)#ip address 192.168.2.1 255.255.255.0
```

```
R1 (config-if) #no shut
R1 (config-if) #exit
```

完成后，按照该方法为路由器R2及路由器R3也进行同样的配置。

Step 02 进入路由器R1，进行OSPF的配置。

```
R1 (config) #router ospf 1                              //开启并进入OSPF 进程1配置
R1 (config-router) #network 192.168.1.0 0.0.0.255 area 1
                                                        //申请直连网段并分配区域号
R1 (config-router) #network 192.168.2.0 0.0.0.255 area 1
R1 (config-router) #end
```

完成后，进入路由器R2及路由器R3进行同样的配置，需要注意区域号不要错了。稍等片刻等待路由收敛后，通过PC1使用ping命令来测试与PC2是否连通，如果PC2是通的，证明OSPF配置成功。

此时，再查看路由表，可以发现OSPF协议的路由项，使用“O” 标识，如图9-22所示。

```
Gateway of last resort is not set

C    192.168.1.0/24 is directly connected, FastEthernet0/1
C    192.168.2.0/24 is directly connected, FastEthernet0/0
O IA 192.168.3.0/24 [110/2] via 192.168.2.2, 00:19:05, FastEthernet0/0
O IA 192.168.4.0/24 [110/3] via 192.168.2.2, 00:19:05, FastEthernet0/0
R1#
```

图 9-22

在该例中，设置IP地址使用的是子网掩码，而设置OSPF使用的码叫作反码，基本上相当于255-子网掩码。也可以理解为反码中的0代表该位为确定项，255表示该位为可变项。

动手练 保存设置

保存设置单独提出来，就是希望读者在对网络完成了复杂的设置工作后，千万不要掉以轻心，如果没有执行保存操作，当设备断电后，那所有的设置工作都需要从头再操作一遍。

可以使用如下的命令来保存设置。

```
Router#copy running-config startup-config //保存当前的设置
```

或者

```
Router#write
```

当前模式为特权模式。

新手答疑

1. Q：使用静态 IP 地址还是使用 DHCP 自动获取？

A：动态地址分配是指IP地址是由DHCP服务器分配的，使用这种方式便于集中化统一管理，并且每个新接入的主机通过非常简单的操作就可以正确获得IP地址、子网掩码、默认网关、DNS等参数，在管理的工作量上比静态地址要少很多，而且网络规模越大越明显。

而静态分配地址正好相反，需要先指定哪些主机要使用哪些IP地址，这些IP地址绝对不能重复，然后再去客户机上逐个设置必要的网络参数，并且当主机区域迁移时，还要记住释放IP地址，并重新分配新的区域IP地址和配置网络参数。这需要一张详细记录IP地址资源使用情况的表格，并且要根据变动实时更新，否则很容易出现IP地址冲突等问题。可以预见这种方法在一个大规模的网络中工作量是多么繁重。但是在一些特定的区域，如服务器群区域，每台服务器都有一个固定的IP地址。

一般大型企业和远程访问的网络适合动态地址分配方式，特定的主机使用固定IP地址即可；而小企业网络的主机适合使用静态地址分配方式。

2. Q：VLAN 的划分依据有哪些？

A：VLAN可以基于以下参数进行划分。

- 基于端口的VLAN：最常用的划分手段。优点是配置十分简单；缺点是当用户离开了端口，需要根据新端口重新设置，并要删除原端口中的VLAN信息。
- 基于MAC地址：优点是无论用户移动到哪，连到交换机即可与VLAN中的设备通讯；缺点是要输入所有用户的MAC地址信息与VLAN的对应关系，不仅麻烦，而且降低了交换机的执行效率。
- 基于IP地址：优点是用户改变位置，不需要重新配置所有的VLAN信息，不需要附加帧标识来识别VLAN；缺点是效率低，而且二层交换一般无法识别。

3. Q：在练习网络设备配置时，是否需要使用真实设备？

A：建议有条件的读者使用真实设备进行配置，这样可以更加贴近现实；而没有条件的读者可以使用一些网络设备模拟器软件练习基本配置，然后再使用真实设备进行配置。常用的模拟器软件有：

（1）Cisco Packet Tracer。

Cisco Packet Tracer是一款由思科公司开发的，为网络设备配置课程的初学者提供辅助教学的实验模拟器。使用者可以在该模拟器中尝试搭建各种网络拓扑，实现基本的网络配置。

（2）华为eNSP。

华为eNSP是一款由华为公司研发的虚拟仿真软件，主要针对网络路由器、交换机进行软件仿真，支持大型网络模拟，让用户在没有真实设备的情况下，使用模拟器也能搭建多种网络拓扑结构并进行实验。

（3）H3C Cloud Lab。

H3C H3C Cloud Lab是一款由华三公司研发的网络云平台，模拟真实设备，为用户提供基本的设备信息，并满足初级用户在没有真实设备的条件下进行设备配置的学习需要。

各公司的网络设备功能和命令略有差异，用户可以了解原理并熟悉一款模拟器软件后，再了解其他设备的基本命令，这样就可以熟练地配置其他厂商的设备了。

第10章 常用网络服务的搭建

网络设备是将局域网或者广域网连接起来传输数据所必需的，网络中还有一种提供服务的设备，就是服务器。在局域网中，经常会用到一些网络服务，比如Web服务、FTP服务、DHCP服务、DNS服务、VPN及NAT服务等。有些服务可以在网络设备上实现，比如DHCP服务、VPN服务、NAT服务等。如果要使用更高级的功能，就需要搭建专业的服务器来提供相应的服务和管理。除了可以满足局域网内部需求外，这些服务也可以发布到公网上，对外提供服务。本章将着重介绍使用Windows Server 2019系统搭建专业服务器的过程。

10.1 服务器简介

服务器就是提供专业服务的计算机，其功能是接收网络中其他终端的请求并进行处理，最终返回结果给终端。服务器其实也是计算机，从硬件构成的角度来看，两者是一样的，比如都需要处理器、硬盘、内存等。与普通计算机不同，服务器基本上需要7×24小时运行，所以服务器的硬件并不过分追求高性能，而是将稳定性放在首位。

10.1.1 服务的种类

服务器其实并没有那么高深，计算机在安装服务器版的操作系统后，就可以根据需要搭建各种服务了，也就是把能提供某项服务的程序安装到这台计算机中，之后启动该服务程序，它就被称为具有某种功能的服务器。一台服务器可以安装多种服务，也可以多台服务器安装一种服务形成群集。常见的服务器有：

（1）Web服务器：提供Web服务，就是用户经常浏览的网页、网站所在的服务器。

（2）FTP服务器：提供上传、下载功能的服务器，也可称为文件服务器。

（3）邮件服务器：提供电子邮件发送、接收服务的服务器。

（4）打印服务器：连接打印机并在局域网中提供共享打印操作的服务器。

（5）数据库服务器：提供数据的科学存储、分类、查询、调取等功能的服务器。

（6）DNS服务器：提供域名与IP地址解析的服务器。

（7）DHCP服务器：负责局域网中IP地址的发放的服务器。

（8）AD服务器：负责活动目录存放的域功能服务器。

（9）VPN服务器：负责远程虚拟专线连接的服务器。

（10）NAT服务器：负责将私有地址转换成公网地址，提供外网连接服务的服务器。

（11）OA服务器：为公司提供办公自动化的服务。

（12）流媒体服务器：提供视频点播服务的服务器。

（13）无盘服务器：为局域网提供高速数据服务，免去在客户机中安装的硬盘。

> **知识点拨**
>
> **其他服务**
>
> 其他服务还有监控服务、游戏更新服务、AP管理服务、视频会议服务等，用户根据需要购买专业软件安装配置后即可使用。

10.1.2 服务器的种类

上面讲了服务器可以实现哪些服务，接下来介绍服务器的硬件类型。常见的服务器硬件按照外观可分为机架式服务器、刀片式服务器、塔式服务器、机柜式服务器。如果没有太高的访问量，而且不需要全天提供服务的话，用户使用普通计算机也可以搭建服务器。这对于新手用户来说，极大地降低了学习成本。

1. 机架式服务器

机架式服务器的外形看起来不像计算机，而像交换机或路由器。如图10-1所示，有1U（U是一种表示服务器外部尺寸的单位，1U=1.75英寸=4.45cm）、2U、4U等规格。机架式服务器安装在标准的19英寸机柜里面，这种结构的服务器多为功能型服务器。

图 10-1

2. 刀片式服务器

刀片式服务器指在标准高度的刀片式机箱内可插装多个卡式的服务器单元，以实现高可用和高密度，如图10-2所示。每一块“刀片”实际上就是一块系统主板，类似于一台独立的服务器。每一块主板运行自己的系统，服务于指定的不同用户群，主板之间没有关联。管理员可以使用系统软件将这些主板集合成一个服务器集群。在集群模式下，所有的主板可以连接起来提供高速的网络环境，并同时共享资源，为相同的用户群服务。在集群中插入新的“刀片”就可以提高整体性能。由于每块“刀片”都支持热插拔，所以系统可以轻松地进行替换，并且将维护时间减到最少。

图 10-2

3. 塔式服务器

塔式服务器外形及结构都与平时使用的立式机箱差不多，如图10-3所示。由于服务器的主板扩展性较强、插槽也更多，所以体积比普通主板大一些，因而塔式服务器的主机机箱也比标准的ATX机箱要大，一般都会预留足够的内部空间以便日后对硬盘和电源进行扩展。塔式服务器是使用率最高的一种服务器。常说的通用服务器一般都是塔式服务器，它可以集多种常见的服务应用于一身，不管是速度应用还是存储应用都可以使用塔式服务器来实现。

4. 机柜式服务器

一些高档企业服务器的内部结构复杂、设备较多，有的还有多个不同的设备单元，或者几个服务器放在一个机柜中，这种服务器就是机柜式服务器，如图10-4所示。机柜式服务器通常由机架式、刀片式服务器再加上其他设备组合而成。

图 10-3

图 10-4

知识点拨

VPS

虚拟服务器也称为虚拟专用业务（Virtual Private Service，VPS）。相对于真实主机而言，虚拟服务器是指采用特殊的软硬件技术把一台完整的服务器主机分成若干台主机，然后把每台主机租给不同用户，每一台被分割的主机都具有独立的域名和IP地址，但共享真实主机的CPU、内存、操作系统、应用软件等。

普通用户建站，尤其是发布对外的网站，通常会选择虚拟服务器。在各大购物平台，都有各种虚拟服务器的售卖信息。初次建站的用户在了解了建站知识后，可以选择这种服务器来练习发布各种网站，购买域名并绑定后，就可以真正拥有属于自己的站点。

10.2 安装服务操作系统Windows Server 2019

购买了服务器后，就像使用计算机一样，需要安装操作系统。服务器使用专业的服务器操作系统，常见的有Windows系列和Linux系列。有兴趣的读者可以学习搭建Linux操作系统。本节着重讲解Windows Server 2019的安装过程。Windows Server操作系统的安装过程同桌面版系统基本类似。

Step 01 使用U盘启动计算机，将Windows Server 2019镜像文件装载到虚拟光驱，启动后就进入了安装界面。

Step 02 进入安装界面后，选择安装语言，保持默认设置即可，单击“下一步”按钮，如图10-5所示。在下个界面中单击“现在安装”按钮，如图10-6所示。

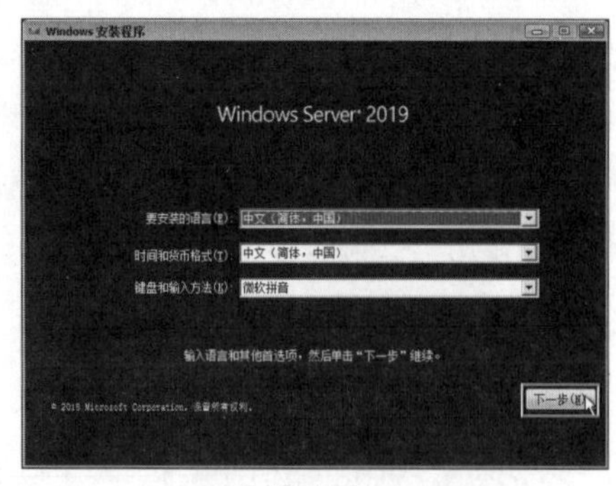

图 10-5

图 10-6

Step 03 输入产品密钥，也可安装后激活。单击“我没有产品密钥”按钮，如图10-7所示。

Step 04 选择安装的版本。建议普通用户选择带“桌面体验”的选项，单击“下一步”按钮，如图10-8所示。

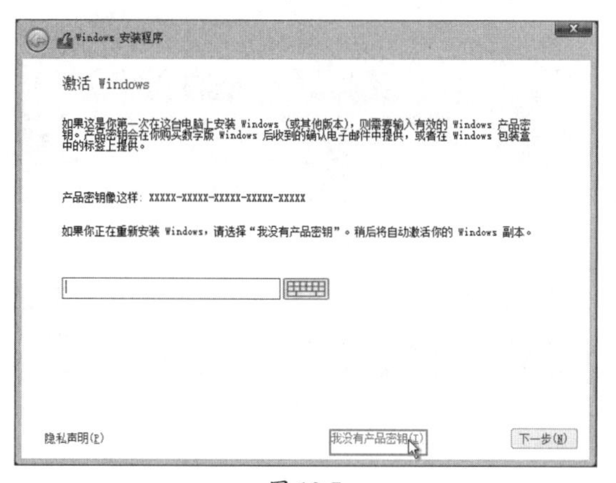

图 10-7

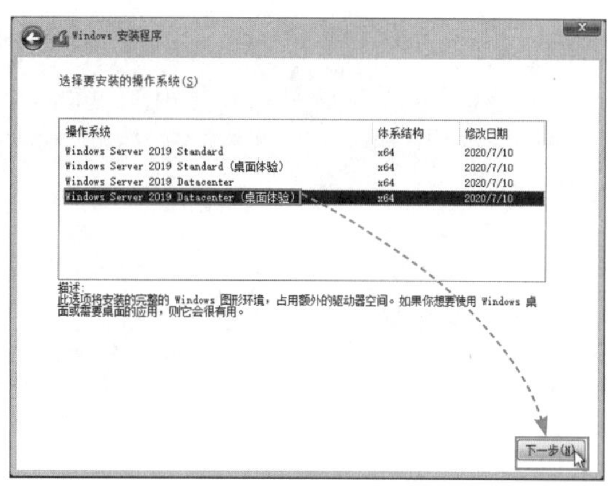

图 10-8

Step 05 接受许可条款后，选择安装模式，这里选择“自定义”选项，如图10-9所示。

Step 06 分区后，选择要安装的操作系统的分区，单击“下一步”按钮，如图10-10所示。

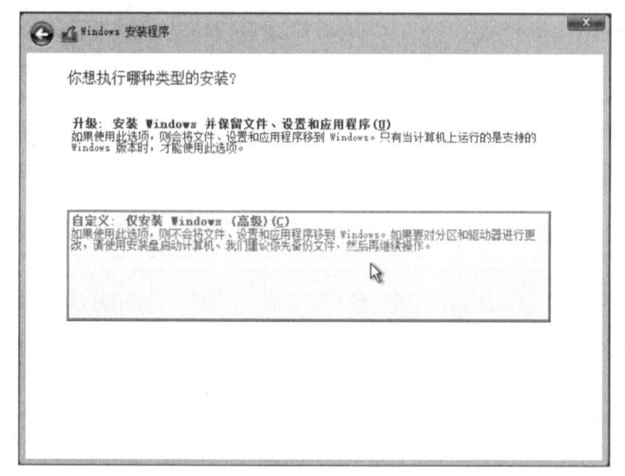

图 10-9

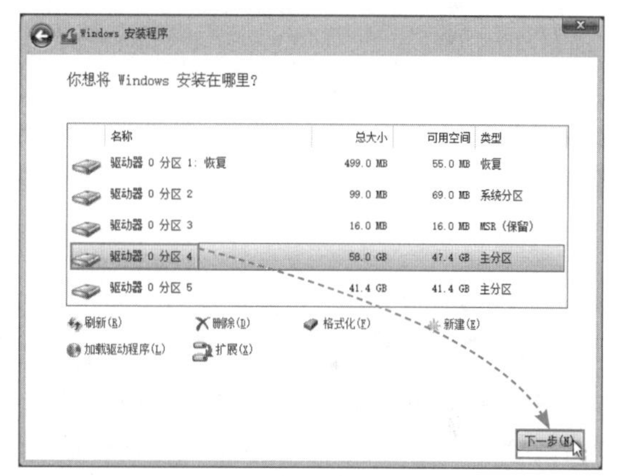

图 10-10

Step 07 和桌面操作系统类似，安装程序开始准备文件并安装各种功能，如图10-11所示。

Step 08 系统重启后，进入到第二阶段的安装。安装完成后，弹出配置界面，设置管理员密码，单击“完成”按钮，如图10-12所示。

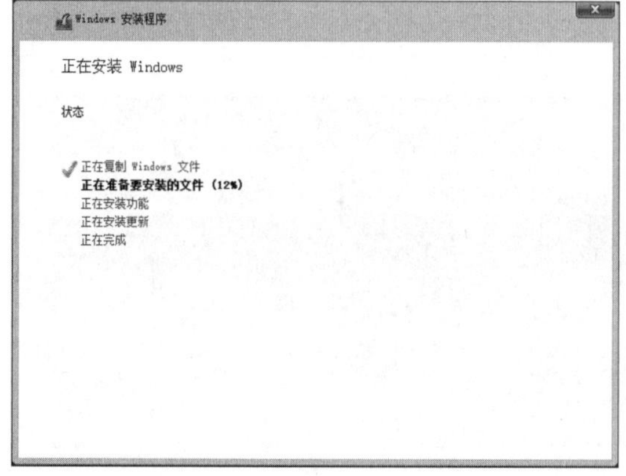

图 10-11

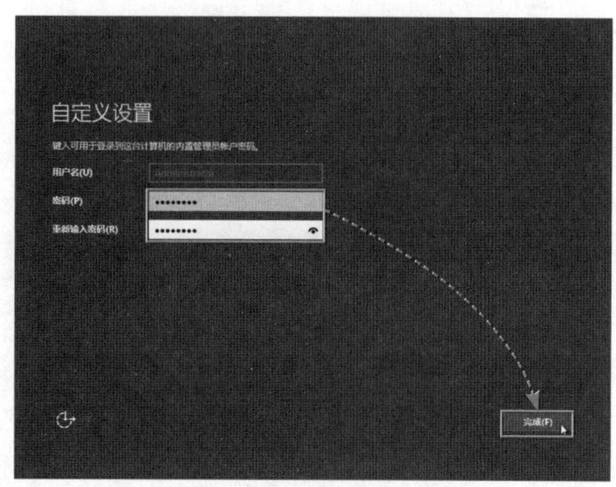

图 10-12

Step 09 完成设置后，自动进入欢迎界面，解锁后输入刚才设置的密码，如图10-13所示。

Step 10 进入桌面，如图10-14所示。

图 10-13

图 10-14

至此，完成了Windows Server 2019的安装。

10.3 搭建Web服务器

完成了服务器的配置，就可以开始按照需要搭建各种服务了。下面介绍如何搭建最常见的Web服务器。

10.3.1 搭建前的准备

服务器本身需要设置为固定IP地址。这个很好理解，服务器的IP地址不可能随时变动，而且网络内部的服务都基于IP地址的监听和匹配，所以在配置各种服务前，需要将服务器的IP地址设为固定的，如图10-15所示。使用ping命令测试主机和服务器的连通情况，如图10-16所示。如果使用ping命令不能连通，可关闭服务器的防火墙再试。在配置服务时，可以关闭防火墙，配置完毕，经测试没有问题后，再启用防火墙。如果仅仅是内网访问，可以不配置网关和DNS服务器。

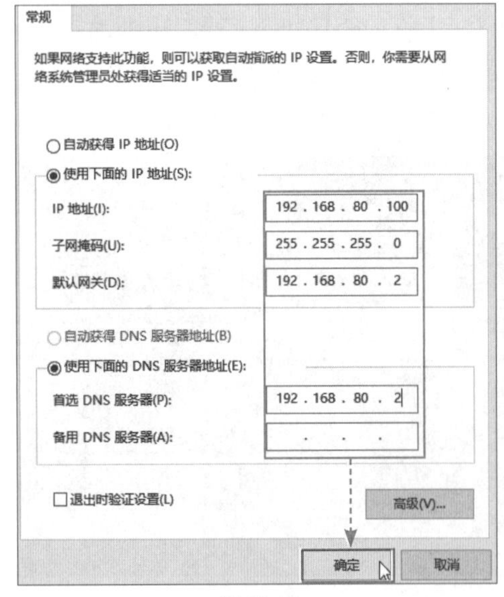

图 10-15

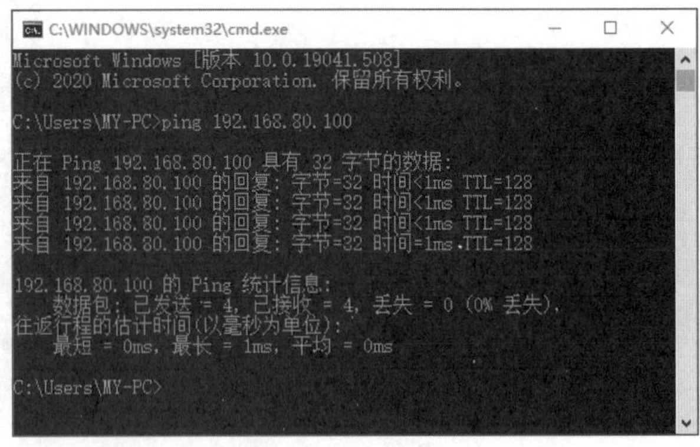

图 10-16

10.3.2 搭建Web服务器

在为服务器配置了固定IP地址后，就可以开始搭建Web服务器了。

Step 01 Windows Server 2019在启动后，会弹出“服务管理器”界面，如果该界面关闭了，可以在开始菜单单击“服务器管理器”启动配置界面，如图10-17所示。

Step 02 在“服务管理器”界面中单击“添加角色和功能”选项，如图10-18所示。

图 10-17

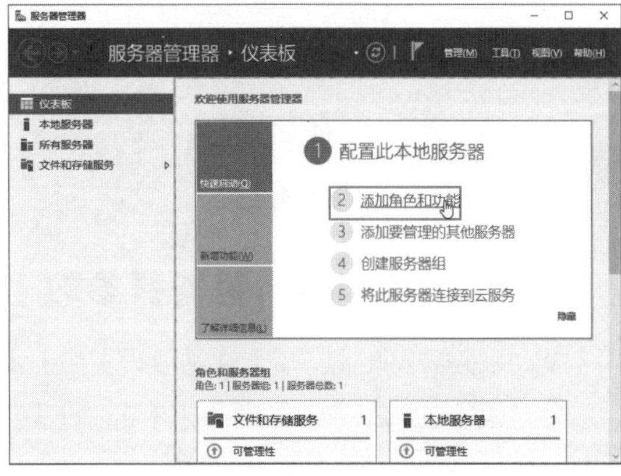

图 10-18

Step 03 系统弹出向导，单击“下一步”按钮。

Step 04 在安装类型界面，保持默认设置，单击“下一步”按钮。

Step 05 在“服务器选择”界面，保持默认，单击“下一步”按钮。

Step 06 在“服务器角色”界面，找到并选中“Web服务器（IIS）”复选框，如图10-19所示。

Step 07 系统弹出添加所需功能对话框，这里保持默认设置，单击“添加功能”按钮，如图10-20所示。

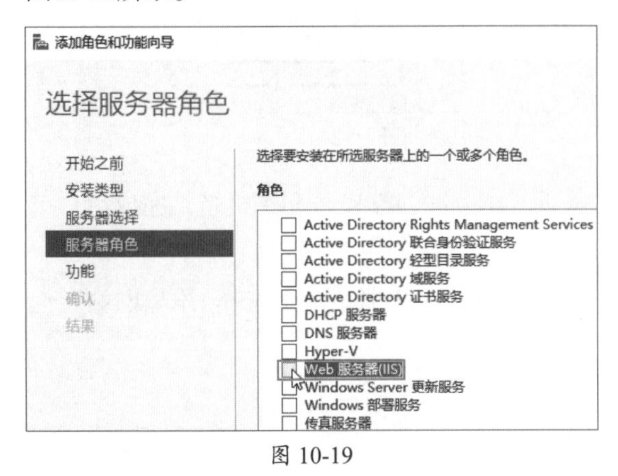

图 10-19

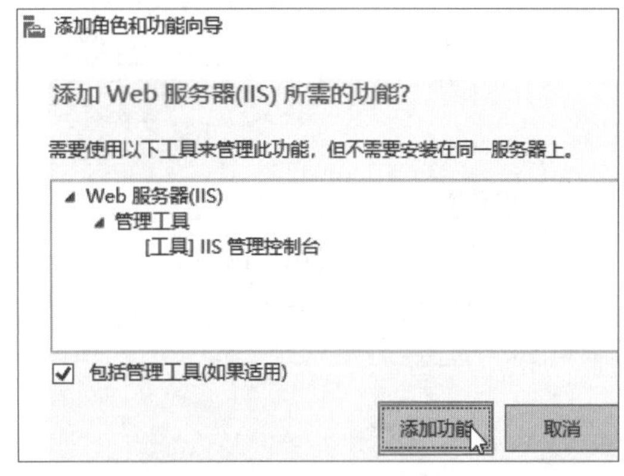

图 10-20

Step 08 返回到上层后，单击“下一步”按钮，进入到“添加功能”界面，保持默认设置，单击“下一步”按钮。

Step 09 确认信息，单击“下一步”按钮，进入Web服务器功能设置界面，Web服务器的其他功能在后期都可以再添加，这里保持默认设置，单击“下一步”按钮。

Step 10 确认信息，无误后，单击“安装”按钮，如图10-21所示。

Step 11 完成安装后，弹出完成界面，单击“关闭”按钮，如图10-22所示。

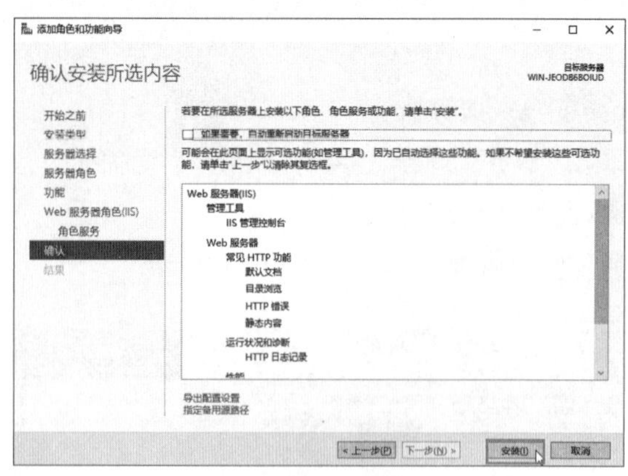

图 10-21

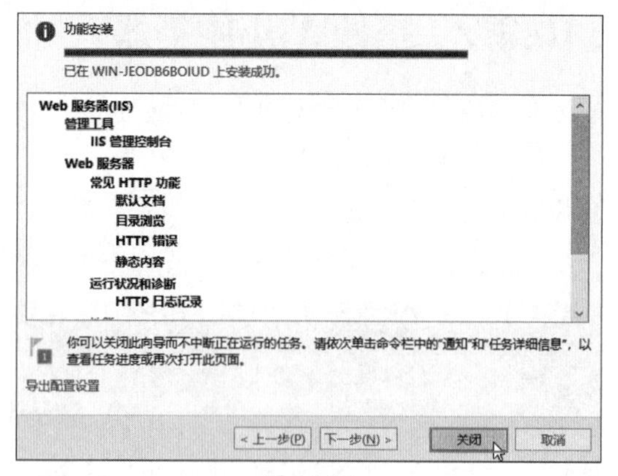

图 10-22

10.3.3 配置Web服务器参数

Web服务器安装完毕后，还需要设置服务器的参数才能实现网站的基本功能。

Step 01 进入服务器管理器，单击“工具”下拉按钮，选择“Internet Information Services（IIS）管理器”选项，如图10-23所示。

Step 02 在“IIS”管理器左侧，展开“网站”列表，在“Default Web Site”选项上右击，在弹出的快捷菜单中选择“编辑绑定”选项，如图10-24所示。

图 10-23

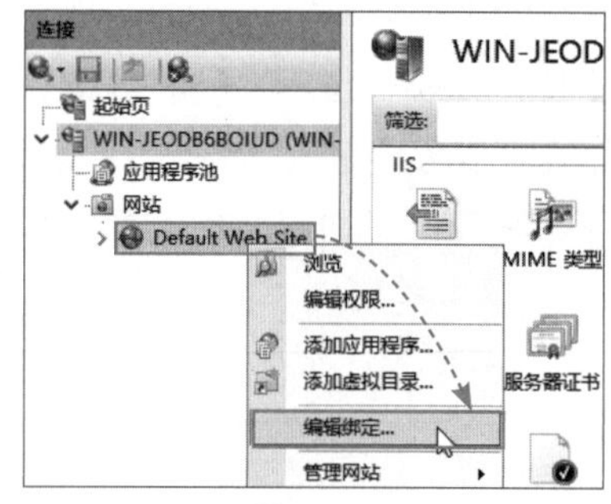

图 10-24

Step 03 在“编辑网站绑定”界面中设置要监听的IP地址、端口号和主机名，完成后，单击“确定”按钮，如图10-25所示。

Step 04 返回到主界面，在“网站”项上右击，在弹出的快捷菜单中选择“添加网站”选项，如图10-26所示。

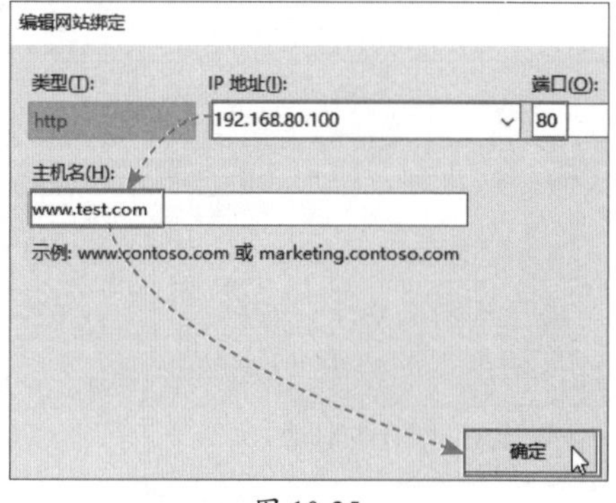

图 10-25

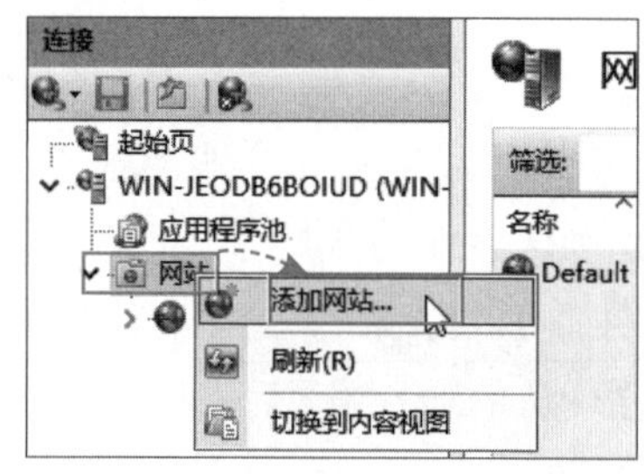

图 10-26

Step 05 在弹出的添加界面中设置网站名称、物理路径等信息，完成后单击“确定”按钮，如图10-27所示。

Step 06 在设置的目录中放置一个网页文件，然后使用测试主机访问服务器的IP地址，查看文件是否可以显示，如果可以显示，说明Web服务器搭建无误，如图10-28所示。

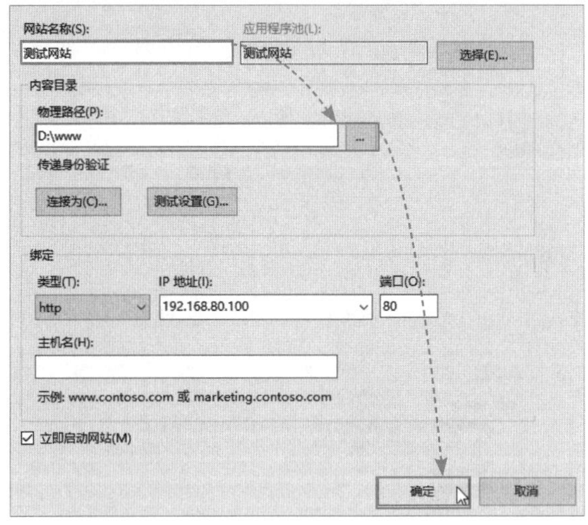

图 10-27

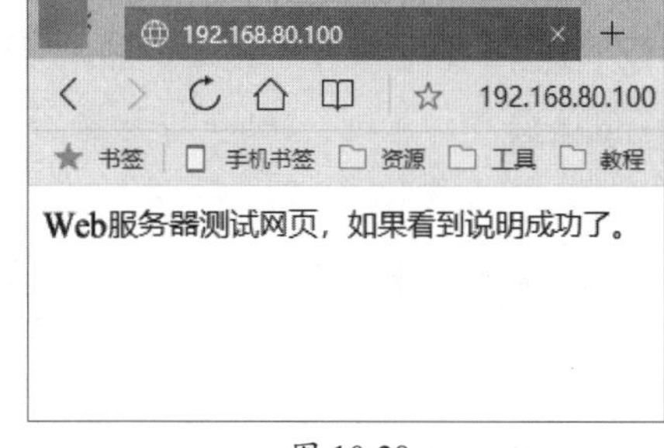

图 10-28

知识点拨

Web服务器搭建注意事项

需要注意的是，因为和默认网站有冲突，所以新建网站后，停用默认网站才能访问新网站。另外局域网中没有DNS服务器，这里不需要配置主机头，否则监听不到访问中的主机头信息，网页也无法显示。如果最后仍然无法访问，请查看对应的网页文件所在的文件夹是否给予了访问权限，可以将Everyone用户添加进去并赋予访问权限。

10.4 搭建FTP服务器

FTP服务器（File Transfer Protocol Server）是在互联网上提供文件存储和访问服务的计算机，它们依照FTP协议提供服务。简单地说，支持FTP协议的服务器就是FTP服务器，所以有些人也称之为文件服务器。

10.4.1 安装FTP服务

安装FTP服务的步骤如下。

Step 01 启动“服务器管理器”进入“添加角色和功能”界面，连续单击“下一步”按钮，直到出现“选择服务器角色”界面，在“Web服务器”项的列表中找到并勾选“FTP服务器”复选框，如图10-29所示。

Step 02 完成后进入功能选择界面，保持默认设置，单击“下一步”按钮，如图10-30所示。

Active Directory Rights Management Services
Active Directory 联合身份验证服务
Active Directory 轻型目录服务
Active Directory 域服务
Active Directory 证书服务
DHCP 服务器
DNS 服务器
Hyper-V
Web 服务器(IIS) (8 个已安装，共 43 个)
Web 服务器 (7 个已安装，共 34 个)
FTP 服务器
FTP 服务
FTP 扩展
管理工具 (1 个已安装，共 7 个)

图 10-29

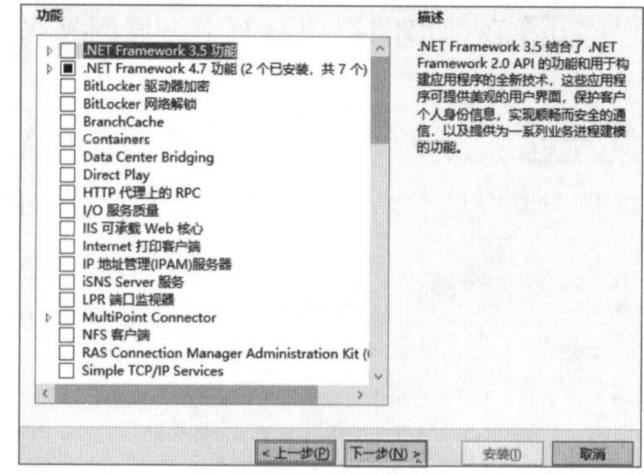

图 10-30

Step 03 确认选项是否正确，如果无误，单击“安装”按钮，如图10-31所示。

Step 04 稍等片刻，完成FTP服务器安装，单击“关闭”按钮，如图10-32所示。

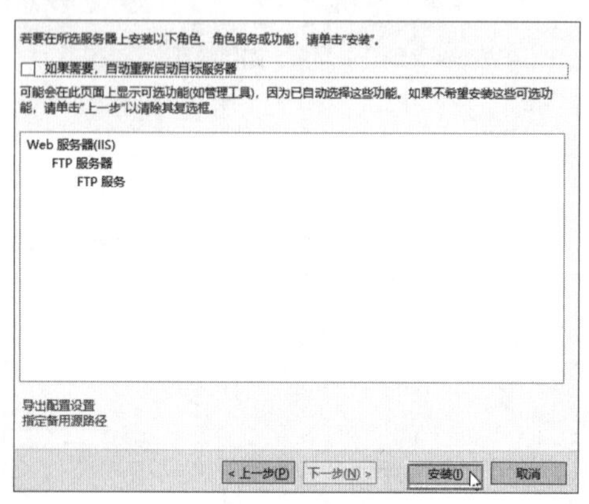

图 10-31

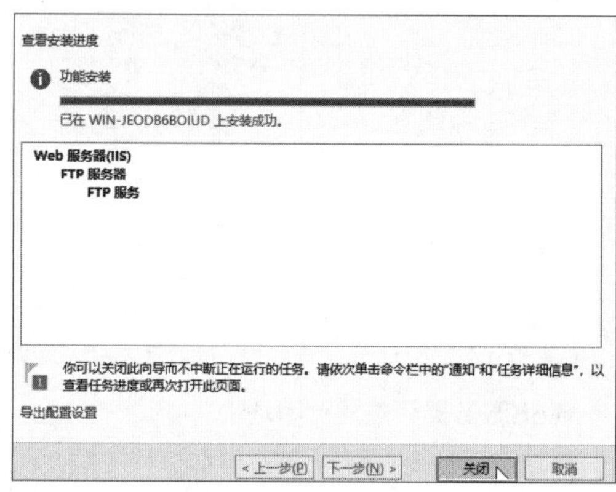

图 10-32

10.4.2 配置FTP服务

和Web服务器一样，FTP服务器也需要配置。

Step 01 按照上面介绍过的方法，进入IIS服务器管理界面，在“网站”项上右击，在弹出的快捷菜单中选择“添加FTP站点”选项，如图10-33所示。

Step 02 配置好FTP站点名称以及物理路径，路径一定要有访问权限才可以，完成后单击“下一步”按钮，如图10-34所示。

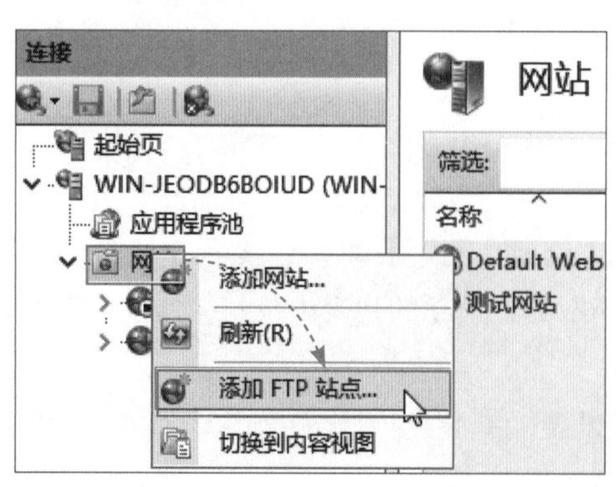

图 10-33

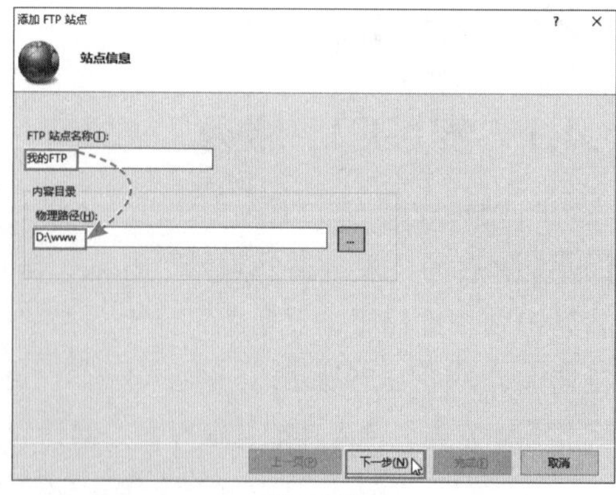

图 10-34

Step 03 监听的IP地址以及端口号保持默认，选中“无SSL”单选按钮，单击“下一步”按钮，如图10-35所示。

Step 04 设置访问身份验证及权限，完成后，单击“完成”按钮，如图10-36所示。

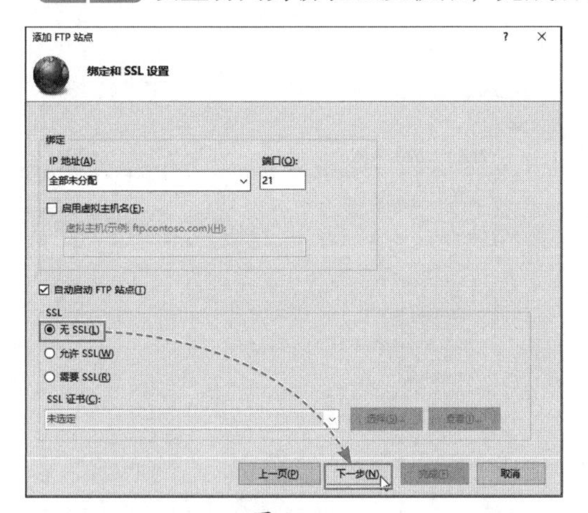

图 10-35

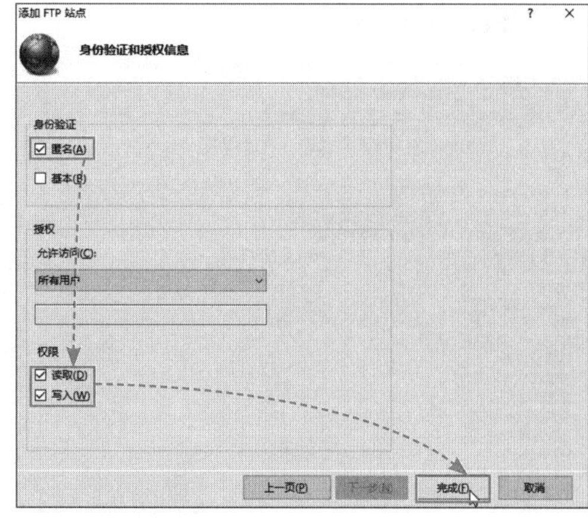

图 10-36

Step 05 用户使用远程FTP登录，就可以查看到所设目录中的文件了，如图10-37所示。

图 10-37

知识点拨

FTP服务器搭建注意事项

如果文件访问不了，需要检查目录中的NTFS权限或者防火墙有无问题。这里为了演示方便，使用了Web服务器的目录。用户也可以试着设置其他目录。完成后，启动防火墙，在防火墙上建立出入站规则，允许20、21号端口访问等。用户可以上传或者下载文件来测试FTP服务器是否工作正常。

10.5 搭建DHCP服务器

DHCP服务器用于自动分配网络参数。分配的内容包括IP地址、子网掩码、网关、DNS等信息。本节介绍DHCP服务器的搭建过程。

10.5.1 安装DHCP服务

安装DHCP服务的过程和安装其他服务类似。

Step 01 进入“添加角色和功能向导”界面，连续单击“下一步”按钮，进入到“选择服务器角色”界面，单击“DHCP服务器”复选框，在弹出的“添加角色和功能向导”对话框中保持默认，单击“添加功能”按钮，如图10-38所示。

Step 02 返回后，单击“下一步”按钮继续设置。在功能选择中保持默认设置，单击“下一步”按钮，如图10-39所示。

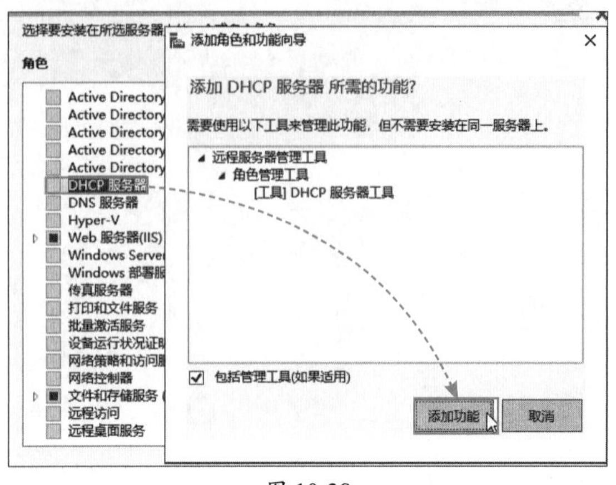

图 10-38

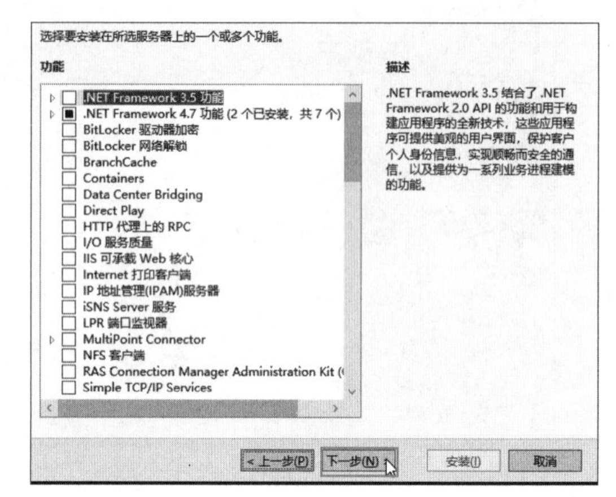

图 10-39

Step 03 查看介绍后，单击“下一步”按钮。

Step 04 确认功能后单击“安装”按钮，如图10-40所示。

Step 05 完成功能安装，单击“关闭”按钮，如图10-41所示。

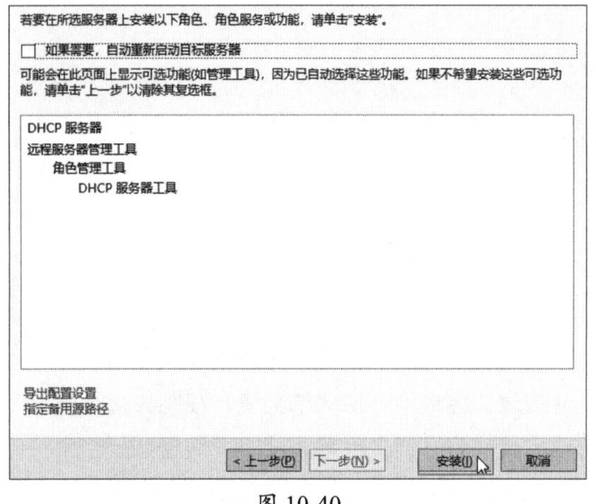

图 10-40

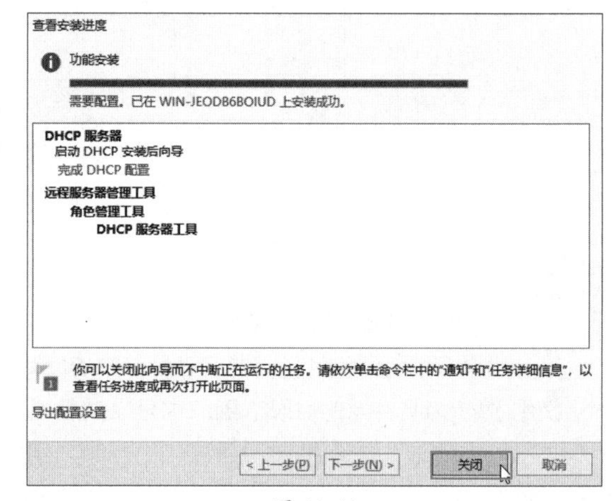

图 10-41

10.5.2 配置DHCP服务

安装完成后，就可以对DHCP服务进行基本配置了。

Step 01 在“服务器管理器”界面中单击“工具”选项卡，选择“DHCP”选项，如图10-42所示。

Step 02 在弹出的DHCP配置界面中展开左侧的主机列表，在“IPv4”项上右击，在弹出的快捷菜单中选择“新建作用域”选项，如图10-43所示。

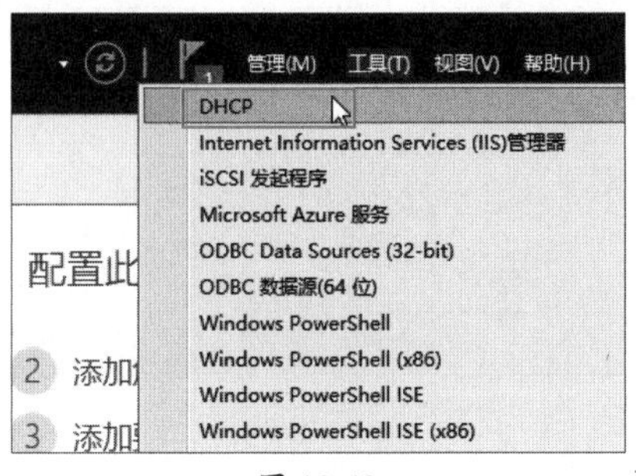

图 10-42

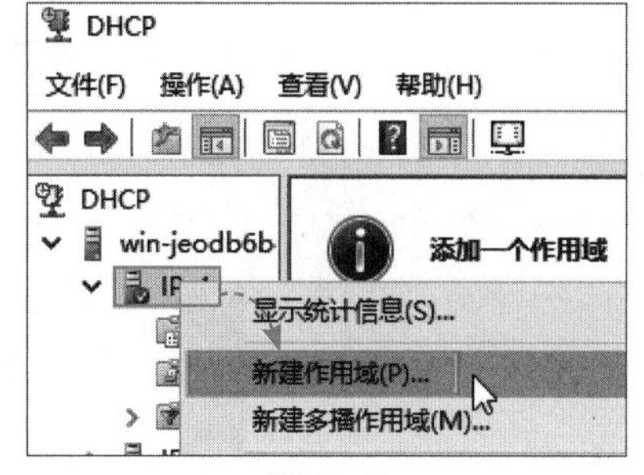

图 10-43

Step 03 随后启动新建作用域向导，单击“下一步”按钮。

Step 04 为作用域命名并添加描述，单击“下一步”按钮，如图10-44所示。

Step 05 设置分配的IP地址范围以及子网掩码，单击“下一步”按钮，如图10-45所示。

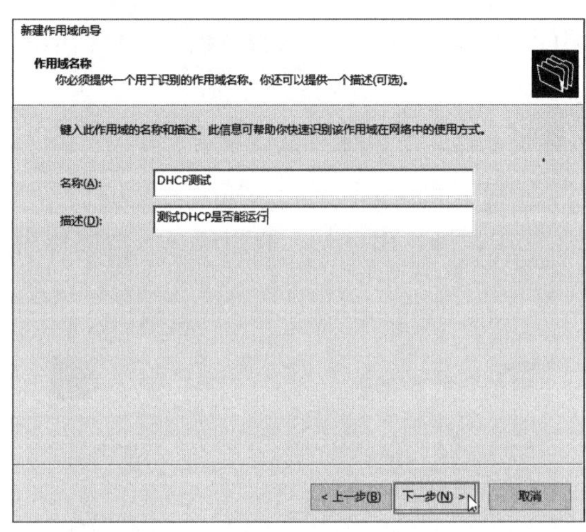

图 10-44

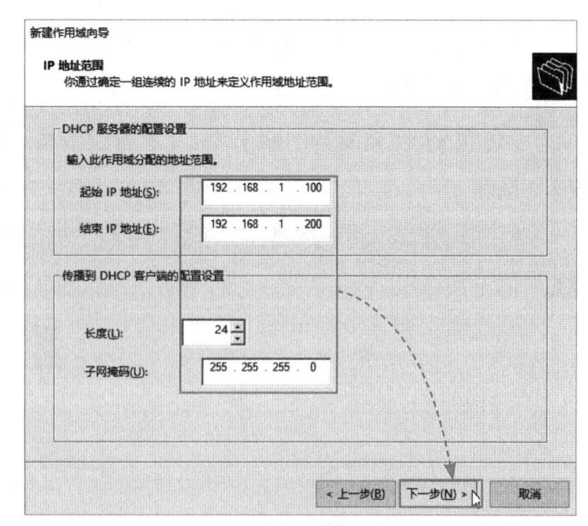

图 10-45

知识点拨

为什么家用路由器只能分配本网段的IP地址，而DHCP服务器可以随意分配？

家用的无线路由器分配IP地址是考虑到获得IP地址的终端需要直接上网。当然，分配其他IP地址也是可以的，但不能上网，分配了没有意义，反而会造成麻烦。但DHCP服务器并不考虑共享上网问题，完全可以根据用户的需要进行自定义，所以可以随意分配。

Step 06 设置地址池大范围内不分配的IP地址，将其从可分配列表中排除，如果不需要排除则保持默认设置，单击“下一步”按钮。

Step 07 设置租约时间。如果服务范围内的主机是比较固定的，可以设置较长的时间，而对于临时接入设备比较多的场合，可以设置几个小时，如图10-46所示。

Step 08 分配IP地址和子网掩码。如果不需要上网的环境，到此就可以结束了；如果需要共享上网，还要设置需分配的网关、DNS等信息。这里选择现在分配，单击“下一步”按钮。

Step 09 在配置网关信息中，输入网关的IP地址，添加完成后，单击“下一步”按钮，如图10-47所示。

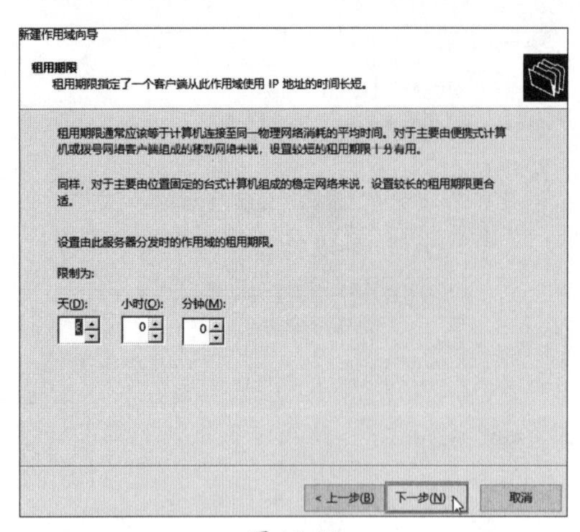

图 10-46

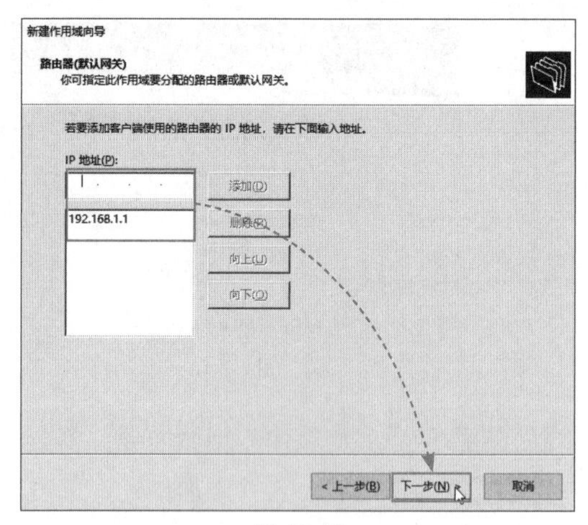

图 10-47

Step 10 设置DNS服务器。本例因为没有安装DNS服务器，所以这里保持默认设置，单击“下一步”按钮，如图10-48所示。

Step 11 设置WINS服务器。因为没有安装名称服务器，所以保持默认设置，单击“下一步”按钮。

Step 12 询问是否现在激活作用域，如果现在使用，则单击“是，我想现在激活此作用域”单选按钮，单击“下一步”按钮，如图10-49所示。

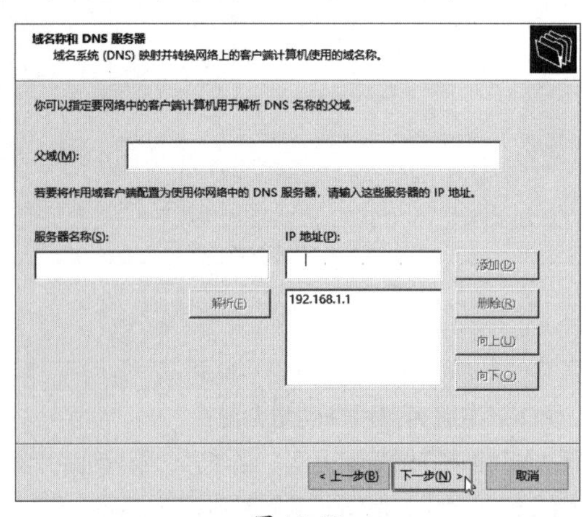

图 10-48

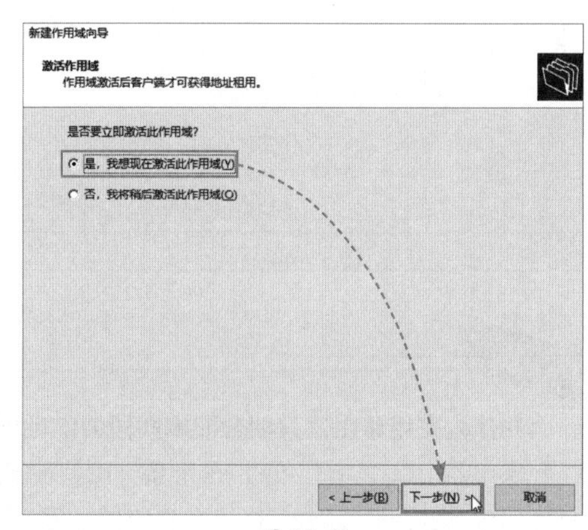

图 10-49

Step 13 系统弹出成功提示，并退出配置界面。

用户可以使用其他虚拟机连接所配置的DHCP服务器，测试是否可以自动获取IP地址，并且所获取的IP地址是否在地址池范围内。用户可以临时调整虚拟机的网络到没有其他DHCP服务器的环境中，只有配置的DHCP服务器可以为网络分配IP地址，这样测试的结果才比较准确。

10.6 搭建DNS服务器

域名系统在前面已经介绍过其解析过程了。DNS协议运行在UDP协议之上，使用53号端口。在局域网中可以搭建DNS服务器，用于局域网中的域名查询、IP地址转换、域控制器及邮件系统中，也需要使用DNS。下面就介绍DNS服务器的搭建过程。

10.6.1 安装DNS服务

首先进入“服务器管理器”界面。

Step 01 执行“添加角色和功能”向导，一直进入到“选择服务器角色”界面，找到并单击“DNS服务器”复选框，在弹出的“添加角色和功能向导”对话框中，单击“添加功能”按钮，如图10-50所示。

Step 02 返回到上级目录，单击“下一步”按钮。

Step 03 在选择功能界面，保持默认，单击“下一步”按钮。

Step 04 阅读注意事项，单击“下一步”按钮，如图10-51所示。

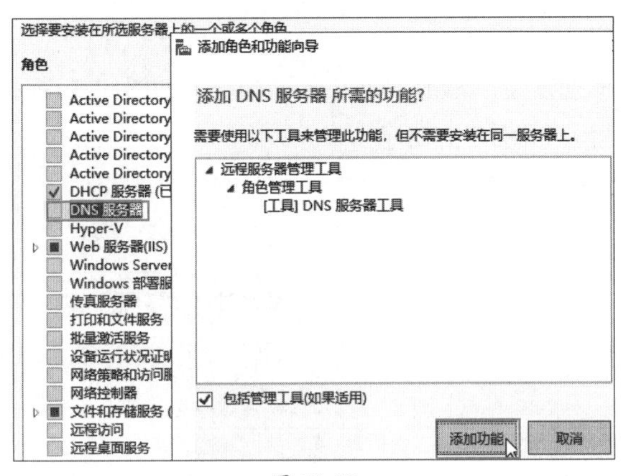

图 10-50

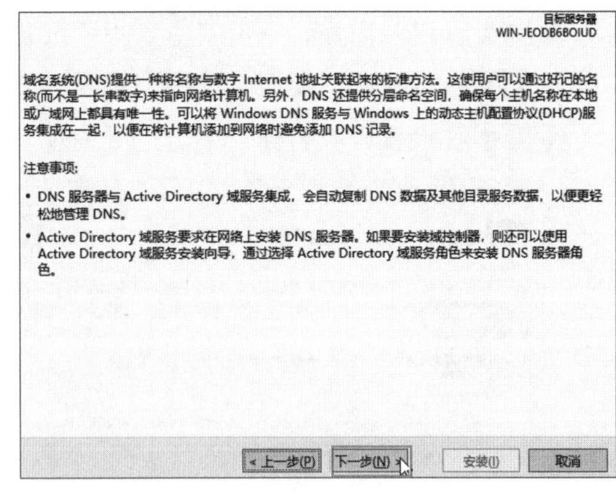

图 10-51

Step 05 确定安装内容，确认无误后，单击“安装”按钮，如图10-52所示。

Step 06 完成安装后，单击“关闭”按钮，如图10-53所示。

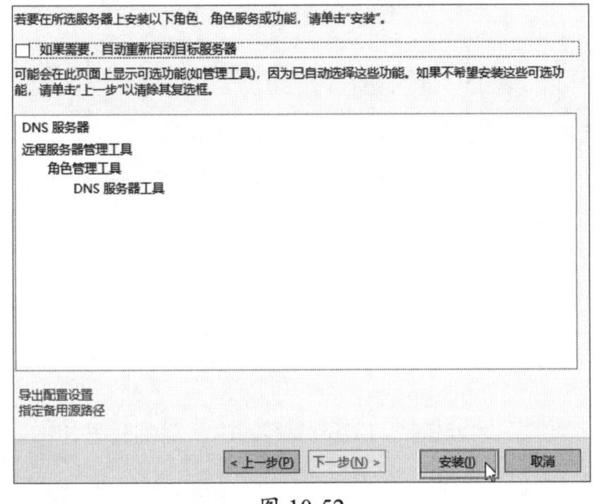

图 10-52

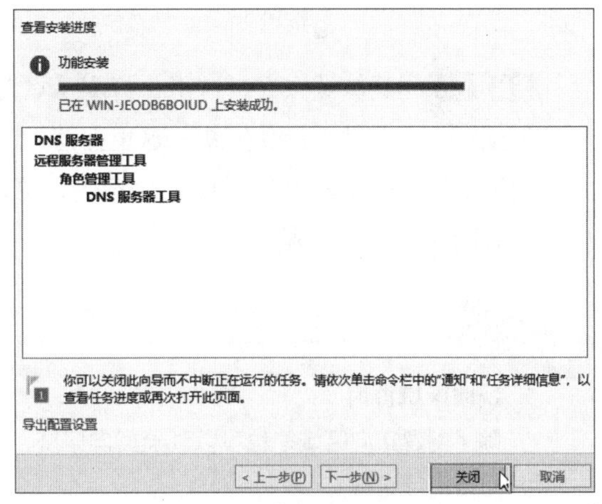

图 10-53

10.6.2 配置DNS服务

DNS服务安装完毕后，必须要配置作用域才能使用。下面介绍具体的配置过程。

Step 01 在“服务器管理器”界面中单击“工具”选项卡，选择“DNS”选项，如图10-54所示。

Step 02 展开服务器项，在“正向查找区域”选项上右击，在弹出的快捷菜单中选择“新建区域”选项，如图10-55所示。

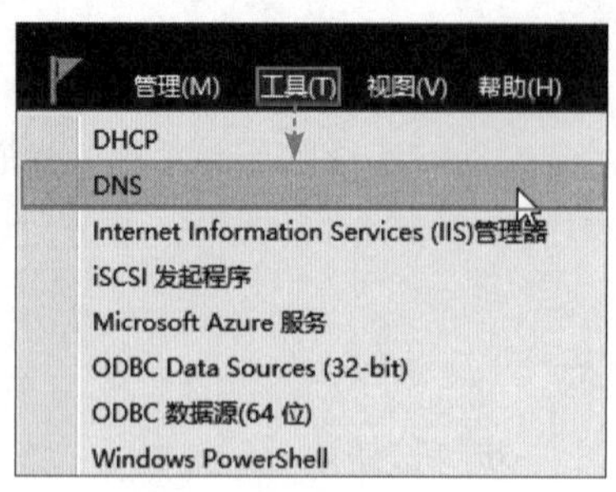

图 10-54

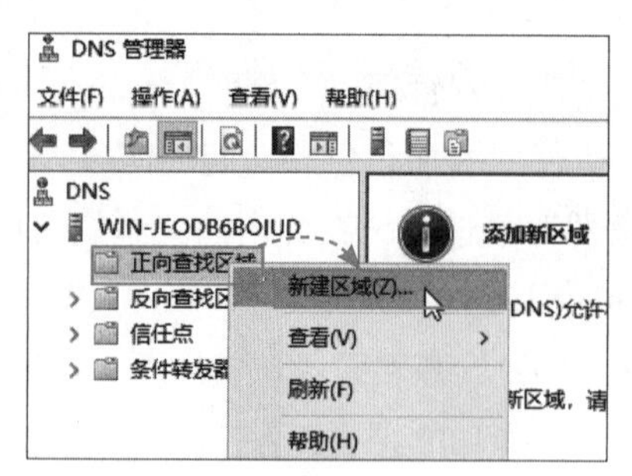

图 10-55

Step 03 进入向导，单击“下一步”按钮。

Step 04 设置区域类型。选中“主要区域”单选按钮，单击“下一步”按钮，如图10-56所示。

Step 05 设置区域名称，单击“下一步”按钮，如图10-57所示。

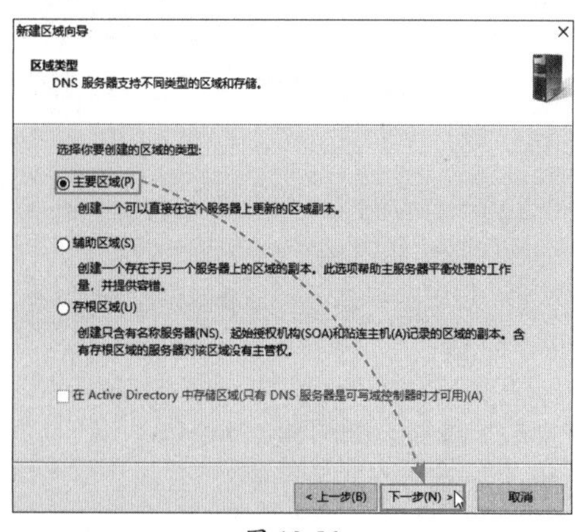

图 10-56

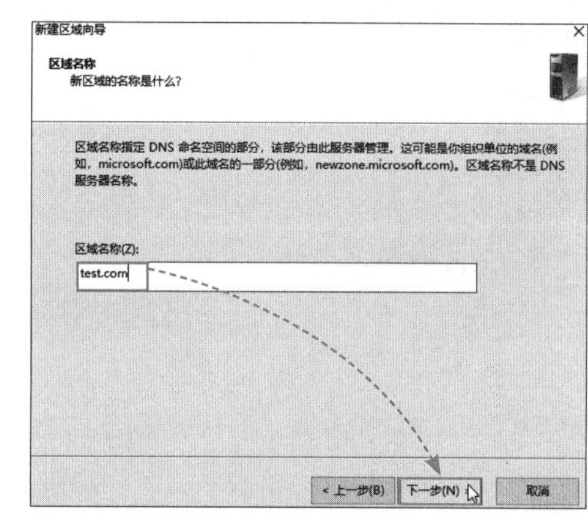

图 10-57

Step 06 创建区域文件，这里保持默认设置即可，单击“下一步”按钮。

Step 07 选择是否接受更新，这里保持默认设置，不更新，单击“下一步”按钮。

Step 08 完成了所有的区域创建参数，单击“完成”按钮。然后可以到“正向查找区域”中，查看刚才创建的内容。

知识点拨

反向区域查询

除了创建正向区域，也可以创建反向区域，就是通过IP地址查找对应的域名。由于篇幅有限，用户可以自行尝试。

动手练 创建A记录

扫码看视频

下面介绍几种创建记录的方法。DNS中的记录包括：A记录（主机，列出了区域中FQDN到IP地址的映射）；PTR记录（指针，相对于A资源记录，PTR记录把IP地址映射到FQDN）。

Step 01 在“DNS管理器”中找到刚才创建的“test.com”区域选项，右击，在弹出的快捷菜单中选择“新建主机”选项，如图10-58所示。

Step 02 在弹出的对话框中输入主机名称及对应的IP地址，勾选“创建相关的指针（PTR)记录”复选框，单击“添加主机”按钮，如图10-59所示。

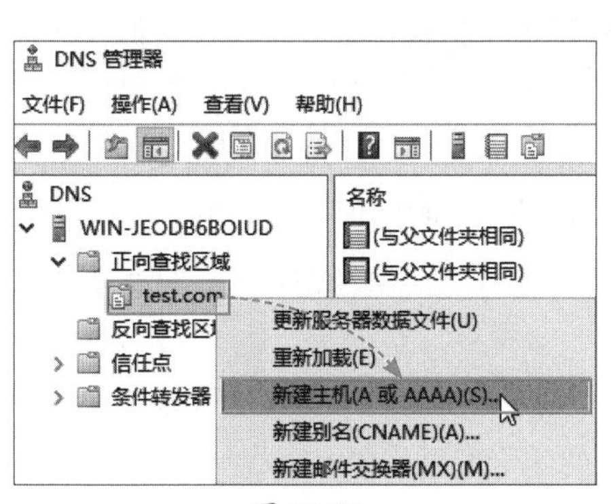

图 10-58

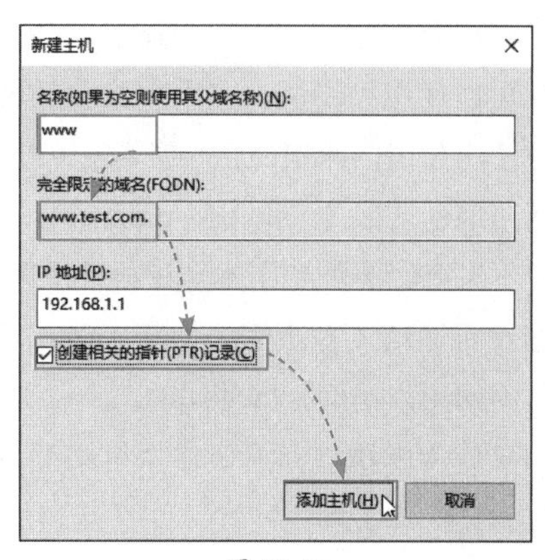

图 10-59

Step 03 系统提示创建完成，如图10-60所示。用户也可以进入到该区域中，选中该主机，查看记录，如图10-61所示。

图 10-60

图 10-61

动手练 创建转发器

转发器的作用是将无法解析的域名交给DNS代理，请求解析。

Step 01 在“DNS管理器”中选择DNS服务器，双击右侧窗格的“转发器”选项，如图10-62所示。

Step 02 根据需要，添加转发器的IP地址，如图10-63所示。

图 10-62

图 10-63

10.7 搭建VPN及NAT服务器

VPN（虚拟专用网络）的功能是在公用网络上建立专用网络，进行加密通信。VPN在企业网络中有广泛应用。VPN网关通过对数据包的加密和数据包目标地址的转换实现远程访问。远程用户可以使用该功能，在不太安全的网络环境中搭建一条安全的、类似专线的链接到公司网络，并使用公司内网中的各种资源。VPN可通过服务器、硬件、软件等多种方式实现。

网络地址转换（Network Address Translation，NAT）是1994年提出的。当在专用网内部的一些主机本来已经分配到了本地IP地址（即仅在本专用网内使用的专用地址），但现在又想和因特网上的主机通信（并不需要加密）时，可使用NAT。简单来说，NAT就是为了解决公网IP地址不足，内网用户访问外网使用的。

如果使用虚拟机，需要在主机中配备两块网卡，一块网卡连接可以上网的网段，另一块网卡连接需要代理上网的网段，并且给新加入的网卡配置好IP地址。

10.7.1 安装VPN及NAT服务

Step 01 启动“服务器管理器”界面，安装VPN及NAT服务。

Step 02 进入“添加角色和功能”向导，打开“选择服务器角色”界面后，勾选“远程访问”复选框，单击“下一步”按钮，如图10-64所示。

Step 03 在“选择功能”界面中保持默认设置，单击“下一步”按钮。

Step 04 在“角色服务”界面中勾选“DirectAccess和VPN（RAS）”“路由”复选框，单击“下一步”按钮，如图10-65所示。

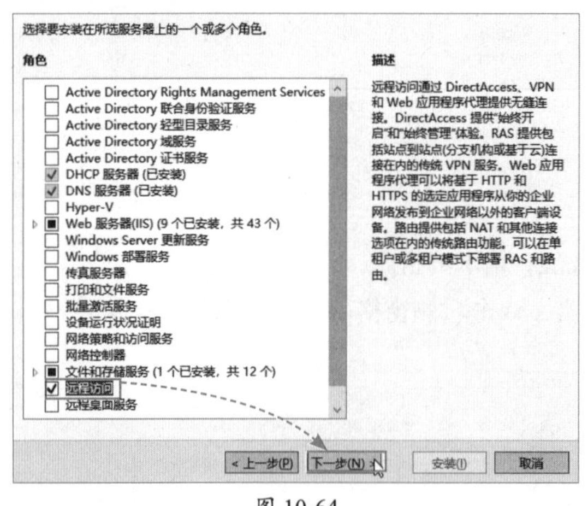

图 10-64

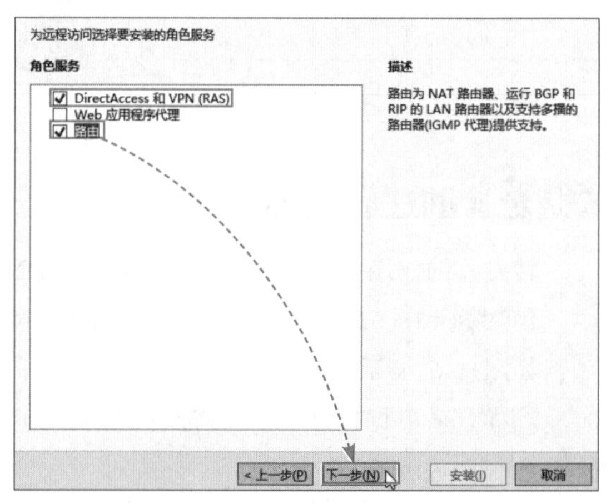

图 10-65

Step 05 确认后单击“安装”按钮，如图10-66所示。

Step 06 完成安装后，单击“关闭”按钮，如图10-67所示。

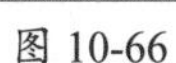

图 10-66

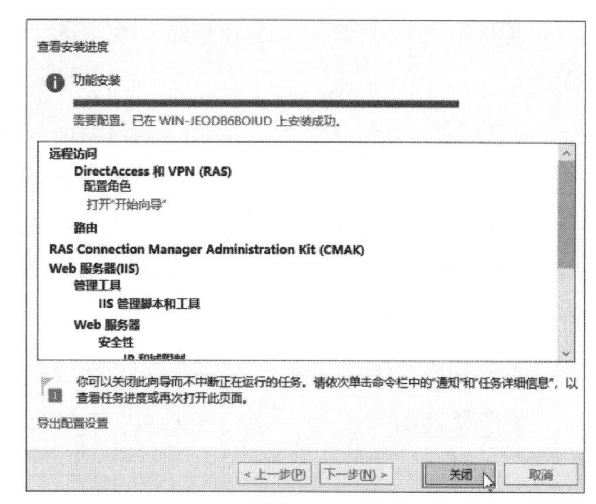

图 10-67

10.7.2 配置VPN及NAT服务

远程访问完成安装后，开始进行相关的配置工作。

Step 01 从“开始”菜单中选择“路由和远程访问”选项，如图10-68所示。

Step 02 在“路由和远程访问”界面中的服务器上右击，在弹出的快捷菜单中选择“配置并启用路由和远程访问”选项，如图10-69所示。

图 10-68

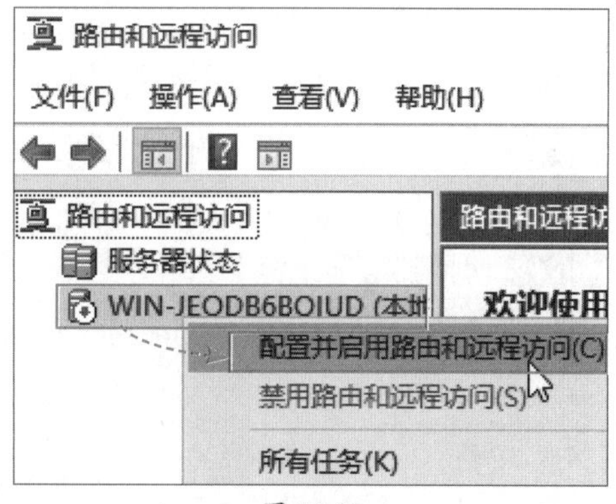

图 10-69

Step 03 进入向导界面后，勾选VPN复选框，单击“下一步”按钮，如图10-70所示。

Step 04 选择连接到外网的网卡“Ethernet0”，单击“下一步”按钮，如图10-71所示。

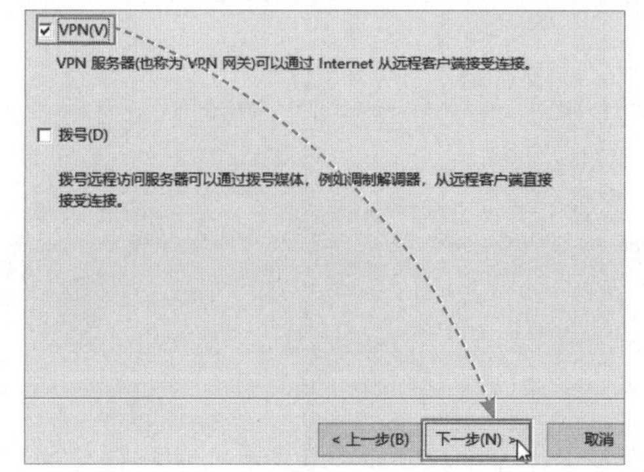

图 10-70

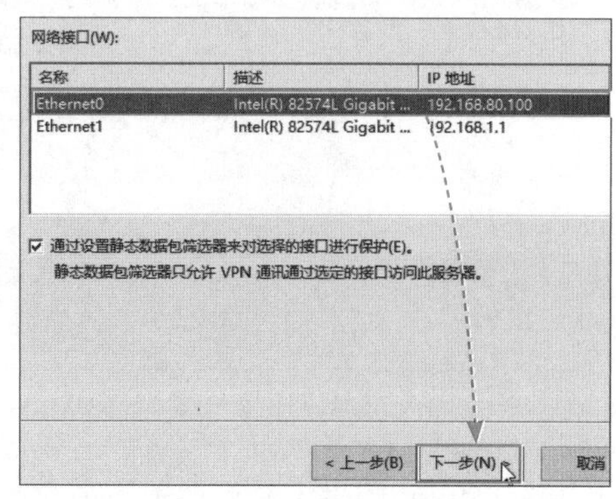

图 10-71

Step 05 设置如何分配IP地址，保持默认或者重新设置地址都可以。这里保持默认设置，单击“下一步”按钮。

Step 06 设置身份验证方式。因为当前没有安装RADIUS服务器，所以保持默认设置，单击“下一步”按钮。如果安装了RADIUS服务器，则可以使用RADIUS服务器来验证。单击“完成”按钮，完成VPN配置。

Step 07 展开“IPv4”选项，在“常规”选项上右击，在弹出的快捷菜单中选择“新增路由协议”选项，如图10-72所示。

Step 08 选择“NAT”选项，单击“确定”按钮。

Step 09 在“NAT”选项上右击，在弹出的快捷菜单中选择“新增接口”选项，如图10-73所示。

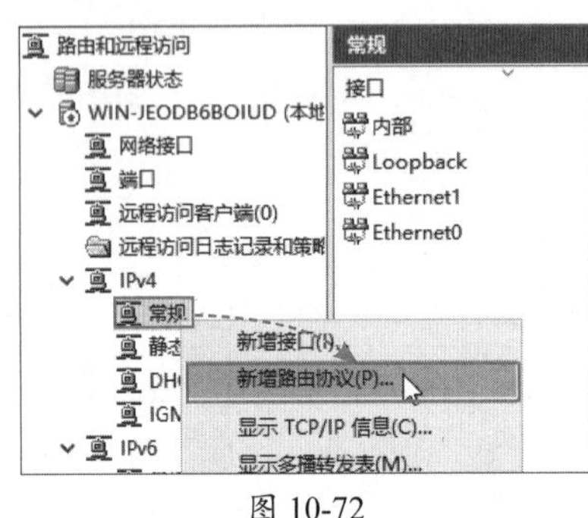

图 10-72

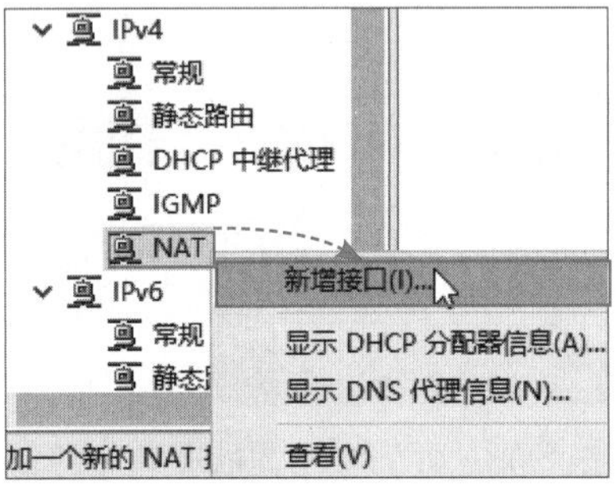

图 10-73

Step 10 选择连接外网的那块网卡，单击“确定”按钮。

Step 11 在弹出的对话框中选中“公用接口连接到Internet”单选按钮，并勾选“在此接口上启用NAT”复选框，如图10-74所示。

Step 12 切换到“地址池”选项卡，输入可以使用的IP地址，如果是ISP提供的，就是动态转换，如图10-75所示。在“服务和端口”选项卡中可以设置NAT端口的重定向。

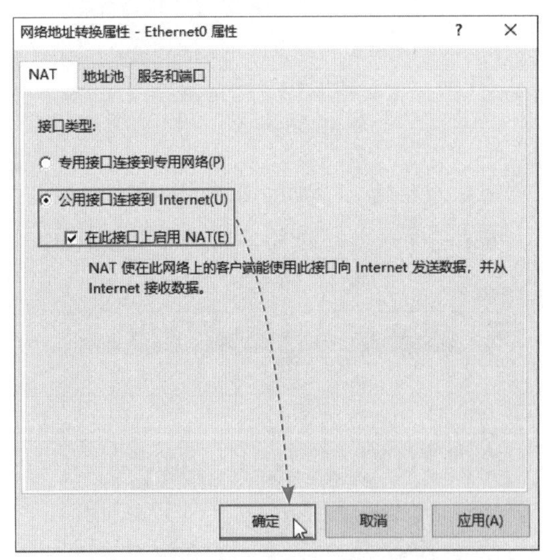

图 10-74

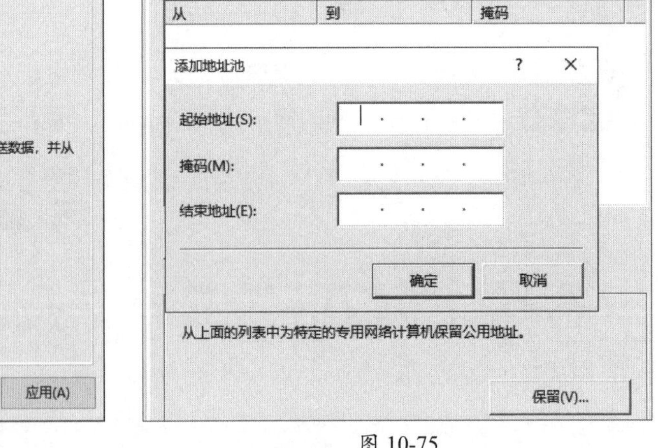

图 10-75

Step 13 单击“确定”后，返回到主界面。至此，VPN和NAT的基本功能已经实现了。由于篇幅有限，对于高级功能的安装和设置用户可以自行设置。

动手练 搭建远程桌面服务器

扫码看视频

远程管理有命令行模式和桌面模式两种。桌面模式更加直观。下面介绍如何搭建远程桌面服务器，用于远程管理。

Step 01 在“此电脑”上右击，在弹出的快捷菜单中选择“属性”选项，在“系统”界面中单击“高级系统设置”按钮，如图10-76所示。

Step 02 在“远程桌面”选项组中选中“允许远程连接到此计算机”单选按钮，取消勾选“仅允许运行使用网络级别身份验证的远程桌面的计算机连接”复选框，单击“确定”按钮，如图10-77所示。

图 10-76

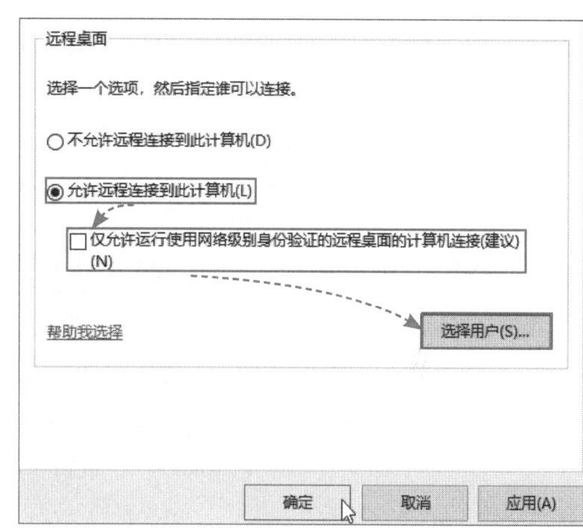

图 10-77

Step 03 在测试主机上，启动远程桌面连接，并输入对方的IP地址和用户名，单击“连接”按钮，如图10-78所示。

Step 04 如果正常连通，则可以看到服务器的桌面，如图10-79所示。

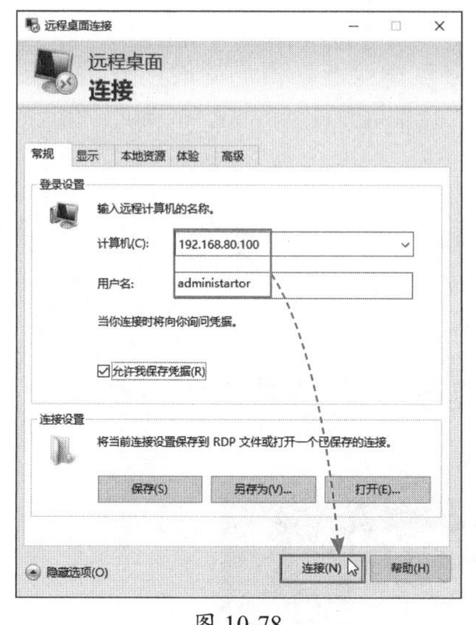

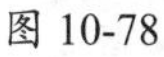

图 10-78

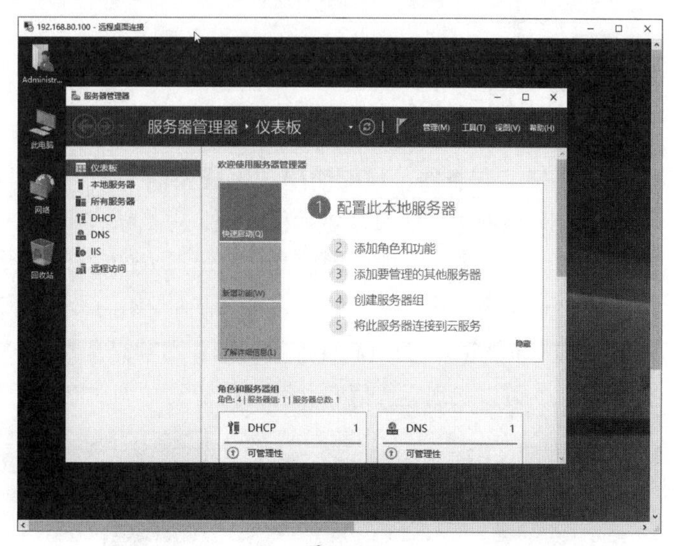

图 10-79

为了方便演示，这里使用的用户是administrator，读者可以在服务器新建一个专门用来远程访问的用户。

新手答疑

1. Q：搭建的 Web 服务器无法访问怎么办？

A：首先关闭防火墙，检查一下在本地能否访问Web服务器，可以在浏览器中输入“127.0.0.1”测试是否可以访问。如无法访问：

（1）查看服务器是否指定了监控的网卡。正常情况下会监听所有的网卡，如果指定了具体网卡，就需要使用该网卡的IP地址访问。

（2）查看是否绑定了主机头，如果没有DNS解析的话，是无法通过域名访问的。不设置主机头参数即可。

（3）查看是否设置了访问的端口号，如果设置了非80号的端口号，就需要使用“IP:端口号”的方式访问。

（4）如果只能访问到默认网站，需要将默认网站关闭。

（5）查看网站目录中是否有主页文件，如果没有可以创建一个测试网页。

2. Q：使用虚拟机搭建 DHCP 服务器时，获取到的不是 DHCP 服务器设置的 IP 地址段，怎么办？

A：在虚拟机的NAT中，自带了DHCP服务器，当两台DHCP服务器共同作用时，造成的结果是获取的IP地址不是想要的。用户可以将当前的虚拟机网卡指定到一个没有DHCP服务器的网路中，然后再测试，应该就没有问题了。

3. Q：FTP 搭建完成后，无法上传及下载文件。

A：这有可能是Windows的权限问题。需要将FTP的目录设置到一个有共享权限的文件夹中。也可以到该文件夹的属性界面中，查看是否设置了文件夹的上传和下载权限。

4. Q：搭建了 DNS 服务器后，配合 Web 服务器，是否可以建成本地的 www.xxx.com 网站？

A：可以的。通过配置，可以将任意FQDN转成本地的服务器IP地址。当终端设置了DNS服务器为本地搭建的服务器后，可以通过该服务器解析，访问本地指定的本地主机。

5. Q：搭建了服务器，只能使用“远程桌面”来管理吗？

A：在局域网中，如果需要远程管理，那么该方案是非常快速的。如果不在局域网中，需要管理服务器，一般的做法是使用第三方的远程管理软件，如TeamViewer、向日葵等。非商业用户使用这两种管理软件就基本够用了。另外还有一个ToDesk，其界面和操作方法与TeamViewer类似而且连接快速，目前是免费的。ToDesk的界面如图10-80、图10-81所示，可以实现无人值守、远程传输文件等功能。

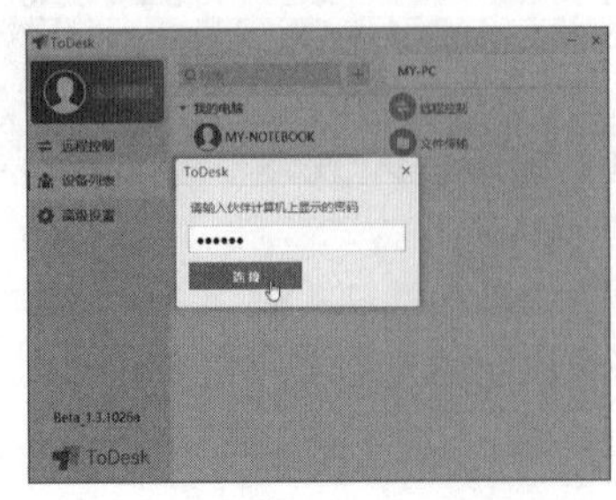

图 10-80

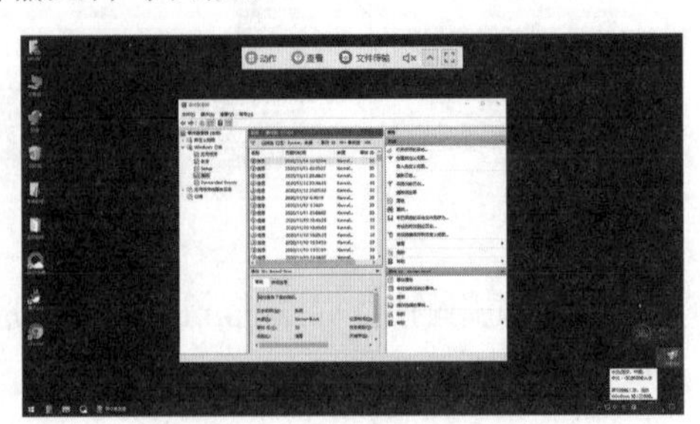

图 10-81

第11章 计算机网络安全与管理

网络安全问题一直是人们关注的焦点。随着互联网的发展，网络应用的爆发式增长，使得网络安全问题更加突出。现在网络安全问题已经是世界范围的难题。本章将介绍网络安全问题造成的灾难、网络威胁的表现形式及产生的原因，以及主要的安全手段等内容。

此外，网络管理是一个动态的长期的过程，本章将就局域网维护与管理、局域网常见的故障及排除方法等进行讲解。

11.1 网络安全现状

网络安全问题已经不单是影响个人或组织的问题，而是已经发展为全球性的难题。由网络安全问题带来的直接或间接损失在不断增加。下面介绍一些重大的网络安全事件、常见的网络威胁及其表现形式。

11.1.1 网络安全重大事件

网络安全从网络形成之初就已经存在，在网络技术飞速发展的今天，所面临的网络安全问题也层出不穷。几类比较有代表性的网络安全事件有：

1. 勒索病毒肆虐

勒索病毒被称为敲诈病毒，是因为在一定时间内持续攻击用户的电脑，一旦攻击成功，给用户造成的损失无法估量，需要支付大额赎金才能恢复数据，如图11-1所示。当然也不排除支付赎金后继续被骗的情况发生。

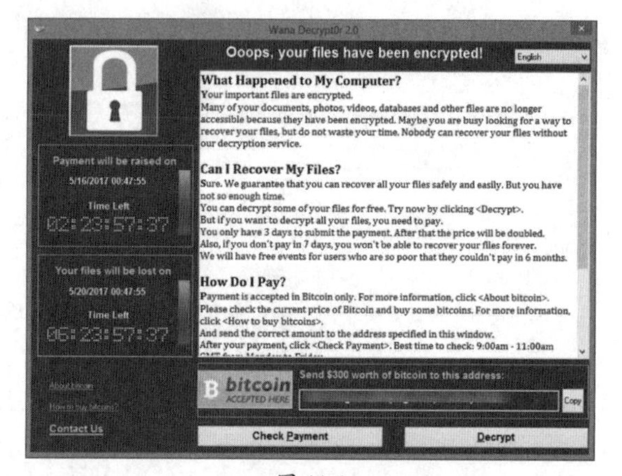

图 11-1

2020年上半年，加密货币市场回温，勒索病毒“重装上阵”，其变种同比增加了26%，大幅领先木马、僵尸网络、后门和RAT。疫情期间，勒索病毒加速演变进化，并在技术迭代、勒索方式（数据泄露+加密勒索）等方面不断进化，变得更加复杂和难以防范，而且一旦攻击得手还会快速横向移动，其破坏力可导致一家跨国企业全球业务瘫痪。

2. 信息泄露事件屡创新高

2017年10月，雅虎公司证实，其所拥有的30亿个用户账号可能全部受到了黑客攻击的影响，公司已经向更多用户发送“请及时更改登录密码以及相关登录信息”的提示，如图11-2所示。其实此次事件发生在2013年8月，黑客入侵该公司导致所有用户受到影响。

图 11-2

目前各大门户网站、一些互联网巨头，还有其他各数据库系统，都有或多或少的信息泄露问题。内部人员以及黑客在利益的驱使下，疯狂地收集各种用户数据。尤其是现在这个大数据时代，个人隐私如何保障是未来最突出的问题。

3. 金融网络更易被攻击并损失惨重

多年来专家和用户都认为，寻求金钱的黑客通常会盯着消费者、商店零售商或公司。然而，在关于Carbanak（也称为Anunak或FIN7）的报告中表明首次发现直接从银行盗取金钱的黑客组织。卡巴斯基实验室（Kaspersky Lab）、Fox-IT和Group-IB的报告显示，Carbanak组织非常先进，它可以渗透银行的内部网络，隐藏数周或数月，然后通过SWIFT银行交易或协调的ATM提款，如图11-3所示。据统计，该组织总共从被黑的银行中窃取了超过10亿美元，是迄今为止窃取金额数量最高的黑客组织。

图 11-3

4. 网络攻击频发

Mirai是一种Linux恶意软件，用于入侵路由器和智能物联网设备。它成为世界上最著名的恶意软件之一。恶意软件Mirai控制的僵尸网络对美国域名服务器管理服务供应商Dyn发起DDoS攻击，从而导致许多网站的服务器在美国东海岸地区宕机，如GitHub、Twitter、PayPal等，用户无法通过域名访问这些站点。

Mirai的源代码在网上公开大多数IoT/DDoS僵尸网络是基于Mirai的源代码开发出来的，是当今恶意软件家族之一。Mirai让人们开始关注物联网安全。网络攻击源和目标已经是世界性质的问题。

5. 软件漏洞

这里的软件不单指常用的操作系统。常用操作系统因其普及性，厂商会不遗余力地修补出现的漏洞和问题。但这种修补会存在延后性。此外，新版操作系统的补丁发布还是比较频繁的，而对已经停止安全支持的操作系统来说，一旦发现漏洞，将是十分危险的。

另一方面，即使操作系统本身是非常安全的，但用户会使用各种各样的软件，这些软件由不同水平的开发人员、不同厂商开发出来。如果这些软件存在漏洞（而实际情况确实如此），那么对用户而言是非常危险的。就像正常的软件，突然变成了木马程序。

知识点拨

针对软件使用的建议

建议用户使用正版操作系统、官方发布的正版软件，而不要使用破解版等非正常来路的软件。这在一定程度上也可降低风险。另外，建议用户不要关闭系统的自动更新功能，若没有补丁去修复漏洞，一旦系统遭到攻击，那么必定会造成损失。

11.1.2 网络威胁的表现形式及产生原因

网络威胁有多种表现形式，常见的网络威胁及产生的原因如下。

1. 病毒和木马程序

病毒和木马程序是两个概念，但近年来两者的界线越来越不明显。病毒程序属于破坏性质的程序，但纯破坏性质的病毒并不能带来实际利益，所以逐渐由木马程序占据了主要位置。木马程序常被伪装成工具程序或者游戏软件来诱使用户打开它们，或者将含有木马程序的邮件附件或从网上直接下载，一旦用户打开了这些邮件的附件或者执行了这些程序之后，木马就会将用户的信息上传给黑客，从而直接或间接地达到获取不义之财的目的，如图11-4所示。

图 11-4

2. 漏洞及后门程序

程序是人编写的，编程人员的知识架构、编写水平、固有缺陷等问题，可能会造成程序漏洞或有意加入了后门程序。由于每个系统都会或多或少存在这样那样的漏洞，所以黑客们入侵系统时，总会先查找系统漏洞以方便进入，然后侵入系统并发动攻击或者窃取各种信息。

3. 网络攻击

网络攻击的方式有多种，大部分都是利用系统漏洞，使用信息炸弹或者DDoS攻击，短时间内向目标服务器发送大量超出其负荷的信息，造成目标服务器超负荷、网络堵塞或系统崩溃。

4. 个人信息泄露

账号密码、手机号、个人信息泄露，一方面是由于黑客攻击、木马窃取所致，另一方面是现在有些APP必须要用手机注册才能使用，而注册则要求获取各种权限。用户的资料于是在无形中被收集以使软件厂商获利。但是获利的同时，这些厂商的安防水平并没有达到足够的安全层次，于是，在内部人员的泄露及黑客的攻击下，用户资料会全部被非法获取，包括账号、密码、手机号、住址等，用于非法交易，如图11-5所示。在账号、密码都知道的情况下，只要撞库成功，用户的各种资源，如资金、虚拟财产等就能被随意使用了。

姓名	编号	地址	联系方式	号码真实性
刘X	1	广州[illegible]凤凰城	139XXXX0619	存在
沈X	10	湖北[illegible]	150XXXX9310	存在
方X	20	湖北[illegible]园	186XXXX7750	存在
魏XX	30	湖北[illegible]	186XXXX5547	存在
李XX	40	湖北[illegible] 巴东县	138XXXX5806	存在
廖 X	50	广东[illegible]	136XXXX3697	存在
薛XX	120	天津[illegible]	132XXXX3735	存在
胡XX	130	湖北[illegible]	186XXXX6270	存在
李XX	140	湖北[illegible]	135XXXX4455	存在
曾XX	150	海南[illegible]	183XXXX9420	存在
廖XX	160	湖北[illegible]	138XXXX1812	存在
岳X	260	湖北[illegible]	189XXXX2407	存在
陈X	360	湖北[illegible]	130XXXX0602	存在
蒋X	460	湖北[illegible] 咸丰县	139XXXX3408	存在
贺XX	2860	湖北[illegible]	135XXXX1581	存在
何XX	2960	广西[illegible]	152XXXX5394	存在
万X	3060	湖北[illegible]	186XXXX2911	存在
李X	3160	甘肃[illegible]地	158XXXX2000	存在
谭XX	3260	湖北[illegible]	158XXXX3467	存在
纪XX	4260	北京[illegible]	186XXXX1191	存在
宋XX	5260	湖北[illegible]	150XXXX0601	存在
廖XX	15260	湖北[illegible]	152XXXX4591	存在
樊X	25260	湖北[illegible]	155XXXX5208	存在
李XX	35260	湖北[illegible]	130XXXX6184	存在
何X	45260	北京[illegible]	139XXXX2912	存在
潘XX	55260	湖北[illegible]县	158XXXX2299	存在
彭X	65260	湖北[illegible]	186XXXX1128	存在

图 11-5

知识点拨

黑客入侵后的主要表现形式

在黑客入侵后，系统多少都会有一些异常，主要表现有：

- 进程异常：有不明进程常驻后台。
- 可疑启动项：系统开机启动项列有不明程序，随系统开机启动。
- 注册表异常：有不明键值导入或存在，如图11-16所示。
- 不明端口开放：黑客会留下后门程序，方便黑客进入，如图11-7所示。

图 11-6

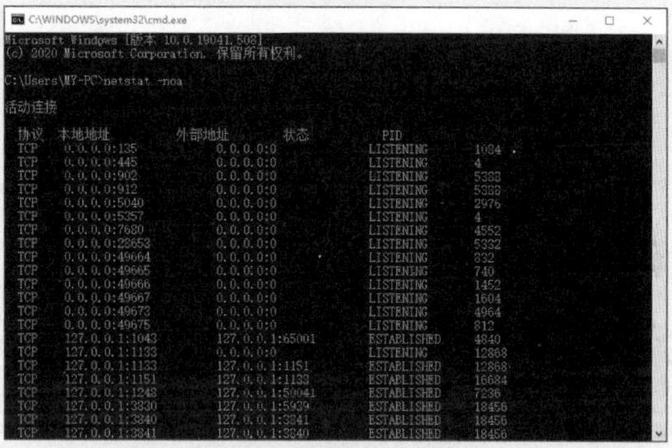

图 11-7

- 陌生用户：黑客入侵后，会创建高权限用户，用来获取计算机控制权。
- 陌生服务：黑客会开启一些特殊服务程序。

11.2 网络安全体系与机制

国际标准化组织对计算机系统安全的定义是：为数据处理系统建立和采用的技术和管理安全保护，保护计算机硬件、软件和数据不因偶然和恶意的原因遭到破坏、更改和泄露。

一个全方位、整体的网络安全防范体系也是分层次的，不同层次反映了不同的安全需求。根据网络的应用现状和网络结构，一个网络的整体由网络硬件、网络协议、网络操作系统和应用程序构成，而若要实现网络的整体安全，还需要考虑数据的安全性问题。此外，无论是网络本身还是操作系统、应用程序，最终都是由人来操作和使用的，所以还有一个重要的安全问题就是用户的安全性。由此，可以将网络安全防范体系的层次化分为物理安全、系统安全、网络层安全、应用层安全以及安全管理。

11.2.1 网络安全体系分层结构

同OSI参考模型类似，对于网络安全体系结构，也采用分层研究规范的方法。

1. 设备物理安全

如果没有设备的物理安全性，那么网络安全性就是空谈。物理层次的安全包括通信线路、物理设备的安全、机房的安全等，主要体现在通信线路的可靠性、设备安全性、设备的备份、防灾害能力及防干扰能力、设备的运行环境等方面。

2. 系统安全

这里系统指操作系统，如常见的Windows系统、Linux系统。系统安全主要表现在三方面，一是操作系统本身的缺陷带来的不安全因素，主要包括身份认证、访问控制、系统漏洞等；二是操作系统安全配置带来问题；三是恶意代码对操作系统的威胁。

3. 网络层安全

网络层的安全包括网络层次身份认证、网络资源的访问控制、数据传输的保密与完整性、域名系统的安全、入侵检测的手段、网络设施防病毒等。

4. 应用层安全

该层次的安全问题主要由提供服务所采用的应用软件和数据的安全性产生，包括Web服务、电子邮件系统、DNS等。此外，还包括使用系统中资源和数据的用户是否是真正被授权的用户。

5. 管理安全

管理最终离不开员工，员工的主观能动性是影响网络安全的最不稳定的部分。安全管理包括安全技术和设备的管理、安全制度管理、部门与人员的组织规则等。管理的制度化极大程度地影响了整个网络的安全，严格的安全管理制度、明确的部门安全职责划分、合理的人员角色配置都可以在很大程度上降低其他层次的安全漏洞。

11.2.2 主要的网络安全机制

网络上使用得比较多的安全机制主要有以下几种。

1. 加密机制

通过各种算法以及公钥、私钥的运用，对数据进行加密并有可能需进行二次或者三次加密，密码只显示加密后的状态，以防止明文获取等。

2. 数字签名机制

数字签名也用到了公钥私钥，主要是用来确定发送者的身份。数字签名是附加在数据单元上的一些数据，或是对数据单元所做的密码交换，这种数据或交换允许数据单元的接收者确认数据单元的来源和数据单元的完整性，并保护数据，防止被人伪造。数字签名用得比较广泛的技术就是大家经常说的区块链技术。

3. 访问控制机制

访问控制机制可以有效地鉴别来访者的身份信息，保护资源的安全，如图11-8所示。

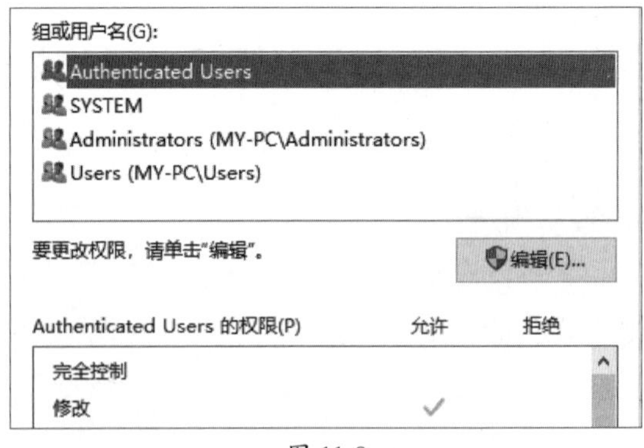

图 11-8

4. 数据完整性验证机制

数据完整性验证机制可以有效防止数据被篡改，一般会使用MD5、SHA1、SHA256、CRC32及CRC64进行单向性文件完整性计算，以判断文件是否被篡改，如图11-9所示。

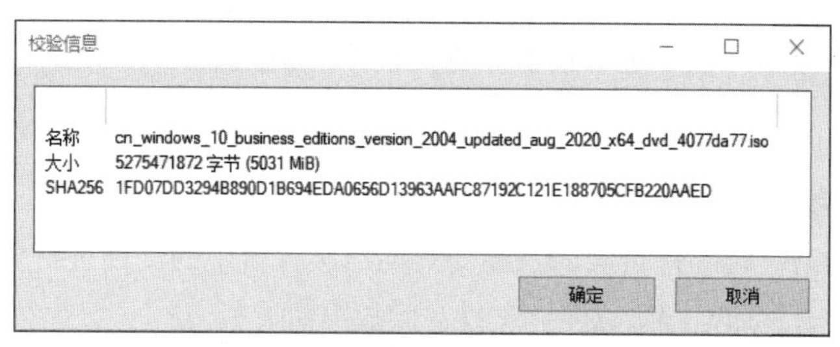

图 11-9

知识点拨

其他常见的安全机制

除以上安全机制外，其他常见的安全机制还有：鉴别交换机制、公正机制、可信功能度、安全标记、事件监测、安全审计跟踪、安全恢复等。

11.3 网络安全的主要对策

彻底根除网络威胁基本是不可能的，只能尽可能增强网络安全性，将入侵成本提高到让黑客望而却步。网络安全是一项复杂的系统工程，涉及技术、设备、管理和制度等多方面的因素，安全解决方案的制定需要从整体上把握。网络安全解决方案是综合各种计算机网络信息系统安全技术，将安全操作系统技术、防火墙技术、病毒防护技术、入侵检测技术、安全扫描技术等综合起来，形成的一套完整的、协调一致的网络安全防护体系。常见的主要对策有以下几种。

1. 建立安全管理制度

提高包括系统管理员和用户在内的人员的网络技术素质和专业修养，对重要部门和信息、严格做好开机查毒、及时备份数据是一种简单有效的方法。

2. 网络访问控制

访问控制是网络安全防范和保护的主要策略。它的主要任务是保证网络资源不被非法使用和访问。它是保证网络安全最重要的核心策略之一。访问控制涉及的技术比较广，包括入网访问控制、网络权限控制、目录级控制以及属性控制等多种手段。

3. 数据的备份与恢复

数据安全包括物理存储设备的安全和访问获取的安全。没有一劳永逸的手段，在日常只有做好数据的备份，万一出现问题，才能快速解决。一万次无用功，只要能用到一次，就是十分值得的，因为硬件有价而数据无价。

4. 高级密码技术

密码技术是信息安全核心技术，密码手段为信息安全提供了可靠保证。基于密码的数字签名和身份认证是当前保证信息完整性的最主要方法之一，密码技术主要包括古典密码体制、单钥密码体制、公钥密码体制、数字签名以及密钥管理。

5. 切断威胁途径

对被感染的硬盘和计算机进行彻底杀毒处理，不使用来历不明的U盘和程序，不随意下载网络中的可疑文件。

6. 提高网络反病毒技术的能力

通过安装病毒防火墙，进行实时过滤；对网络服务器中的文件进行定期扫描和监测，在工作站上采用防病毒卡，加强网络目录和文件访问权限的设置。

7. 研发并完善高安全的操作系统

研发具有高安全性的操作系统，不给病毒滋生的温床才能使系统更安全。

8. 物理环境安全

计算机系统的安全环境条件，包括温度、湿度、空气洁净度、腐蚀度、虫害、振动和冲击、电气干扰等方面，都要有具体的要求和严格的标准。让计算机系统工作在一个安全的场所十分重要，它直接影响到系统的安全性和可靠性。选择计算机房场地，要注意其外部环境安全性、可靠性、场地抗电磁干扰性，避开强振动源和强噪声源，并避免设在建筑物高层和用水设备的下层或隔壁，此外还要注意出入口的管理。机房的安全防护是针对环境的物理灾害和防止未授权的个人或团体破坏、篡改或盗窃网络设施、重要数据而采取的安全措施和对策。

9. 安装系统补丁

系统本质上是程序，不可能做得完美无缺。系统漏洞就是其中最突出的瑕疵。微软会反复测试系统，如果发现存在系统漏洞及其他问题后会通过补丁的形式，发布修补程序，用来修复漏洞，用户需要及时使用系统自带的升级程序，下载补丁程序，如图11-10所示。虽然对于配置较低的计算机，可能会造成性能上的降低，但安全性方面的考虑永远是排在首位的。其实，微软的补丁更新并不是那么频繁，只是提示次数比较多罢了。

图 11-10

个人需要注意的安全事项

下面介绍一些个人用户在日常使用计算机及网络时，需要注意的安全问题。

（1）安装了防火墙及杀毒软件后，要经常升级，及时更新木马病毒库。

（2）对计算机系统的各个账号要设置密码，及时删除或禁用过期账号。

（3）不要打开来历不明的网页、邮件链接或附件，不要执行从网上下载后未经杀毒处理的软件，不要接收及打开不明文件等。

（4）打开任何移动存储器前先用杀毒软件进行检查。

（5）定期备份，以便遭到病毒严重破坏后能迅速修复。

（6）设置统一、可信的浏览器初始页面。

（7）定期清理浏览器缓存的临时文件、历史记录、Cookie、保存的密码和网页表单信息等。

（8）利用病毒防护软件对所有下载资源进行及时的恶意代码扫描。

（9）账户和密码不要相同，尽量由大小写字母、数字和其他字符混合组成，适当增加密码的长度并经常更换，不要直接用生日、电话号码、证件号码等含有个人信息的数字作为密码。

（10）针对不同用途的网络应用，应该设置不同的用户名和密码。

（11）不要随意点击不明邮件中的超链接、图片、文件等。

（12）利用社交网站的安全与隐私设置保护敏感信息。

11.4 网络故障检测与排除

网络故障的排除需要结合其产生的原因，而故障检测主要就是确定故障的原因。

11.4.1 局域网故障的常见现象及原因

局域网故障可以分为硬件故障与软件故障。硬件故障比较少见，现象也比较明显，如设备损坏、无法启动、无法供电等。而最常见的故障是软件及设置造成的故障，人为因素所占比例较多。常见的故障种类和原因有以下几种。

1. 终端无法共享上网问题

终端无法正常获取DHCP提供的网络参数，共享参数、服务器因配置不当都会造成无法上网等情况的发生。

2. 网络设备无法通信

没有安装对应的协议或者在设置参数时有误，会造成网络设备无法互通或者连接。

3. 网卡或传输介质出现问题

网卡或传输介质出现的问题有网卡故障、没有驱动、驱动错误，水晶头接触不良、网线线序错误、模块压线错误等。

4. 网络交换设备无法工作

网络交换设备无法工作的问题包括供电不足、质量问题、接口问题、设备之间冲突等，而广播风暴引起的交换机宕机更是常有的现象。

5. 不兼容、不匹配引起的故障

不兼容、不匹配引起的故障是指由于冲突以及不兼容引起的无法互相识别的故障或者无法实现全部功能。所以建议在选购产品时，尽量选择同品牌的产品。

6. 系统工作不正常

用户终端的操作系统、各网络设备的硬件以及服务器的操作系统由于病毒木马入侵、使用盗版或精简系统、用户误操作带来的故障，以及由于兼容性、依赖关系和冲突问题和硬件ROM出现的故障，都会造成各种系统异常，最终造成网络故障。

11.4.2 局域网故障的常见排除思路

局域网故障虽然很多，但是也有一套规范的排除思路。

1. 了解故障情况

发生故障，首先要了解故障情况。先询问、观察故障情况及发生的时间，才能根据经验分析原因，动手检查硬件和软件设置。动手（观察和检查）要遵循先外（网间连线）后内（单机内部），先硬（硬件）后软（软件）的原则。应该询问用户从上次正常到这次故障之间机器的硬件和软件都有过什么变化与进行过哪些操作，是否是由于用户操作不当引起的网络故障，根据这些信息快速地判断故障的可能所在。用户极有可能安装了会引起问题的软件、误删除了重要文件或改动了计算机的设置，这些都很有可能引起网络故障。对于这些故障只需进行一些简单的设置或恢复即可解决。如果网络中有硬件设备被动过，就需要检查被动过的硬件设备。

如果是网络设备故障，则需要查看当前网络设备的配置情况（图11-11）、端口状态（图11-12）、连接的网线等是否有问题等。

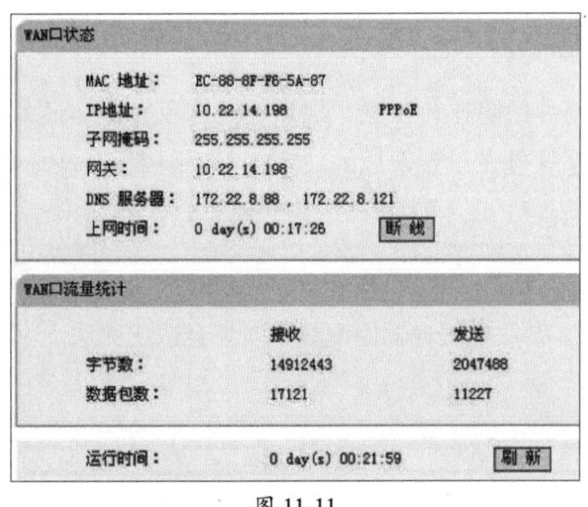

图 11-11

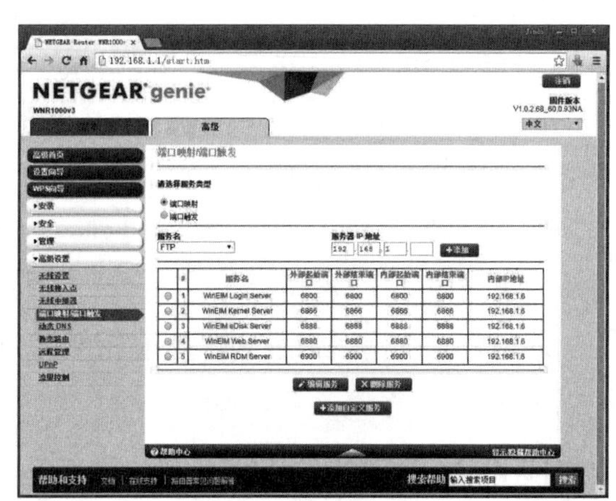

图 11-12

2. 排查故障

排查顺序可以按照TCP/IP参考模型进行，从物理层的检查开始，依次排查数据链路层、网络层、传输层、应用层。如先从物理层的网线、网络端口、接线器或交换机的物理故障，再从网卡、协议方面入手进行排查，最后到各种应用、服务。

动手排除故障之前，最好先准备记录工具，将故障现象认真、仔细地记录下来。在观察和记录时一定要注意细节，排除大型网络故障如此，只有十几台计算机的小型网络故障也如此。

有时正是一些最小的细节使得对整个问题的理解变得明朗化。

（1）复现故障。

当处理由操作员报告的问题时，他们对故障现象的详细描述显得尤为重要。如果仅凭报告很难下结论，就需要管理员亲自操作来重现导致问题发生的过程，并注意出错时的提示信息。例如，在使用Web浏览器进行浏览时，无论键入哪个网站都返回“该页无法显示”之类的信息；使用ping命令时，无论ping哪个IP地址都显示超时连接信息等。诸如此类的出错信息会为缩小问题范围提供许多有价值的信息。

（2）列举可能导致错误的原因。

作为网络管理员，应当考虑导致问题的原因可能有哪些，如网卡故障、网络连接故障、网络设备故障、TCP/IP设置不当等。这时不要着急下结论，可以根据出错的可能性把这些原因按优先级别进行排序，一个个依次排除。

（3）缩小搜索范围。

对所有列出的可能导致错误的原因逐一进行测试，而且不要根据一次测试就断定某一区域的网络是运行正常还是不正常。另外，也不要在认为已经确定了的第1个错误上停下来，应全部测试直到完成。

除了测试之外，网络管理员还要注意：不要忘记去看一看网络设备面板上的LED指示灯，如图11-13所示。通常情况下，绿灯表示连接正常，红灯表示连接故障，不亮表示无连接或线路不通。根据数据流量的大小，指示灯会时快时慢地闪烁。同时，不要忘记记录所有观察及测试的手段和结果。

（4）隔离错误。

经过一番检测之后，基本上可以知道故障的位置。对于计算机中的错误，可以检查该计算机网卡是否安装好、TCP/IP是否安装并设置正确（图11-14）、Web浏览器的连接设置是否得当等一切与已知故障现象有关的内容，对于其他网络设备故障，可以断开网络后，再观察网络的状态。

图 11-13

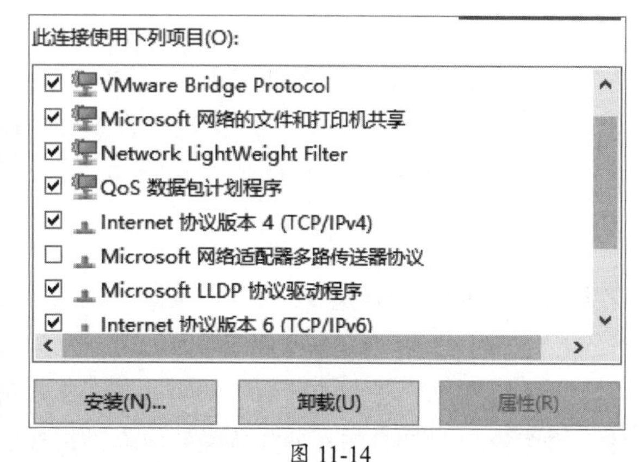

图 11-14

3. 排除故障

在了解了故障产生原因及带来的影响后，应对故障给予解决：

- 设备本身的质量问题：可以联系设备厂商的售后相关人员进行维修。
- 网线等物理链路及接口问题：可以重新铺设线路，制作接口。

- 软件问题：需要卸载原有软件重新安装，或者重新设置。
- 硬件冲突问题：需要去除、更换冲突设备或者重新安装不冲突的驱动。
- 服务配置问题：需要重新配置。

问题处理后的后续工作

处理完问题后，作为网络管理员，还必须搞清楚故障是如何发生的，是什么原因导致了故障的发生，以后如何避免类似故障的发生，以便拟定相应的对策，采取必要的措施，制定严格的规章制度。

11.5 网络的维护与管理

网络的维护和管理是一个长期的动态的过程，不可能一劳永逸，网络必须经常进行维护和排查才能保证其正常工作。

11.5.1 网络维护的主要内容

网络管理员需要了解网路维护的主要内容，并根据要求，充实自己的知识。

1. 网络维护的主要内容

- 硬件测试、软件测试、系统测试、可靠性（含安全性）测试。
- 网络状态监测和系统管理。
- 网络性能监测及认证测试（工程验收评测）。
- 网络故障诊断和排除，制定灾难恢复方案。
- 定期测试并编写文档备案，包括故障报告、参数登记、资料汇总统计分析等。
- 网络性能分析、预测。
- 故障预防、故障的早期发现。
- 维护计划、方法以及实施效果的评测、改进和总结回顾，规章制度的制定。
- 选择合适的网络评测方法，以综合可靠性和网络维护的目标作评定。
- 人员培训、工具配备等。

2. 网络维护的主要方法

（1）常规检测/监测和专项检测/监测。

常规检测/监测指一般性的定期测试，主要监测分析网络的主要工作状态和性能是否符合要求；专项检测/监测是指在处理故障时或在进行网络性能详细分析评测时进行的有针对性的专门测试/监测/检测项目。

（2）定期维护和不定期维护。

定期维护是指为了保证网络持续地正常工作，防止网络出现重大故障或重要性能下降而进行的定期、定内容的网络测试和维护工作，并定期监测能反映网络基准状态的各项参数；在针对系统故障或出现异常及非重要参数的监测时实施的维护和监测工作，则是不定期维护的重要内容。

（3）事前维护和事后维护

事前维护是指预防性维护，包括定期维护和不定期维护、视情况维护等；事后维护是在完成系统修复、故障诊断等工作后进行维护，也包括系统升级、结构调整、应用调整、协议调整后的维护。

知识点拨

视情况维护和定量维护

视情况维护是指维护和检测的范围以及深度需根据网络的规模、历史、现状、当前需要和故障特点等确定的维护项目。它需要以良好的定期、定量维护为基础，主要是在怀疑系统存在问题、异常或故障征兆、定期维护未涉及或不便涉及的内容以及非定期检测的关键参数时实施；定期、定量维护是相对固定的维护、测试、调整工作内容，目的是保持系统良好工作状态，及时发现隐患和潜在重大故障。

11.5.2 网络维护常见工具

在网络维护中，使用一些方便的工具可以起到事半功倍的效果。

1. 测线仪

测线仪如图11-15所示，功能是检测网线是否正常，是否可以通信。测线仪可以装在网线两端，也可以一端连接网络设备，一端连接测线仪。

2. 寻线仪

寻线仪如图11-16所示，用于寻找网线，尤其是两端。网线较长的情况下，可以通过连接一端来寻找另一端，这在查找故障线路的时候非常有用，建议配备。

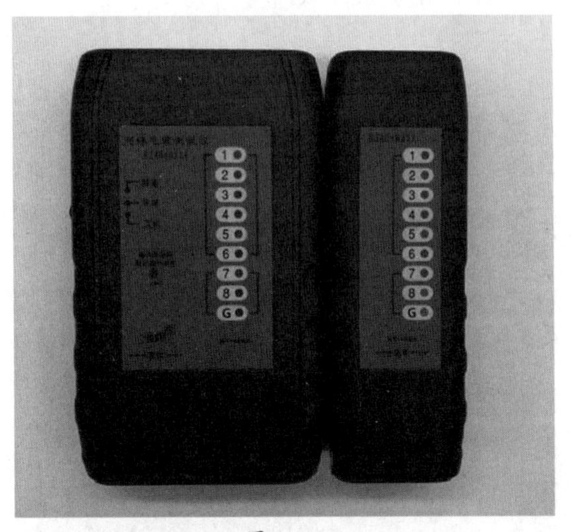

图 11-15

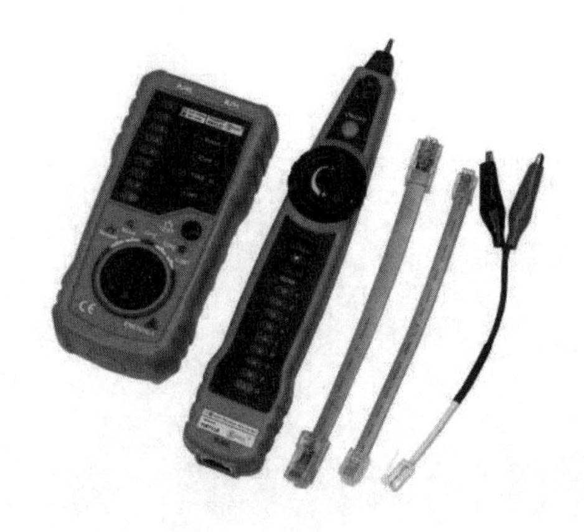

图 11-16

3. 红光笔与光功率计

红光笔如图11-17所示，主要用于寻找对应的光纤，以及检测光纤的通断。光功率计如图11-18所示，主要用来检测光纤信号的衰减情况。

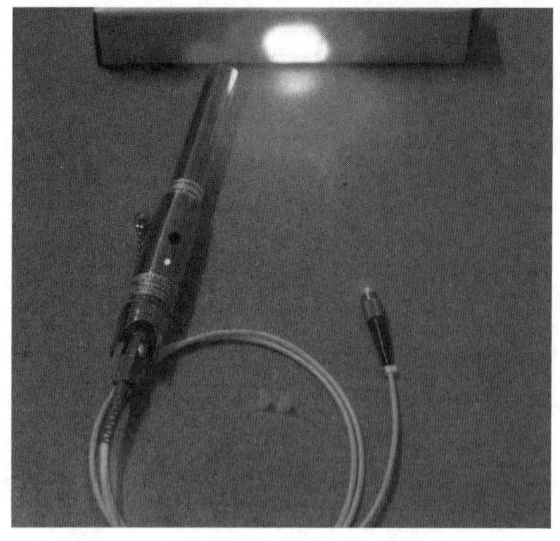

图 11-17

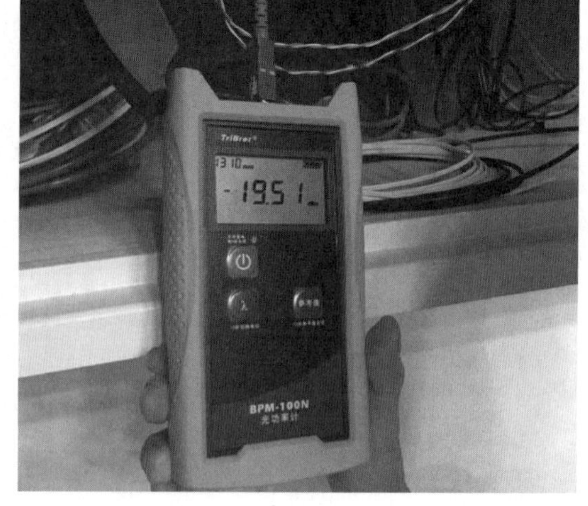

图 11-18

11.5.3 常用网络检测命令

网络检测当然不能只靠观察硬件，大部分情况下，需要使用一些命令来测试逻辑链路、查看硬件配置等是否正确。

1. ping 命令

ping是最常用的命令，主要用来测试网络的逻辑链路连接是否正常。ping命令的用法是：

ping [-t] [a] [-n count] [-I size] [-f] [-I TTL] [-v TOS] [-r count] [-s count] [[-j host-list] | [-k host-list]] [-w timeout]

常用的参数有：

-t：用当前主机不断向目的主机发送测试数据包，直到用户按Ctrl+C组合键终止。

-a：ping主机完整域名，先解析域名IP地址，再ping该主机。

比如测试是否可以连通某终端，输入ping IP地址即可，如图11-19所示；测试主机是否可以上网，可以直接ping+网址，如图11-20所示。如果需要一直查看，可以加上参数-t。

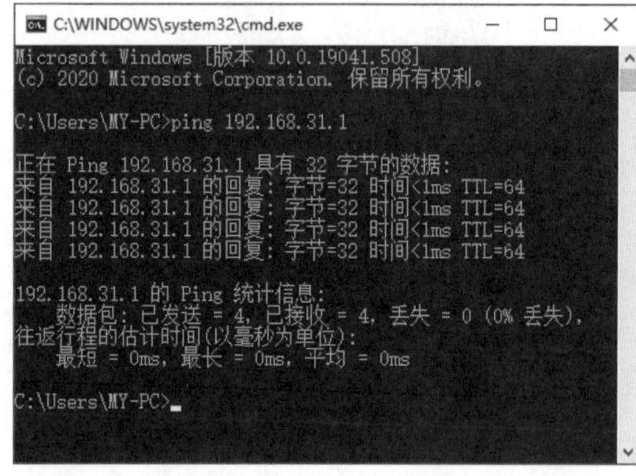

图 11-19

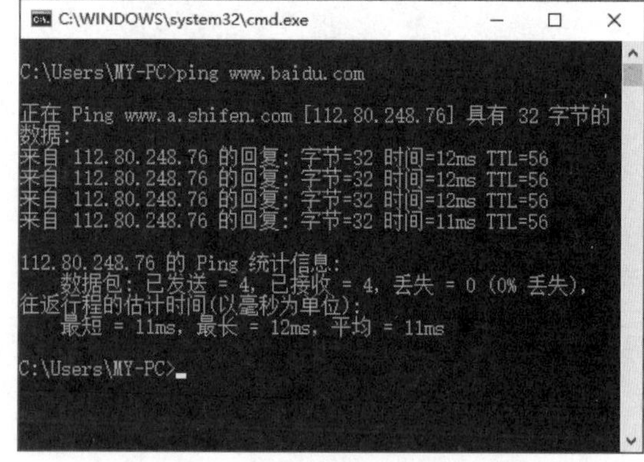

图 11-20

知识点拨

ping的返回结果说明及操作

- unknown host（不知名主机）：意思是该主机名不能被命名服务器转换成IP地址。故障原因可能是命名服务器有故障或名字不正确，或者系统与远程主机之间的通信线路有故障。
- network unreachable（网络不能到达）：表示本地没有到达对方的路由。可检查路由表来确定路由配置情况。
- no answer（无响应）：说明有一条到达目标的路由，但接收不到它发给远程主机的任何分组报文。这种情况可能是远程主机没有工作、本地或远程主机网络配置不正确、本地或远程路由器没有工作、通信线路有故障或远程主机存在路由选择问题等原因造成的。
- time out（超时）：连接超时，使得数据包全部丢失。故障原因可能是到路由的连接发生问题或者路由器不能通过、远程主机关机或死机、远程主机有防火墙、禁止接收数据包等。

另外，ping使用一些特殊的IP地址还可用于故障检测：

- ping 127.0.0.1：不通，表示TCP/IP安装或运行存在问题。从网卡驱动和TCP/IP协议着手检修。
- ping 本地IP地址：不通，说明计算机配置或系统存在问题。可拔下网线再试，如果可以ping通，说明局域网IP地址冲突了。
- ping 局域网IP地址：收到回送说明网卡和传输介质正常；若出现问题，说明子网掩码不正确、网卡配置故障、集线设备出现故障、通信线路出现故障。
- ping 网关：网关路由器接口正常，数据包可以到达路由器。
- ping 外网IP地址：通，表示网关工作正常，可以连接对端或者因特网。
- ping localhost：localhost是系统保留名，是127.0.0.1的别名。计算机都应该能将该名称解析成IP地址，如果不成功，说明主机host文件出现问题。
- ping 完整域名：通，说明DNS服务器工作正常，可以解析到对方IP地址，该命令也可以获取域名对应的IP地址；不通，可以从DNS方面检查问题原因。

2. ipconfig 命令

ipconfig命令用于查看本地IP地址的配置信息。可以直接使用该命令查看，如图11-21所示，也可以使用all参数，来查看详细的参数信息，如图11-22所示。

图 11-21

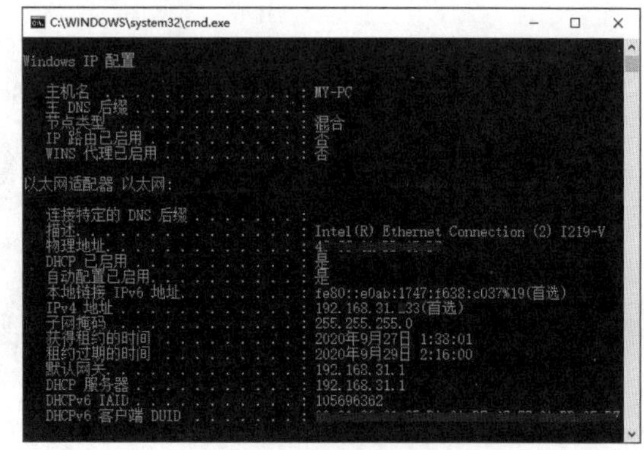

图 11-22

另外，如果是DHCP获取的IP地址，还可以使用/renew参数来更新所有或特定网络适配器的DHCP设置，为自动获取IP地址的设备重新分配IP地址；使用/release参数可释放所有或指定的适配器当前DHCP设置，并丢弃IP地址设置；使用/flushdns参数可刷新并重设DNS客户解析缓存内容。

3. netstat 命令

netstat命令用于查看当前TCP/IP网络连接情况和相关的统计信息，如显示网络连接、路由表和网络接口信息，采用的协议类型，统计当前有哪些网络连接正在进行，了解到计算机是怎样与因特网连接的。管理员可以直接使用netstat -noa命令来查看相关的信息，如图11-23所示。

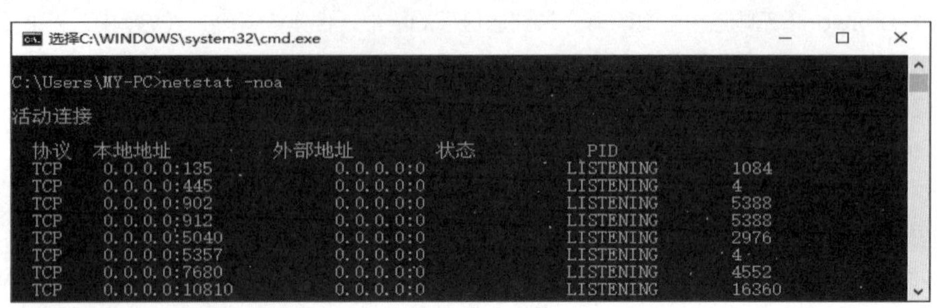

图 11-23

netstat命令的常用参数有：

-a：显示主机的所有连接和监听端口信息，包括TCP及UDP。主要用于获得用户的本地系统开放端口，也可以用于检查本地系统上是否被安装了后门程序。

-n：以数据表格显示地址端口，但不尝试确定名称。

-p proto：显示特定协议的具体使用信息。

-s：显示每个协议的使用状态，包括TCP、UDP、ICMP及IP信息。

动手练 tracert命令及route print命令的使用

扫码看视频

tracert命令用于跟踪路径，可记录从本地至目的主机所经过的路径，以及到达时间。利用它，可以准确地知道究竟在本地到目的地之间的哪一环节上发生了故障。每经过一个路由，数据包上的TTL值递减1，当TTL值为0说明目标地址不可达。

tracert命令的用法如图11-24所示。

图 11-24

tracert命令常用参数有：

-d：不解析主机名，防止tracert命令试图将中间路由器的IP地址解析成主机名，起到加速作用。

-w：timeout，设置超时时间（单位：ms）。

-h：maximum_hops，指定搜索到目标地址的最大数目，默认为30个。

如果网络出现问题，但是排查不出来，可以试着查看设备的路由表。在计算机上可以使用“route print”命令进行查询，如图11-25所示。

```
C:\WINDOWS\system32\cmd.exe
Microsoft Windows [版本 10.0.19041.508]
(c) 2020 Microsoft Corporation. 保留所有权利。

C:\Users\MY-PC>route print
===========================================================================
接口列表
 19...4c                 d7 ......Intel(R) Ethernet Connection (2) I219-V
 21...00                 01 ......VMware Virtual Ethernet Adapter for VMnet1
 11...00                 08 ......VMware Virtual Ethernet Adapter for VMnet8
  1...........................Software Loopback Interface 1
===========================================================================

IPv4 路由表
===========================================================================
活动路由:
网络目标        网络掩码          网关       接口    跃点数
          0.0.0.0          0.0.0.0     192.168.31.1   192.168.31.233     25
        127.0.0.0        255.0.0.0            在链路上         127.0.0.1    331
        127.0.0.1  255.255.255.255            在链路上         127.0.0.1    331
  127.255.255.255  255.255.255.255            在链路上         127.0.0.1    331
```

图 11-25

11.6 常见故障实例分析

1. 交换机发生环路

频繁改动网络（如增加网络设备、更改跳线接口，等等）很容易形成网络环路，而由网络环路引起的网络堵塞现象常常具有较强的隐蔽性，不利于故障的高效排除。

故障现象：局域网内计算机的本地连接会不停地弹出错误，网线没插好/正在获取地址，它不停地循环，造成用户无法上网。

解决办法：对于高端交换机（思科/H3C），只要在物理端口上使用命令spanning-tree（生成树协议）即可排除。如果是普通的交换机的话，那就比较烦琐了，出现环路的时候，就得一根根网线地找，直到网络修复正常为止。

2. ARP 攻击

双向绑定地址是指在路由器上绑定，客户机上也绑定。绑定的方法很多，可以使用命令绑定，也可以使用软件绑定。如果路由器上没有这个功能就只能安装ARP防火墙，使用360自带的防火墙也可以，目的是找出感染ARP病毒的计算机进行杀毒处理。

3. 无法共享

对于无法共享问题，需要查看当前系统是否启用了高级共享功能，并取消了密码访问。如果仍无法访问，需要查看是否是NTFS权限设置不当导致。可以加入用户，再测试。如果是“网上邻居”中无法查看到其他设备，需要添加Windows的“SMB 1.0/CIFS文件共享支持”功能和“SMB直通”功能（图11-26），安装并重启后，才能在“网上邻居”中查看到共享的设备，如图11-27所示。

图 11-26

图 11-27

知识点拨

局域网网速慢的处理方法

如果局域网网速慢，可查看当前网络配置，采用弹性限速，合理划分带宽，或者使用QoS质量控制。如果网速是突然变慢，就必须警惕了，可能存在以下几方面原因：网络中的设备出现故障、网络通信量突然加大、网络中存在病毒。

首先检查是否因为网络通信量的激增导致了网络阻塞，是否有很多用户同时在发送传输大量的数据，或者是网络中用户的某些程序在用户不经意的情况下发送了大量的广播数据到网络上。对于后一种现象，只能尽量避免局域网中的用户同时或长时间地发送和接收大批量的数据，否则就会造成局域网中的广播风暴，导致局域网出现阻塞。

接下来需要检查网络中是否存在设备故障。设备故障造成局域网速度变慢主要有两种情况，一种是设备不能正常工作，导致访问中断；另一种是设备出现故障后由于得不到响应而不断向网络中发送大量的请求数据，从而造成网络阻塞，甚至网络瘫痪。遇到这种情况，只有及时对故障设备进行维修或者更换，才能彻底解决故障根源。

如果网络设备工作正常，那么极有可能是病毒造成的网络速度下降，严重时甚至造成网络阻塞和瘫痪。例如计算机中蠕虫病毒，会使受感染的计算机通过网络发送大量数据，从而导致网络瘫痪。如果网络中存在病毒，请用专门的杀毒软件对网络中的计算机进行彻底杀毒。

新手答疑

1. Q：家里突然上不了网了，如何判断光猫是否工作正常？

A：光猫有很多指示灯，如Power电源指示灯，正常加电情况下会长亮，如果出现问题，请检查电源；局域网工作灯LAN灯，正常情况下会常亮，当有数据时会闪烁，如果熄灭，需要检查用户端的网线及网卡。LOS指示灯，和ADSL上的link指示灯功能类似，用来表示光链路的链接状态：红色闪烁表示设备未收到光信号，熄灭表示设备已收到光信号，可以手动插拔光纤来排除故障。PON指示灯，用来表示PON链路状态以及OLT注册状态：绿灯长亮表示设备已经注册到OLT；绿灯闪烁表示设备注册有误；绿灯熄灭表示设备未注册到OLT。如果注册出现问题，需要运营商的人员前来处理。

2. Q：可以登录 QQ，但是无法打开网页，如何处理？

A：可以登录QQ，说明可以联网；无法打开网页，说明DNS设置有误。可以查看本机的DHCP设置，一般应是开启状态，不需要人为设置；如果设置为关闭，建议改为自动获取。如果必须手动设置DHCP，需要查看并设置为对应运营商的DNS地址，或者设置为路由器IP，这样才能打开网页。可以使用NSLOOKUP命令进行检查，也可以使用ipconfig/FLUSHDNS命令来清理DNS缓存信息。

3. Q：局域网经常出现断网或掉线的情况，怎么办？

A：检查交换机及路由器的网络及无线设置，如果运营商方面也没有问题，那很可能是发生了广播风暴。当出现断网或掉线的情况时，可以使用拔线法进行测试，并配合ping -t来检测是哪台主机或者网络设备出现了故障或环路。建议开启生成树协议功能来防止交换机之间出现环路的情况。

4. Q：网速突然变慢怎么处理？

A：排除掉广播风暴原因后，有可能是局域网某台主机进行了大量数据的下载及上传。可以使用局域网监控软件或者在网络设备中启动网络统计功能，来查看具体是哪台设备在下载及上传，然后进行控制即可。控制的手段可以是限速。可以为所有的设备限速，且一定要限制上传速度，上传速度被占满也会影响整体的网速。如果是访客或者其他蹭网的设备，可以记录下MAC地址，将其加入到黑名单中，禁止其联网。

5. Q：局域网管理软件有什么功能？

A：现在的ARP管理软件，通过绑定及防火墙防御，可以很容易脱离控制，所以一般使用第三方的服务器客户端软件进行管理。可以使用的软件有很多，如第三只眼、灰鸽子等。这些软件的功能包括实现实时屏幕监控、控制即时通信软件、上网行为管理、监控文件复制删除操作、管理U盘防止文件非法外发、监控邮件记录、违规报警以及任务分发等。有需要的企业用户，可以购买授权来使用。

6. Q：Windows 10 的更新太麻烦了，禁止不用可以吗？

A：Windows 10的更新程序可以在发现系统漏洞后，提供最直接的修补程序，保护系统免受利用该漏洞进行入侵的威胁，所以建议用户进行更新，否则可能造成很多难以预计的安全威胁。另外，Windows 10的更新程序可以为新硬件查找并安装驱动，例如显卡驱动、主板芯片组驱动等，而无须安装第三方的驱动工具。

7. Q：现在很多工具都可以删除掉系统的密码，是不是非常不安全？

A：确实是这样。现在很多PE工具都内置了清除或者更改系统密码的工具，而且PE可以跳过系统安全设置，直接使用用户的主机，查看或调取用户的文件。

这里需要明确，计算机网络安全包括网络安全和物理设备安全两方面，连物理安全都保证不了，也就谈不上网络安全了。而物理安全包括设备的使用环境安全和人员操作的安全，毕竟能接触到物理设备的人才是最不确定因素。用户可以采取一些必要的加密措施来保护数据。加密软件可以让破解变得非常困难。注意观察系统的状态，一旦发现系统异常，就需要杀毒并检查是否有非法修改文件的情况。

8. Q：总感觉计算机被其他人使用过，如何判断？

A：查看计算机的开机记录可以排查是否有非法使用系统的情况。

Step 01 搜索并打开“Windows管理工具”，从列表中启动“事件查看器”。

Step 02 在“Windows日志”列表中选择“系统”选项，单击“筛选当前日志”按钮，如图11-28所示。

Step 03 设置筛选ID为“30”，单击“确定”按钮，开始筛选，如图11-29所示。在筛选结果中可以查看到开机日期和时间，用户可以和日常使用情况相比较来确定系统是否被其他人使用过。

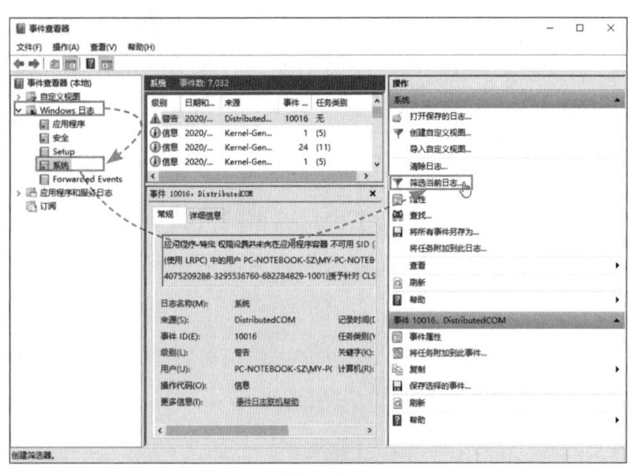

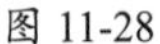
图 11-28

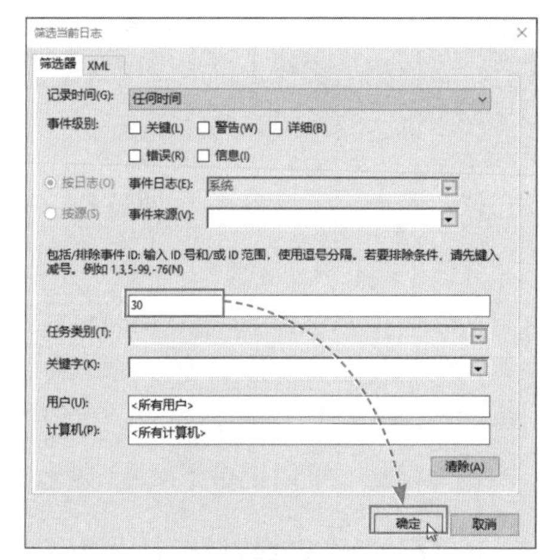

图 11-29